高等学校应用型新工科创新人才培养计划系列教材

高等学校数据科学与大数据技术专业系列教材

Java 应用开发与实践

主　编　王飞雪　鲁江坤　陈红阳

副主编　唐　志　刘　艳　范春辉　任淑艳

西安电子科技大学出版社

内 容 简 介

本书分为三大部分。第一部分(第 1 章和第 2 章)为 Java 程序设计基础,主要介绍面向对象程序设计思想、Java 概述和 Java 基础语法;第二部分(第 3～11 章)为酒店管理系统的设计,该部分内容以酒店管理系统项目作为教学案例,通过将项目简化、分解成若干模块来讲述如何利用面向对象程序设计的方法来开发项目,让读者能够从实践项目的开发过程中领悟程序设计的真谛;第三部分(第 12 章)为酒店管理系统的实现,是前面各个章节的总结,以课程设计的方式,从软件开发的角度阐述酒店管理系统的开发流程,既为读者提供了本系统开发的步骤及引导,又对其他 Java 应用系统的开发有一定的借鉴意义。

本书适合作为应用型本科"程序设计基础"课程的教材,也适合作为 Java 程序员的参考用书。

图书在版编目(CIP)数据

Java 应用开发与实践 / 王飞雪,鲁江坤,陈红阳主编. —西安:
西安电子科技大学出版社,2020.8(2023.11 重印)
ISBN 978-7-5606-5813-1

Ⅰ. ① J… Ⅱ. ① 王… ② 鲁… ③ 陈… Ⅲ. ① JAVA 语言—程序设计 Ⅳ. ① TP312.8

中国版本图书馆 CIP 数据核字(2020)第 136692 号

策　　划　陈　婷
责任编辑　陈　婷
出版发行　西安电子科技大学出版社(西安市太白南路 2 号)
电　　话　(029)88202421　88201467　　　　　邮　　编　710071
网　　址　www.xduph.com　　　　　　　　电子邮箱　xdupfxb001@163.com
经　　销　新华书店
印刷单位　陕西天意印务有限责任公司
版　　次　2020 年 8 月第 1 版　　2023 年 11 月第 5 次印刷
开　　本　787 毫米×1092 毫米　1/16　　印　张　24.5
字　　数　578 千字
印　　数　6801～9800 册
定　　价　56.00 元
ISBN 978-7-5606-5813-1 / TP
XDUP 6115001-5

　　Java 是目前最先进、特征最丰富、功能最强大的程序开发语言，具有简单、面向对象、健壮性、安全性、可移植性、解释执行、多线程等特点。作为一种完全的面向对象的语言，Java 实现了类的封装、数据隐藏、继承及多态，使得其代码容易维护及高度可重用；它吸取了其他语言的各种优点，设计简洁而优美，使用起来方便而高效。Java 已成为程序员最广泛使用的工具，几乎在所有计算机研究和应用领域，都能看到 Java 的影子。

　　使用 Java 进行程序设计与项目开发，可以理解面向对象思想的精髓，并把这种思想应用到实际的项目开发过程中。作者在多年的教学中发现，学生在学习 Java 时很顺利，但到真正开发项目时，往往会感到迷茫和手足无措；市面上与 Java 相关的书籍虽然多，但真正适合大学计算机本科专业教学以及普通程序员自己学习的书籍却很少。笔者越来越觉得需要编写一本既能让初学者快速入门，又能真正利用 Java 进行项目开发的指导性书籍。三年前，笔者就萌生了自己编写教程的想法，并开始累积各种材料和对材料进行增改，终于完成了本书。

　　本书以一个实际企业项目"酒店管理系统"作为教学案例，以项目为主线，以最简单通俗的方式向读者介绍如何开发软件项目。

　　本书对于没有学过 C 或 C++语言的读者都是适用的。本书假设读者没有任何的编程经验，举例时也尽量避免复杂的数据结构和算法设计，分解成的若干模块或任务都着重于 Java 知识点本身，尽量浅显易懂。本书适合作为大学"程序设计基础"课程教材，也适合作为 Java 程序员的参考用书。通过学习本书可达到以下三个目标：

　　(1) 面向对象程序设计入门，领略什么是面向对象程序设计；

　　(2) 掌握面向对象程序设计方法，领会面向对象程序设计的思想；

　　(3) 把握 Java 程序设计的灵魂，掌握面向对象程序设计的方法。

　　学好了 Java，其他软件很容易触类旁通，如 C++、C#、Smalltalk、EIFFEL 等。Java 架起了通向强大、易用、真正的软件开发应用的桥梁。计算机发展到今天，培养一个具有相当的应用软件开发能力的人才，已经不需要很长的周期了，这给我们每个人都带来了最好的机遇和最大的挑战。我们的战略是：大学一年级下学期，学习 Java 课程；大学二年级，在适当的指导下就可学习如 J2EE、J2ME、PHP 这些快速应用程序开发工具。这意味着计算机专业的学生在大学二年级就可以冲向计算机应用的前沿，以此与计算机其他课程的学习相辅相成。非计算机专业的学生，同样也可以在应用开发的实践中找到自己的位置。

相信通过本书的学习，读者会在 Java 开发的道路上奠定更加坚实的基础。

本书内容特点

1. 以项目为主线，精心挑选典型项目

本书结合实际工程项目，将一个完整的软件开发项目简化、分解成若干模块或任务，每个模块对应的知识点再分解成若干个教学单元，逐渐、有序地将教学目标和内容融入实际项目的实践中。

2. 强化重要概念

面向对象：面向对象思想是此书从始至终想要传递给读者的，面向对象的软件开发方法是此书的主线。面向对象的思想是理解 Java 的重要基础，书中对此做了较多的描述。

类：类是面向对象程序设计的首要概念。书中从第 3 章起，不停地描述类型机制和面向对象程序设计的各项内容。

封装：对封装的理解是从过程性语言的学习跨向面向对象语言学习的关键。笔者在这方面也注入了较多的笔墨。

继承：继承是 Java 实现类的多态性的基础，因而它也是面向对象程序设计的关键之一。理解继承能使读者从整体上把握面向对象程序设计的方法，从而使程序设计真正走向实用。

3. 纵向连接，循序渐进

读者经过基础部分等内容学习后，再按照本书的章节顺序学习，可以在巩固基础的同时逐步深入学习，进而熟悉和掌握软件开发全过程，最终完成整个项目开发，达到学以致用、融会贯通的效果。

4. 结合图表，通俗易懂

本书给出了相应的例子和表格对程序进行说明，以使读者领会其含义；对于复杂的程序，均结合程序流程图进行讲解，以方便读者理解程序的执行过程；在语言的叙述上，避免使用复杂句子和晦涩难懂的语言，做到简洁、易懂。

本书编排特点

书中每章首均简单介绍本章将要讲述的内容和学习要求。

本书案例从实际应用角度出发，根据每章节的知识点将具体的项目加以细化，读者可以轻松地通过案例积累丰富的实战经验。

为了便于读者阅读程序代码，书中代码重要的地方都有注释，并且整齐地纵向排列，使读者能快速理解代码。

在每章结束时，都设有实训和实践。实训部分根据每章内容的知识描述，对项目分解成的具体任务做详尽的讲解和演示；实践部分指导学生进一步学习有关内容并能通过上机加以验证。

书中对一些特别重要的内容用字体加黑做了标记。

与本书章节内容紧密联系的一些概念和说明用引号，另起编段。

本书强调程序的可读性，使用统一的程序设计风格，并希望读者自始至终地模仿。

本书中包含了大量的程序例子，并附有运行结果。凡在程序开头带有程序名编号的，都是完整的程序，它们经过了上机调试，可以直接在计算机上编译运行。**运行结果中，如果是手工键入的字符，则用下划线表示。**

在编写本书的过程中，笔者本着科学、严谨的态度，精益求精，但对 Java 程序设计教学研究尚在起步，教学方法、手段和形式还在摸索中，疏漏之处在所难免，敬请广大读者批评指正，以供再版时参考。

王 飞 雪

2020 年 2 月于重庆

◆◆◆◆ 目 录 ◆◆◆◆

第一部分　Java 程序设计基础

第1章　面向对象程序设计概述 2
1.1　两种程序设计语言 2
　1.1.1　面向过程的程序设计语言 2
　1.1.2　面向对象的程序设计语言 3
　1.1.3　从 C 语言到 Java 语言设计的转变 4
1.2　Java 概述 5
　1.2.1　Java 平台划分 5
　1.2.2　Java 的特点 5
　1.2.3　Java 的主要应用领域 6
1.3　Java 开发工具 7
　1.3.1　JDK 简介 7
　1.3.2　MyEclipse 简介 9
　1.3.3　Eclipse 简介 11
　1.3.4　NetBeans 简介 13
1.4　带标准输出的最小样本程序 14
　1.4.1　创建 Java 文件 14
　1.4.2　编译 Java 文件 15
　1.4.3　运行 class 文件 16
　1.4.4　认识 JVM 16
　1.4.5　Java 编程规范 17
　1.4.6　Java 帮助文档 18
　1.4.7　Java 注释 18
1.5　实训　搭建 Java 的运行环境 19
　任务 1　安装 JDK 19
　任务 2　设置环境变量 25
　任务 3　安装和使用 EditPlus 文本编辑器 ... 30
　任务 4　编译和运行 cmd 命令行 35
1.6　实践　编写我的第一个 Java 程序 41
1.7　小结 46

习题 1 46
第2章　Java 基础语法 48
2.1　Java 的基本组成元素 48
　2.1.1　标识符 48
　2.1.2　关键字 48
2.2　Java 的数据类型 49
　2.2.1　Java 的基本数据类型 49
　2.2.2　变量 50
　2.2.3　常数 52
　2.2.4　常量的定义 52
　2.2.5　基本数据类型转换 53
2.3　数组与字符串 54
　2.3.1　一维数组 54
　2.3.2　二维数组 57
　2.3.3　字符串与 String 类 58
2.4　运算符、表达式和流程控制语句 60
　2.4.1　运算符和表达式 60
　2.4.2　条件语句 68
　2.4.3　循环语句 72
　2.4.4　break 语句和 continue 语句 77
2.5　实训　Java 基础语法练习 79
　任务 1　利用数据类型转换进行运算 79
　任务 2　数组练习 79
　任务 3　字符串练习 80
　任务 4　控制结构练习 81
2.6　实践　利用 if-else 语句解决实际问题 82
2.7　小结 83
习题 2 83

第二部分 酒店管理系统的设计

第3章 酒店管理系统项目设计 86
3.1 界面设计 86
3.1.1 欢迎界面 86
3.1.2 登录界面 87
3.1.3 主管理界面和次管理界面 88
3.1.4 增加信息界面 89
3.1.5 查询信息界面 89
3.1.6 删除信息界面 90
3.2 功能模块设计 91
3.2.1 客人管理模块 92
3.2.2 餐饮管理模块 92
3.2.3 生成报表模块 92
3.3 数据库设计 93
3.3.1 创建表 94
3.3.2 增加、删除、查询表数据 94
3.3.3 创建视图 94
3.4 系统的目录结构 95
3.4.1 MVC 模式 95
3.4.2 目录结构中的各个文件 95
3.5 小结 96
习题 3 96

第4章 类的设计与实现 97
4.1 类和对象 97
4.1.1 类和对象的概念 97
4.1.2 类和对象的关系 98
4.2 类的定义 98
4.2.1 成员变量 98
4.2.2 成员方法 99
4.2.3 构造方法 101
4.3 对象的创建 103
4.3.1 对象的创建及初始化 103
4.3.2 方法的调用 104
4.3.3 this 关键字 105
4.3.4 static 关键字 106
4.3.5 对象的生命周期 110
4.4 封装、继承和多态 111

4.4.1 类及类成员的访问修饰符和
其他修饰符 111
4.4.2 封装 112
4.4.3 继承的实现 115
4.4.4 多态——方法覆盖与方法重载 118
4.4.5 包 121
4.4.6 最终类 122
4.5 抽象类和接口 122
4.5.1 抽象类和抽象方法 122
4.5.2 继承抽象类 124
4.5.3 接口的概念与定义 125
4.5.4 接口的实现 125
4.5.5 抽象类和接口的区别及应用 128
4.6 实训 类的设计与实现基础练习 129
任务 1 父类与子类的定义及实现 129
任务 2 接口实现多态 130
4.7 实践 酒店管理系统的类和
接口定义 131
4.8 小结 134
习题 4 134

第5章 集合与泛型 137
5.1 集合框架 137
5.1.1 Collection 接口及其常用子接口 137
5.1.2 List 接口及其实现类 138
5.1.3 Set 接口及其实现类 144
5.1.4 Map 接口及其实现类 146
5.1.5 各种集合实现类的特点 148
5.2 泛型 148
5.2.1 泛型的意义 148
5.2.2 泛型在类中的应用 150
5.2.3 泛型在接口中的应用 152
5.3 实训 集合实现类的基础练习 153
任务 1 使用集合实现类 ArrayList 存储
对象 153
任务 2 使用集合实现类 HashMap
存储对象 155

5.4　小结 158

习题 5 158

第 6 章　异常处理 160

6.1　异常的概述 160

6.1.1　异常的概念和分类 160

6.1.2　编译异常 161

6.1.3　运行时异常 161

6.1.4　错误 161

6.2　异常处理 162

6.2.1　捕获异常 162

6.2.2　抛出异常 165

6.3　自定义异常 166

6.4　实训　异常处理基础练习 167

任务 1　利用 try/catch 和 throws 处理

小于 0 或不是数字的情况 167

任务 2　利用 try/catch 和 throws 处理

年龄不能超过 35 岁的情况 169

6.5　实践　定义酒店管理系统的

异常及处理 171

6.6　小结 174

习题 6 175

第 7 章　图形用户界面设计 177

7.1　图形用户界面简介 177

7.1.1　认识图形用户界面 177

7.1.2　awt 与 swing 简介 178

7.2　容器 178

7.2.1　基本容器组件 178

7.2.2　JFrame 窗体 179

7.2.3　面板 180

7.3　组件 181

7.3.1　按钮 182

7.3.2　标签和文本框 184

7.3.3　复选框和单选按钮 185

7.3.4　列表框和组合框、滚动窗格 187

7.3.5　菜单 189

7.3.6　对话框 191

7.4　三大布局管理器 197

7.4.1　边界布局 BorderLayout 197

7.4.2　流式布局 FlowLayout 198

7.4.3　网格布局 GridLayout 199

7.5　实训　图形用户界面设计基础练习 200

任务 1　三种布局器的混合使用 200

任务 2　利用下拉列表框 ComboBox

选择列表项 202

任务 3　利用多行文本框、菜单、下拉框等

制作记事本 GUI 203

7.6　实践　酒店管理系统的界面设计与

实现 206

7.7　小结 209

习题 7 210

第 8 章　GUI 事件处理机制 212

8.1　概述 212

8.2　事件处理与事件监听 212

8.2.1　事件处理 213

8.2.2　事件监听 214

8.2.3　事件适配器 218

8.3　常用事件类 220

8.3.1　动作事件 220

8.3.2　窗口事件 223

8.3.3　键盘事件 223

8.4　内部类在事件处理中的应用 225

8.5　实训　GUI 事件处理基础练习 227

任务 1　利用单选框对窗口颜色

进行改变 227

任务 2　利用 KeyListener 设计

键盘事件 230

8.6　实践　酒店管理系统事件处理的

实现 232

8.7　小结 239

习题 8 239

第 9 章　Java 的数据库编程 241

9.1　JDBC 简介 241

9.1.1　JDBC 的功能 241

9.1.2　配置 JDBC 驱动程序 242

9.2　MySQL 数据库的安装与使用 244

9.2.1　MySQL 的特点 244

9.2.2　MySQL 的安装 244

9.2.3　MySQL 的基本 SQL 语法和使用 251

9.3　使用 JDBC 访问数据库 253
　　9.3.1　加载数据库驱动 254
　　9.3.2　创建数据库连接 254
　　9.3.3　查询数据库操作 255
　　9.3.4　更新数据库操作 256
　　9.3.5　应用程序通过 JDBC 访问
　　　　　 MySQL 256
9.4　实训　数据库的增删改查 259
　　任务 1　删除数据库表中指定行 259
　　任务 2　查询数据库表中满足
　　　　　　条件的行 261
9.5　实践　酒店管理系统的数据库设计 262
　　9.5.1　酒店管理系统的数据库 SQL
　　　　　 语句 262
　　9.5.2　酒店管理系统的数据库表结构 263
9.6　小结 268
习题 9 268

第 10 章　Java 多线程 270
10.1　进程和线程 270
　　10.1.1　认识进程和线程 270
　　10.1.2　多线程的特点 270
　　10.1.3　线程的生命周期及五种
　　　　　　基本状态 271
10.2　线程的创建 272
　　10.2.1　通过继承 Thread 类创建线程 272
　　10.2.2　通过实现 Runnable 接口创建
　　　　　　线程 275
　　10.2.3　继承 Thread 类和实现 Runnable
　　　　　　接口的区别 276
10.3　线程同步 276
　　10.3.1　线程同步 276
　　10.3.2　线程互斥 277
　　10.3.3　线程同步机制 277
10.4　线程调度 278
　　10.4.1　线程优先级的设置 278
　　10.4.2　线程休眠 279
　　10.4.3　线程同步 280
　　10.4.4　线程常用方法 286
　　10.4.5　线程的死锁 290

　　10.4.6　线程终止 292
10.5　实训　多线程的练习和应用 293
　　任务 1　用继承和实现接口的方式创建
　　　　　　两个线程并启动 293
　　任务 2　创建 GUI 线程并启动 295
　　任务 3　同步代码块 297
10.6　实践　酒店管理系统的多线程设计 298
10.7　小结 300
习题 10 300

第 11 章　I/O 操作 302
11.1　I/O 流与文件 302
　　11.1.1　I/O 流的概念和分类 302
　　11.1.2　File 类 303
　　11.1.3　文件的创建与删除 304
　　11.1.4　获取文件信息 306
11.2　输入/输出流 308
　　11.2.1　输入流 308
　　11.2.2　输出流 308
11.3　字节流 308
　　11.3.1　抽象字节流 InputStream 和
　　　　　　OutputStream 308
　　11.3.2　字节文件流 FileInputStream 和
　　　　　　FileOutputStream 310
　　11.3.3　字节缓冲流 BufferedInputStream 和
　　　　　　BufferedOutputStream 313
　　11.3.4　字节数据流 DataInputStream 和
　　　　　　DataOutputStream 314
11.4　字符流 316
　　11.4.1　抽象字符流 Reader 和 Writer 316
　　11.4.2　字符文件流 FileReader 和
　　　　　　FileWriter 317
　　11.4.3　字符缓冲流 BufferedReader 和
　　　　　　BufferedWriter 319
　　11.4.4　转换流 InputStreamReader 和
　　　　　　OutputStreamWriter 321
11.5　ZIP 压缩输入/输出流 323
　　11.5.1　压缩文件 323
　　11.5.2　解压缩 ZIP 文件 324
11.6　实训　输入输出流的应用 326

```
            if( input == 100 )
                break ;
        }
        printf( "The max is %d" , max ) ;        //打印最大值 max 的值
    }
```

该程序段主要实现了求最大值的算法，它把算法表述出来，定义数据结构和程序流程，程序从 main()方法开始运行，当问题解决时，程序就终止了。它体现了面向过程的设计思想。

1.1.2 面向对象的程序设计语言

面向对象的基本思想以一种更接近人的思维方式的方法去分析问题，面向对象设计首先分析问题由哪些部分组成，每部分的关系如何，然后再分析每一部分怎样完成，即面向对象以对象及其行为为中心来考虑处理问题的思想体系和方法。

面向对象通过使用对象、继承、封装、消息等基本概念来进行程序设计。采用面向对象方法设计的软件不仅易于理解，而且易于维护和修改。

典型的面向对象开发语言有 Java、C++、VB、VC、VJ++、Dephli、C#等。

同样是实现了求最大值的算法，如果考虑用面向对象的思想编程，就是另外一种方式，如例 1-1 所示。

【例 1-1】 Java 应用开发与实践\Java 源码\第 1 章\lesson1_1 \Demo1_1.java。

```java
import java.util.Scanner;

public class Demo1_1 {
    int max = 0;
    Scanner sc = new Scanner(System.in);
    void maxFunction(int a) {
        if ( max < a )
            max = a;
    }
    int getInput() {
        int a = sc.nextInt();
        return a;
    }
    int getMax() {
        return max;
    }

    void output() {
        int input;
```

```
        sc = new Scanner(System.in);
        System.out.println("输入任意正整数，按 Enter 输入下一个整数");
        System.out.println("当输入 0 或负数的时候退出程序");
        System.out.println("控制台显示输入的最大数");
        input = sc.nextInt();
        while (input > 0) {
            maxFunction(input);        //调用 maxFunction()方法更新最大值
            input = getInput();        //调用 getInput()获得下一个 input 的值
            if (input == 0)
                break;
        }
        System.out.println("最大数是： " + getMax()); //调用 getMax()方法获得最大值并打印
    }


    public static void main(String[] args) {


        Demo1_1 demo = new Demo1_1(); // demo 是类 Demo1_1 的一个对象
        demo.output();    //  对象 demo 调用 output()方法，输出最大值

    }
}
```

输出结果为

输入任意正整数，按 Enter 输入下一个整数

当输入 0 或负数的时候退出程序

控制台显示输入的最大数

34

7

4

65

0

最大数是：65

该程序段主要实现了求最大值的算法，它通过分析最大值的类 Demo 由哪些部分组成，将这个 Demo 类相关的属性和方法封装，再产生相应的对象，通过对象去调用与需求相关的方法来解决问题。它体现了面向对象的设计思想。

1.1.3 从 C 语言到 Java 语言设计的转变

面向过程的 C 语言程序设计是一种结构化、模块化和自顶向下逐步求精的设计方法。结构化程序设计方法强调程序设计风格和程序结构的规范化，而面向对象的程序设计方法则是建立在结构化程序设计方法的基础上，采用面向对象、事件驱动编程机制。面向

对象的程序设计以类作为构造程序的基本单位，围绕着对象的抽象性、继承性、多态性和封装性的特征开发设计程序。从 C 语言到 Java 语言设计的转变不是一件容易的事情。

学习 Java 语言的最大难点就是从面向过程到面向对象思路的转变。用 Java 语言进行程序设计必须将自己的思想转入到面向对象的世界，以面向对象世界的思维方式来思考问题。

1.2 Java 概 述

1.2.1 Java 平台划分

Java 不仅是编程语言，还是一个程序发布平台，Java 平台划分成 J2EE、J2SE、J2ME，针对不同的市场目标和设备进行定位。J2EE 是 Java2 Platform Enterprise Edition，主要目的是为企业计算提供一个应用服务器的运行和开发平台。J2EE 本身是一个开放的标准，任何软件厂商都可以推出自己的符合 J2EE 标准的产品，使用户可以有多种选择，IBM、Oracle、BEA、HP 等 29 家公司已经推出了自己的产品，其中以 BEA 公司的 weglogic 和 IBM 公司的 websphare 最为著名。J2EE 将逐步发展成为可以与微软的 .NET 战略相对抗的网络计算平台。J2SE 是 Java2 Platform Standard Edition，主要目的是为台式机和工作站提供一个开发和运行的平台。我们在学习 Java 的过程中，主要采用 J2SE 来进行开发。J2ME 是 Java2 Platform Micro Edition，主要面向消费电子产品，为消费电子产品提供一个 Java 的运行平台，使得 Java 程序能够在手机、机顶盒、PDA 等产品上运行。上述三种 Java 平台的特点见表 1-1。

表 1-1 三种 Java 平台

J2EE	J2SE	J2ME
企业级	桌面级	嵌入式系统级
包含 J2SE、JSP(Java Server Page)、Servlet、EJB(Enterprise JavaBean)、JTS(Java Transaction Service)、Java Mail、JMS(Java Message Service) 等，主要用于开发分布式的、服务器端的多层结构的应用系统，如电子商务网站	包含 Java 2 JDK，运行时(Runtime)和 API，主要用于开发桌面的应用，如小的桌面应用程序、游戏	主要用于开发电子产品，如移动电话、数字机顶盒、汽车导航系统等

1.2.2 Java 的特点

1. 使用简单的语言

Java 沿用了 C/C++的语法规则，因而 C++程序员初次接触 Java 就会感到很熟悉。从某种意义上讲，Java 是 C 及 C++语言的一个变种，因此，C++程序员可以很快地掌握 Java 编程技术。

Java 将 C/C++中的某些复杂的特征去除，如指针、结构、goto 语句以及动态内存的回收等。另外，Java 提供了丰富的类库，可以帮助程序员很方便地开发 Java 程序。

2．面向对象的语言

Java 是一个纯粹的面向对象编程语言，面向对象可以说是 Java 最重要的特性，所以它支持继承、重载、多态等面向对象的特性。Java 的设计是完全面向对象的，它不支持类似 C 语言那样的面向过程的程序设计技术。C++和 C 语言都不是纯面向对象的开发工具。

3．解释执行的语言

Java 代码是解释执行的，Java 编译器将 Java 代码编译成字节码，这是一种中间代码，然后由 Java 解释器解释执行。而 C++程序是编译执行的，C++程序代码被编译为本地机器指令后执行。

4．健壮性语言

Java 是一种强类型的语言，其类型检查比 C++还要严格。类型检查能检查出许多开发早期出现的错误；Java 提供的垃圾回收机制和例外处理机制，解决了 C++中最令人头疼的内存泄露问题；Java 去除了容易出错的指针，保证了程序的安全运行。

5．安全的语言

一方面，Java 去除了指针，使得程序不能够直接访问内存(管理内存的操作都封装在 JVM 中)；另一方面，Java 解释执行机制，使得程序的执行在 java.exe/JVM 的监控之下，所以在网络环境下可以保证系统的安全。例如，删除文件、访问本地网络资源等操作都是被禁止的。

6．与平台无关的语言

Java 作为一种网络语言，其源代码被编译成一种结构中立的中间文件格式，只要有 Java 运行系统的机器都能执行这种中间代码。Java 源程序被编译成一种与机器无关的字节码格式，在 Java 虚拟机上运行。Java 对数据类型的大小做了统一规定，不会因为机器不同或编译器不同而使用不同的宽度，这样就保证了代码的可移植性。

7．支持多线程的语言

Java 的一个重要特性就是在语言级上支持多线程的程序设计。因为 Windows 操作系统不支持多线程，所以 Java 最早是应用在 Unix 上，后来才将 Java 移植到 Windows 平台上。

1.2.3 Java 的主要应用领域

(1) 大型企业级应用，主要使用 Java EE，比如大型企业管理系统，最典型应用场景有：

- 有关金融行业的大型企业，所有的证券公司、银行，如建设银行、工商银行。
- 有关通信及网络的大型企业，如电信、移动、联通、网通。
- 大型管理系统，如客户管理系统、供应链等。

(2) 大型网站，主要使用 Java EE，最典型的例子就是电子商务交易平台阿里巴巴以及淘宝。

(3) 电子政务，主要使用 Java EE，比如政府部门的绝大多数的信息化系统都是由 Java 开发的。

(4) 游戏，很多手机游戏都是用 Java 开发的。

(5) 嵌入式设备及消费类电子产品，主要使用 Java ME，如无线手持设备、医疗设备、通信终端、信息家电(如数字电视、电冰箱、机顶盒等)、汽车电子设备等是比较热门的 Java 应用领域，这方面的应用例子有中国联通 CDMA 1X 网络中基于 Java 技术的无线数据增值服务——UniJa。

1.3　Java 开发工具

1.3.1　JDK 简介

JDK 即 Java Develop Kit，是 Java 开发工具包。开发 Java 程序必须有 Java 开发环境，即 JDK 开发工具包，这个工具包包含了编译、运行、调试等关键的命令，哪怕运行 Eclipse、NetBeans 等开发工具，也要有 JDK 或 JRE 的支持，所以开发 Java 程序之前的第一步准备工作就是获取 JDK，该工具包需要到官方网站去下载。自从 Java 推出以来，JDK 已经成为使用最广泛的 Java SDK(Software Development Kit)。

JDK 的基本组件包括：

- javac——编译器，将源程序转成字节码。
- jar——打包工具，将相关的类文件打包成一个文件。
- javadoc——文档生成器，从源码注释中提取文档。
- jdb——debugger，查错工具。

JDK 中还包括完整的 JRE(Java Runtime Environment，Java 运行环境)，也被称为 Private Runtime，包含了用于产品环境的各种库类，以及给开发员使用的补充库，如国际化的库、IDL 库。JDK 中还包括各种例子程序，用以展示 Java API 中的各部分。

Java 开发工具(JDK)是许多 Java 专家最初使用的开发环境。尽管目前许多编程人员已经使用第三方的开发工具，但 JDK 仍被当作 Java 开发的重要工具。

JDK 由一个标准类库和一组建立、测试程序及建立文档的 Java 实用程序组成。其核心 Java API 是一些预定义的类库，开发人员需要用这些类来访问 Java 的功能。Java API 包括一些重要的语言结构以及基本图形、网络和文件 I/O。一般来说，Java API 的非 I/O 部分对于运行 Java 的所有平台是相同的，而 I/O 部分则仅在通用 Java 环境中实现。安装 JDK 后的 JDK 目录如图 1-1 所示。

作为 JDK 实用程序，工具库中有七种主要程序：

- Javac：Java 编译器，将 Java 源代码转换成字节码。
- Java：Java 解释器，直接从类文件执行 Java 应用程序字节代码。
- appletviewer：小程序浏览器，一种执行 HTML 文件上的 Java 小程序的 Java 浏览器。
- Javadoc：根据 Java 源码及说明语句生成 HTML 文档。
- Jdb：Java 调试器，可以逐行执行程序，设置断点和检查变量。

● Javah：产生可以调用 Java 过程的 C 过程，或建立能被 Java 程序调用的 C 过程的头文件。

● Javap：Java 反汇编器，显示编译类文件中的可访问功能和数据，同时显示字节代码含义。

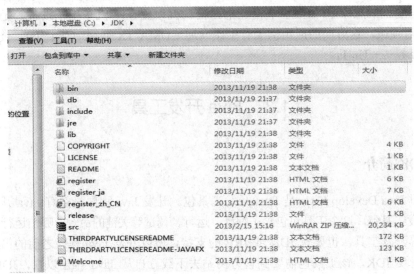

图 1-1　安装 JDK 后的 JDK 目录

下面对开发 Java 平台应用程序所要求的文件和目录进行说明。图 1-2 列出的是最重要的目录。

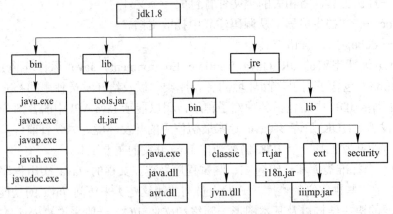

图 1-2　JDK 文件结构

对图 1-2 做如下说明：

(1) C:\jdk1.8：JDK 软件安装的根目录，包含版权、许可及 README 文件，还包括：src.jar，即构成 Java 平台核心 API 的所有类的源文件的归档。

(2) C:\jdk1.8\bin：Java 开发工具包(JDK)中所包含的开发工具的可执行文件。PATH 环境变量应该包含一个指示此目录的项。有关工具的详细信息参见 JDK 工具。

(3) C:\jdk1.8\lib：开发工具使用的文件，这些文件包括 tools.jar(包含支持 JDK 的工具和实用程序的非核心类)和 dt.jar(BeanInfo 文件的 DesignTime 归档，用来告诉交互开发环境(IDE)如何显示 Java 组件以及如何让开发人员根据应用程序自定义它们)。

(4) C:\jdk1.8\jre：JDK 开发工具所使用的 Java 运行时环境的根目录。运行时环境是 Java 1.8 平台的实现。除文档外，它与可部署的 JRE 完全相同。

(5) C:\jdk1.8\jre\bin：Java 平台使用的工具和库的可执行文件及 DLL。可执行文件与 /jdk1.8/bin 中的文件相同。Java 启动器工具担当应用程序启动器的角色，不必将该目录放在 PATH 环境变量中。

(6) C:\jdk1.8\jre\bin\classic：包含经典虚拟机使用的 Windows DLL 文件。经典虚拟机是 Java 虚拟机的语言解释器版本。当新的虚拟机可用时，它们的 DLL 将被安装在 jre/bin 的某个新子目录中。

(7) C:\jdk1.8\jre\lib：Java 运行时环境使用的代码库、属性设置和资源文件，包括：rt.jar，自举类(构成 Java 平台核心 API 的 RunTime 类)；i18n.jar，字符转换类及其他与国际化和本地化有关的类。

(8) C:\jdk1.8\jre\lib\ext：Java 平台扩展的缺省安装目录。例如：安装时 JavaHelp jar 文件的安装目录，包括 iiimp.jar(实现 Internet-Intranet 输入方法协议的类，供从使用国际字符集的设备上接收输入的应用程序使用)。

(9) C:\jdk1.8\jre\lib\security：包含用于安全管理的文件。这些文件包括安全策略 (java.policy)和安全属性(java.security)文件。JDK 的下载地址为 http://www.oracle.com/ index.html。

1.3.2　MyEclipse 简介

MyEclipse(My Eclipse Enterprise Workbench，MyEclipse)企业级工作平台是对 EclipseIDE 的扩展，利用它可以在数据库和 J2EE 的开发、发布以及应用程序服务器的整合方面极大地提高工作效率。它是功能丰富的 J2EE 集成开发环境，具有完备的编码、调试、测试和发布功能，完整支持 HTML、Struts、JSF、CSS、Javascript、SQL、Hibernate。MyEclipse 界面如图 1-3 所示。

图 1-3　MyEclipse 界面

在结构上，MyEclipse 的特征可以被分为 7 类：

(1) J2EE 模型。

(2) Web 开发工具。

(3) EJB 开发工具。

(4) 应用程序服务器的连接器。

(5) J2EE 项目部署服务。

(6) 数据库服务。

(7) MyEclipse 整合帮助。

对于以上每一种功能上的类别，在 Eclipse 中都有相应的功能部件，并可通过一系列的插件来实现它们。MyEclipse 结构上的这种模块化，可以在不影响其他模块的情况下，对任一模块进行单独的扩展和升级。

简单而言，MyEclipse 是 Eclipse 的插件，也是一款功能强大的 JavaEE 集成开发环境，支持代码编写、配置、测试以及除错。MyEclipse 6.0 以前版本需先安装 Eclipse，而 MyEclipse 6.0 以后版本不需安装 Eclipse。可以从 eclipse.org 网站(http://www.myeclipse.com/ downloads)下载各个版本，下载页面如图 1-4 所示。

图 1-4　MyEclipse 的下载页面

MyEclipse 的历史版本有：

(1) MyEclipse 2014 版本。

(2) MyEclipse 2013 版本。

(3) MyEclipse 10.7.1 版本，于 2013 年 2 月 7 日发布，该版本同样基于 Eclipse 3.7.2。

(4) MyEclipse 10.5 版本同样基于 Eclipse 3.7.2，支持更快的构建。

(5) MyEclipse 10.0 版本使用最高级的桌面和 Web 开发技术，包括 HTML5 和 Java EE 6，支持 JPA 2.0、JSF 2.0、Eclipselink 2.1 以及 OpenJPA 2.0。

(6) MyEclipse 9.0 集成了 Eclipse 3.6.1，支持 HTML5 和 JavaEE 6。

(7) MyEclipse 8.6M1 版本。

(8) MyEclipse 8.5 版本，于 2010 年 3 月 28 号正式发布。

1.3.3　Eclipse 简介

Eclipse 是替代 IBM Visual Age for Java 的下一代 IDE 开发环境，但它未来的目标不仅仅是成为专门开发 Java 程序的 IDE 环境。根据 Eclipse 的体系结构，通过开发插件，它能扩展到任何语言的开发，甚至能成为图片绘制的工具。目前，Eclipse 已经开始提供 C 语言开发的功能插件。更难能可贵的是，Eclipse 是一个开放源代码的项目，任何人都可以下载 Eclipse 的源代码，并且在此基础上开发自己的功能插件。也就是说，未来只要有人需要，就会有建立在 Eclipse 之上的 COBOL、Perl、Python 等语言的开发插件出现。同时可以通过开发新的插件扩展现有插件的功能，比如在现有的 Java 开发环境中加入 Tomcat 服务器插件。可以无限扩展，而且有着统一的外观、操作和系统资源管理，正是 Eclipse 的潜力所在。Eclipse 的界面如图 1-5 所示。

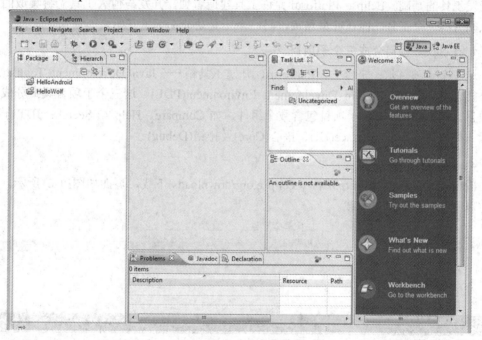

图 1-5　Eclipse 界面

Eclipse 最初是由 IBM 公司开发的替代商业软件 Visual Age for Java 的下一代 IDE 开发环境，2001 年 11 月贡献给开源社区，现在它由非营利软件供应商联盟 Eclipse 基金会 (Eclipse Foundation)管理。2003 年，Eclipse 3.0 选择 OSGi 服务平台规范为运行时的架构。2007 年 6 月，稳定版 3.3 发布；2008 年 6 月，发布代号为 Ganymede 的 3.4 版；2009 年 6 月，发布代号为 Galileo 的 3.5 版；2010 年 6 月，发布代号为 Helios 的 3.6 版；2011 年 6 月，发布代号为 Indigo 的 3.7 版；2012 年 6 月，发布代号为 Juno 的 4.2 版；2013 年 6 月，发布代号为 Kepler 的 4.3 版；2014 年 6 月，发布代号为 Luna 的 4.4 版；2015 年 6 月，发布代号为 Mars 的 4.5 版。

Eclipse 还包括插件开发环境(Plug-in Development Environment，PDE)，这个组件主要

针对希望扩展 Eclipse 的软件开发人员，因为它允许他们构建与 Eclipse 环境无缝集成的工具。由于 Eclipse 中的每样东西都是插件，对于给 Eclipse 提供插件以及给用户提供一致和统一的集成开发环境而言，所有工具开发人员都具有同等的发挥场所。

这种平等和一致性并不仅限于 Java 开发工具。尽管 Eclipse 是使用 Java 开发的，但它的用途并不限于 Java。例如，支持诸如 C/C++、COBOL、PHP、Android 等编程语言的插件已经可用，或预计将会推出。Eclipse 框架还可用来作为与软件开发无关的其他应用程序类型的基础，比如内容管理系统。

Eclipse 是一个开放源代码的软件开发项目，专注于为高度集成的工具开发提供一个全功能、具有商业品质的工业平台。它主要由 Eclipse 项目、Eclipse 工具项目和 Eclipse 技术项目三个项目组成，具体包括四个部分——Eclipse Platform、JDT、CDT 和 PDE。JDT 支持 Java 开发，CDT 支持 C 开发，PDE 用来支持插件开发，Eclipse Platform 则是一个开放的可扩展 IDE，提供了一个通用的开发平台。Eclipse 还提供建造块和构造并运行集成软件开发工具的基础。Eclipse Platform 允许工具建造者独立开发与他人工具无缝集成的工具而无须分辨一个工具功能在哪里结束，另一个工具功能在哪里开始。

1. Eclipse 项目分成三个子项目

这三个子项目是：平台——Platform、开发工具箱——Java Development Toolkit(JDT) 和外挂开发环境——Plug-in Development Environment(PDE)。这三个子项目又细分成更多子项目。例如：Platform 子项目包含数个组件，如 Compare、Help 与 Search；JDT 子项目包括三个组件：User Interface(UI)、核心(Core)及排错(Debug)。

2. Eclipse 版本介绍

Eclipse 可以从官网(http://www.eclipse.org/downloads)下载，页面如图 1-6 所示。基本上有以下三种版本可供下载。

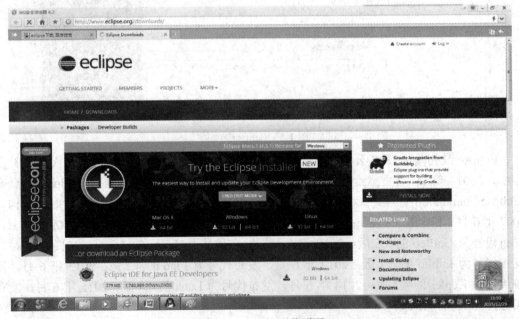

图 1-6　Eclipse 下载页面

• 释出版本(Release builds)：由 Eclipse 开发团队所宣称的主要稳定版本。

• 稳定版本(Stable builds)：比 Release build 新一级的版本，经由 Eclipse 开发团队测试，并认定它相当稳定。新功能通常会在此过渡版本出现。

• 整合版本(Integration builds)：此版本的各个独立的组件已经过 Eclipse 开发团队认定，具有稳定度，但不保证兜在一起没问题。若兜在一起够稳定，它就有可能晋级成 Stable build。

1.3.4 NetBeans 简介

NetBeans 由 Sun 公司(2009 年被甲骨文收购)于 2000 年创立，它是开放源运动以及开发人员和客户社区的家园，旨在构建世界级的 Java IDE。NetBeans 当前可以在 Solaris、Windows、Linux 和 Macintosh OS X 平台上进行开发，并在 SPL(Sun 公用许可)范围内使用。NetBeans 界面如图 1-7 所示。

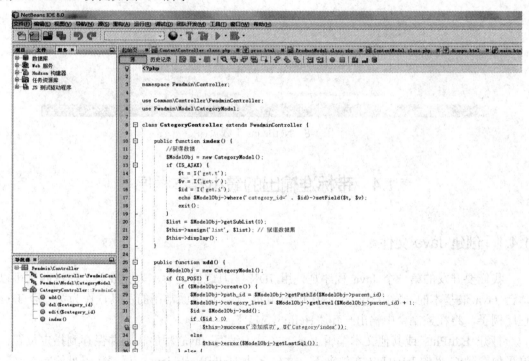

图 1-7　NetBeans 界面

NetBeans 是一个成功的开放源码计划，在全球拥有近 100 个合作伙伴并不断发展壮大的团体。Sun Microsystems 于 2000 年 6 月创建了 NetBeans 开放源码计划，并继续充当该计划的主赞助商。目前有两个产品：NetBeans IDE 和 NetBeans 平台。

NetBeans IDE 是一个开发环境，供程序员编写、编译、调试和部署程序。它是用 Java 编写的，但可以支持任何编程语言。另外，有巨大数量的模块来扩展 NetBeans IDE，它是一个免费产品，不限制其使用形式。

此外还可获得 NetBeans 平台——一个模块化且可扩展的基础，用作创建大型桌面应用程序的软件基石。ISV 合作伙伴提供增值的插件，它们很容易集成到 IDE 中，并且也可用于开发其本身的工具和解决方案。

这两个产品都可免费用于商业和非商业目的，并且在 Sun 公开许可证 (SPL) 的限制下可获得供重用的源码。

NetBeans 下载地址为 https://netbeans.org/downloads/index.html。下载页面如图 1-8 所示。

图 1-8   NetBeans 下载页面

1.4   带标准输出的最小样本程序

1.4.1   创建 Java 文件

我们要开发的第一个 Java 程序是使用 JDK 工具包和记事本来完成的。通过此例可以体会 Java 最基本的开发方式，能够认识到 JDK 工具包里面常用的工具，作为第一个 Java 程序例子，将在控制台中输出一句 "Hello world!"。

打开 EditPlus 或其他文本编辑工具，在其中编写 Java 程序代码并保存到指定位置，这里保存到 G 盘的 JavaUnit 文件夹下，文件名为 HelloWorld.java。程序代码见例 1-2。

【例 1-2】   Java 应用开发与实践\Java 源码\第 1 章\lesson1_2 \HelloWorld.java

```java
/**
 * 带标准输出的最小样本程序 HelloWorld：向控制台输出 Hello World!的应用程序
 */
public class HelloWorld {
    public static void main(String[] args) {
        System.out.println("Hello world!"); // 控制台输出 Hello world!
    }
}
```

保存文件。

程序说明如下：

(1) 第 1～3 行：注释，这种注释/**....*/ 是 Java 特有的注释语法格式，可以使用 javadoc 工具自动提取注释中的内容，形成 HTML 格式的文档。

(2) 第 4 行：声明一个名字叫作 HelloWorld 的类。其中：public 表示该类可以被其他的类访问；class 表示类的定义，它定义了一个名为 HelloWorld 的类；HelloWorld 则是程序员自定义的类名；{ 表示类体的开始。

(3) 第 5 行：定义了 HelloWorld 类中的 main 方法。其中：public 表示权限修饰符；static 随着 HelloWorld 类的加载而加载，随其消失而消失；main 为函数名，是 JVM 识别的特殊函数名；(String[] args)定义了一个字符串数组参数。

(4) 第 6 行：System 对象的属性 out 对象的 println 方法。其中：System 是 java.lang 里面的一个类；out 是 System 里面的一个数据成员(也称为字段)；println()是 java.io.PrintStream 类里的一个方法，它的作用就是向控制台输出信息。

1.4.2　编译 Java 文件

Java 源程序编写后，要使用 Java 编译器(javac.exe)将 Java 源程序编译成字节码文件。Java 源程序都是扩展名为 .java 的文本文件。编译时首先读入 Java 源程序，然后进行语法检查，如果出现问题就终止编译。语法检查通过后，生成可执行程序代码即字节码，字节码文件名和源文件名相同，扩展名为 .class。

打开命令提示符窗口(MS-DOS 窗口)进入 Java 源程序所在路径 G :\JavaUnit。键入编译器文件名和要编译的源程序文件名，具体如下：

```
javac   HelloWorld.java
```

按回车键开始编译(注意：文件名 HelloWorld 的首字母要大写)。如果源程序没有错误，则屏幕上没有输出，键入"DIR"按回车键后可在当前目录中看到生成了一个同名字的 .class 文件，即"HelloWorld.class"。否则，将显示出错信息，如图 1-9 所示。

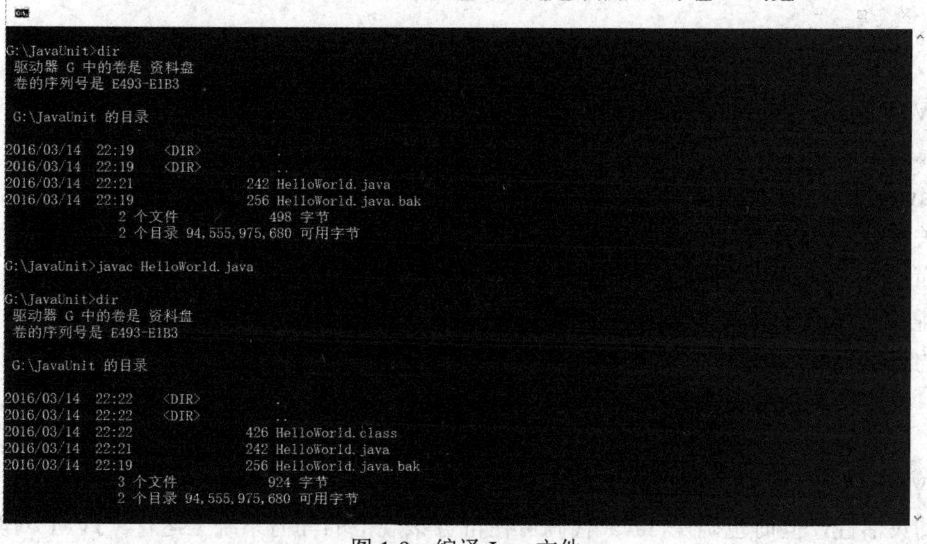

图 1-9　编译 Java 文件

1.4.3 运行 class 文件

打开文件夹 JavaProgram，发现在该文件夹里多了一个 HelloWorld.class 文件，这是编译源文件后产生的中间字节码文件，在控制台命令提示符后输入"java HelloWorld"命令并按下 Enter 键，这样会执行这个 Java 程序，运行结果会输出一句"Hello world!"，如图 1-10 所示。

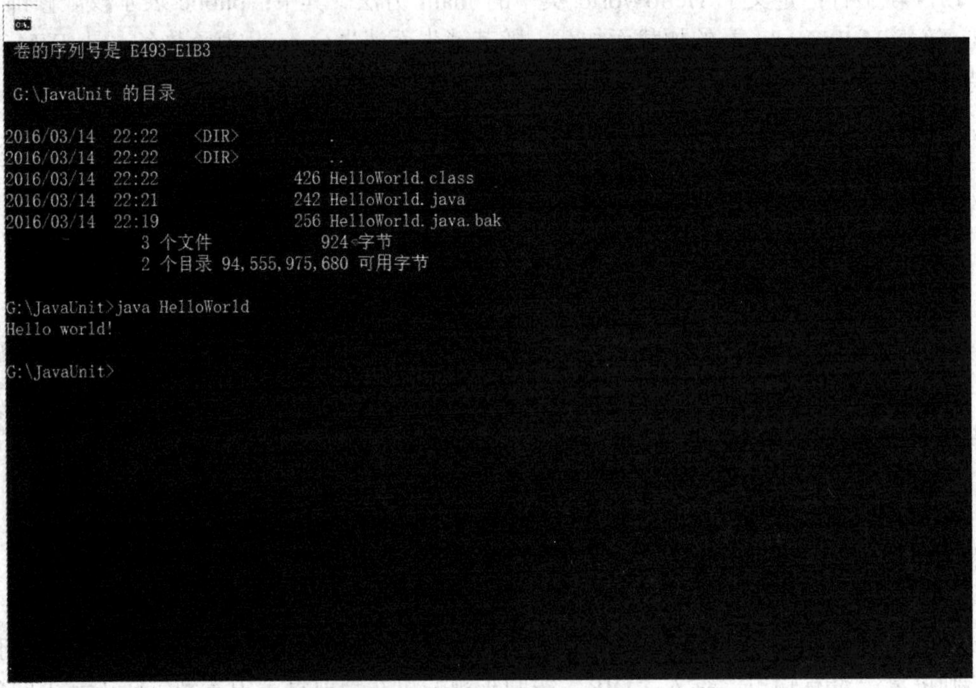

图 1-10　运行 class 文件

1.4.4 认识 JVM

JVM 是 Java Virtual Machine(Java 虚拟机)的缩写，是一种用于计算设备的规范，它是一个虚构出来的计算机，通过在实际的计算机上仿真模拟各种计算机功能来实现。

Java 的一个非常重要的特点就是与平台的无关性，而使用 Java 虚拟机是实现这一特点的关键。一般的高级语言如果要在不同的平台上运行，至少需要编译成不同的目标代码。而引入 Java 虚拟机后，Java 在不同平台上运行时就不需要再重新编译。Java 使用 Java 虚拟机屏蔽了与具体平台相关的信息，使得 Java 编译程序只需生成在 Java 虚拟机上运行的目标代码(字节码)，就可以在多种平台上不加修改地运行。Java 虚拟机在执行字节码时，把字节码解释成具体平台上的机器指令执行，这就是 Java 能够"一次编译，到处运行"的原因。

JVM 的设计目标是提供一个基于抽象规格描述的计算机模型，为程序开发人员提供很好的灵活性，同时也确保 Java 代码可在符合该规范的任何系统上运行。JVM 对其实现的某些方面给出了具体的定义，特别是对 Java 的可执行代码，即字节码(Bytecode)的格式给出了明确的规格。这一规格包括操作码和操作数的语法和数值、标识符的数值表示方式以及 Java 类文件中的 Java 对象、常量缓冲池在 JVM 的存储映象。这些定义为 JVM 开发人员提供了所需的信息和开发环境。Java 的设计者希望给开发人员以随心所欲使用 Java 的自由。JVM 运行原理如图 1-11 所示。

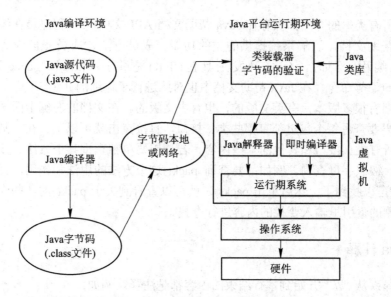

图 1-11 JVM 运行原理示意图

JVM 定义了控制 Java 代码解释执行和具体实现的五种规格，它们分别是：JVM 指令系统、JVM 寄存器、JVM 栈结构、JVM 碎片回收堆和 JVM 存储区。

因此，JVM 在 Java 的跨平台特性中，起着中间人的角色。它在已编译 Java 程序与底层硬件平台和操作系统之间提供一个抽象层。JVM 的可移植性对 Java 非常关键，因为已编译 Java 程序运行在 JVM 之上，并独立于底层 JVM 的具体实现。

1.4.5 Java 编程规范

软件开发是一个集体协作的过程，程序员之间的代码是要经常进行交换阅读的，因此，Java 源程序有一些约定成俗的命名规定，主要是为了提高 Java 程序的可读性。

包名：包名是全小写的名词，中间可以由点分隔开。例如：Java.awt.event。

类名：首字母大写，若类名由几个单词构成，那么把它们紧靠到一起(不要用下划线来分隔名字)。此外，每个嵌入单词的首字母都采用大写形式。例如：class AllTheColorsOfTheRainbow。

接口名：命名规则与类名相同。例如：interface Collection。

方法名：往往由多个单词合成，第一个单词通常为动词，首字母小写，中间的每个单词的首字母都要大写。例如：void changeTheHueOfTheColor(int newHue)。

变量名：首字母小写，一般为名词。例如：int anIntegerRepresentingColors。

常量名：基本数据类型的常量名为全大写，如果由多个单词构成，可以用下划线隔开。例如：int YEAR, int WEEK_OF_MONTH。如果是对象类型的常量，则是大小写混合，由大写字母把单词隔开。

1.4.6　Java 帮助文档

Java 中所有类库的介绍都保存在 Java 帮助文档(API 文档)中，程序员在编程过程中，必须查阅该帮助文档，了解系统提供的类的功能、成员方法、成员变量等信息以后，才能够更好地编程。同时，Java 开发工具包(JDK)提供了"java""javac""Javadoc""appletviewer"等命令，在 Java 帮助文档中也对此进行了详细的介绍。

API 文档有很多版本，有英文版的，也有中文版的。在文档的左侧上面一部分有很多java 包，如果要查看每个包里都有哪些类、接口，直接点击就可以了。在左侧下面一部分会列出包下所有类、接口和其他的一些内容。若是想要单独查询某个方法、接口或类，可以利用索引，按照字母查询。例如：要查询 pack()这个方法的用法和作用，直接点击字母p，在下面就可以找到了；然后单击 pack()，就可以查看到关于 pack()的一些内容了。也可以直接在左侧的索引里输入要找的内容进行查找。

1.4.7　Java 注释

单行注释：从"//"开始到本行结束的内容都是注释。例如：

```
// 这是一行单行注释
// 这是另一行单行注释
```

多行注释：在"/*"和"*/"之间的所有内容都是注释。例如：

```
/* 这是一段注释
分布在
多行之中 */
```

文档注释：在注释方面 Java 提供一种 C/C++所不具有的文档注释方式。其核心思想是当程序员编完程序以后，可以通过 JDK 提供的 javadoc 命令，生成所编程序的 API 文档，而该文档中的内容主要就是从文档注释中提取的。该 API 文档以 HTML 文件的形式出现，与 Java 帮助文档的风格与形式完全一致。凡是在"/**"和"*/"之间的内容都是文档注释。例如下面的 Test.Java 文件：

```
/** 这是一个文档注释的例子，主要介绍下面这个类 */
public class Test{
/** 变量注释，下面这个变量主要是充当整数计数 */
public int i;
/** 方法注释，下面这个方法的主要功能是计数 */
public void count( ) {}
}
```

通过在命令行下面运行"javadoc -d. Test.Java"，就生成了介绍类 DocTest 的 index.html文件，DocTest.Java 文件中的文档注释的内容都出现在该 index.html 文件中。

1.5 实训 搭建 Java 的运行环境

任务 1 安装 JDK

首先需要下载 Java SE 安装程序。如果没有 Java SE 安装包，请从下面网站下载 Java SE 安装包：http://www.oracle.com/technetwork/cn/java/javase/downloads。下载前先查看操作系统的情况，如果是 WIN 7 用户，打开计算机，单击系统属性，如图 1-12、图 1-13 所示。

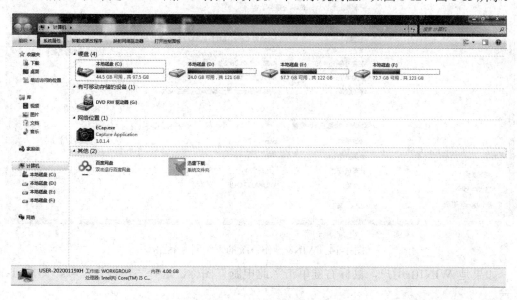

图 1-12 WIN7 操作系统

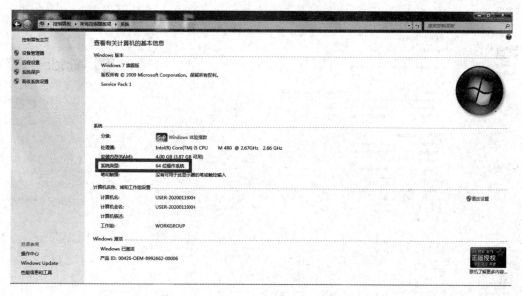

图 1-13 WIN7 操作系统的系统属性界面

如果是 WIN 8 用户，鼠标右键单击"计算机"图标，选择"属性"选项，如图 1-14 所示。

图 1-14　WIN8 操作系统的系统属性界面

如果是 WIN10 用户，鼠标右键单击"此电脑"图标，选择"属性"选项，如图 1-15 所示。

图 1-15　WIN10 操作系统的系统属性界面

请按照操作系统的情况下载对应的安装包，要先接受许可协议才可以下载，如图
1-16 所示。

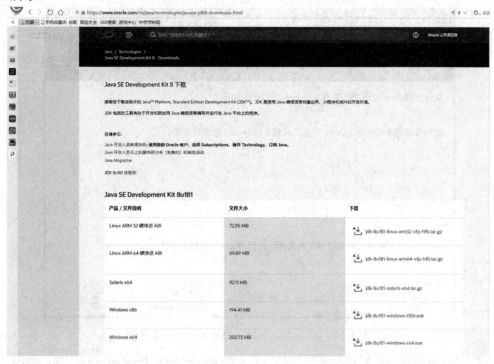

图 1-16　jdk-8u20-windows-i586.exe 的下载页面

如果计算机是 32 位字长的机器，点击"Windows x86"选项，如果是 64 位字长的机
器，则点击"Windows x64"选项，本书以"Windows x86"为例，点击后出现如图 1-17
所示的对话框。

图 1-17　jdk-8u20-windows-i586.exe 的下载对话框

下载完成后，电脑上就出现了 jdk-8u20-windows-i586.exe 的安装文件，其图标如图
1-18 所示。

图 1-18　下载的 jdk-8u20-windows-i586.exe 图标

双击图标，开始安装，安装过程如下：

(1) 在出现的如图 1-19 所示的安装向导界面中点击"下一步"按钮。

图 1-19　jdk-8u20-windows-i586.exe 的安装向导

(2) 选择安装路径。默认的安装路径为 C:\ Program Files\Java\jdk1.8.0_20\，如图 1-20 所示。可以选择自己计算机软件的安装目录，通常此目录不允许存在汉字。此处选择的是 D:\Program Files\Java\jdk1.8.0_20\，如图 1-21 所示。点击"下一步"按钮，开始安装，如图 1-22 所示。

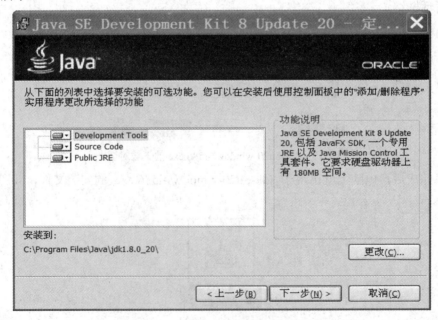

图 1-20　JDK 默认的安装路径

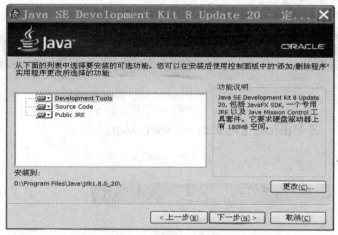

图 1-21　选择的安装路径

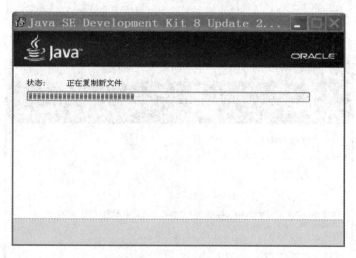

图 1-22　JDK 正在安装界面

(3) 选择 JRE 安装目录，单击"下一步"按钮，开始 JRE 安装，如图 1-23～图 1-25 所示。

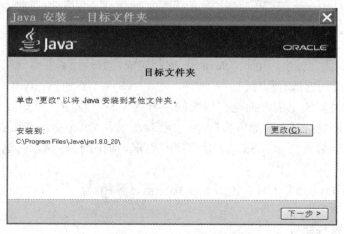

图 1-23　设置 JRE 安装路径

图 1-24　JRE 正在安装界面

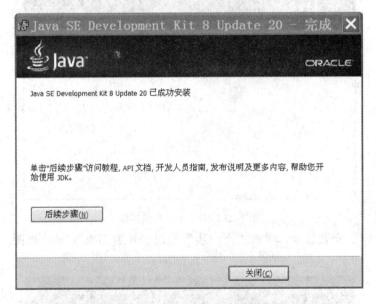

图 1-25　Java 安装完成界面

（4）点击"关闭"按钮。至此，Java SE 安装完成，但是还需要对一些环境变量进行配置才可以方便地使用它编写程序。

　　Java SE 已经安装完毕，但是在传统的"开始"→"程序"里却找不到安装过后的 Java 程序，此时需要打开"我的电脑"。刚才把 Java 装在 D:\Program Files\Java\jdk1.8.0_20 目录下，Java 安装目录中 jdk1.8.0_20 是想要的 JDK，如图 1-26 所示。这个文件夹的主要内容如下。

- bin：存放 Java 开发工具，包括 Java 编译器、解释器。
- lib：Java 开发类库。
- jre：Java 运行环境。

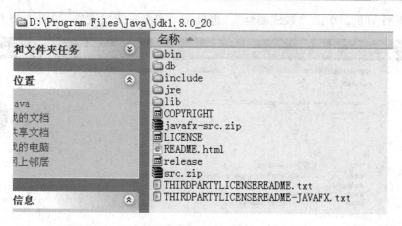

图 1-26　Java 安装目录

bin 目录包含的主要内容如图 1-27 所示。

- javac：编译器，将程序编译成字节码。
- java：解释器，执行已经转换成字节码的 Java 程序。
- appletviewer：app 解释器。
- jdb：调试器，用于调试程序。
- javap：反编译，将文件还原回方法和变量。
- Javadoc：文档生成器，创建 HTML 文档。

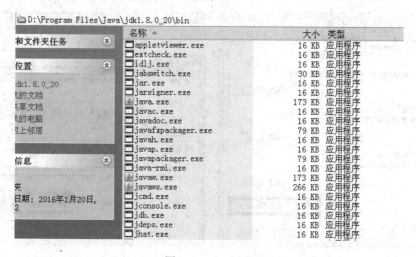

图 1-27　bin 目录

任务 2　设置环境变量

在 DOS 环境编写 Java 程序，需要用到 javac.exe 和 java.exe 两个工具，它们都在 D:\ProgramFiles\Java\jdk1.8.0_20\bin 目录下，每次使用都要调用，非常麻烦，所以要设置环境变量，以便提高效率。

如果是 WIN 7 用户，则具体步骤如下：

(1) 打开计算机，单击"系统属性"，再单击"高级系统设置"，如图 1-28 所示。

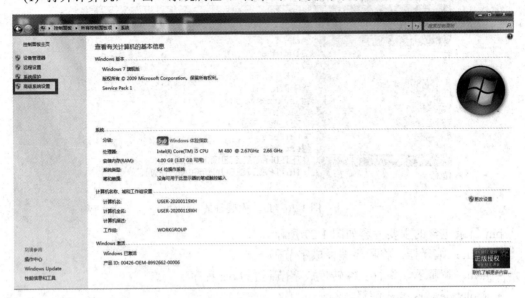

图 1-28　WIN7 系统属性界面

(2) 在"高级"选项卡中单击"环境变量"按钮，如图 1-29 所示。

(3) 下拉滚动条，找到 Path 一栏，单击"编辑"按钮，如图 1-30 所示。

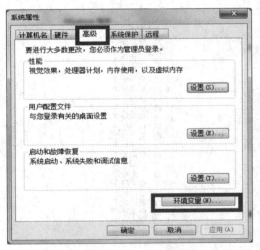

图 1-29　WIN7"高级"选项卡

图 1-30　环境变量中的 Path 变量

(4) 按照图 1-26 所示，找到 Java SE 安装目录。需要把 D:\Program Files\Java\jdk1.8.0_20\bin 这个目录添加到 Path 中，这样系统会自动查找 javac 和 java 来完成编译和解释操作。

(5) 返回 Path 修改界面，可以看到，Path 已有内容，在 Path 已有的内容前面粘贴复制过来的目录 D:\Program Files\Java\jdk1.8.0_20\ bin，加上分号，最后按"确定"按钮即可，如图 1-31 所示。

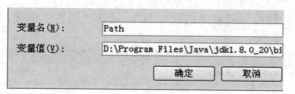

变量名(N):	Path
变量值(V):	D:\Program Files\Java\jdk1.8.0_20\bj

图 1-31　加入 Java 安装目录的环境变量中的 Path 变量

如果是 WIN 8、WIN 8.1 操作系统，则操作步骤如下：

(1) 打开"计算机"或者"这台电脑"，在上侧一栏选择"查看"选项卡，然后单击"选项"，如图 1-32 所示。

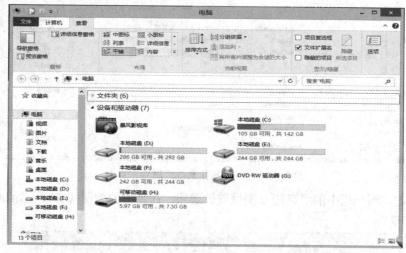

图 1-32　WIN8 操作系统"选项"

(2) 单击"查看"选项卡，去掉"隐藏已知文件类型的扩展名"前面的小勾，如图 1-33 所示。然后单击"确定"按钮保存。

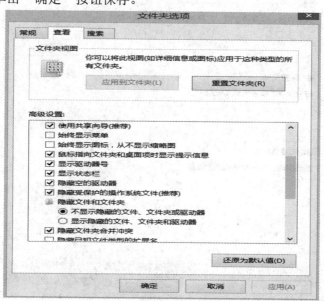

图 1-33　WIN8"查看"选项卡

(3) 右键单击"计算机"或者"这台电脑"，选择"属性"选项，弹出如图 1-34 所示的界面。

图 1-34　WIN 8 操作系统"属性"界面

(4) 单击左面一栏中的"高级系统设置"选项，在弹出的如图 1-35 所示的对话框中单击"环境变量"。

图 1-35　WIN 8 操作系统"环境变量"

28

(5) 找到 Path 变量进行编辑，如图 1-36 所示。

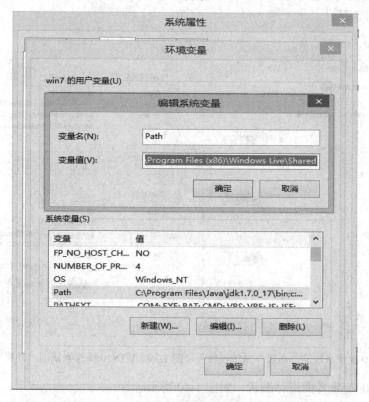

图 1-36　加入 Java 安装目录的环境变量中的 Path 变量的 WIN 8

(6) 粘贴上 bin 目录的地址，加上分号。注意：需要输入英文分号，否则操作失败。

如果是 WIN 10 操作系统，则其操作步骤如下：

(1) 右键点击"此电脑"按钮，在出现的菜单中选择"属性"选项，在出现的"系统"窗口中单击"高级系统设置"选项，如图 1-37 所示。

图 1-37　WIN 10 操作系统的"系统"属性

(2) 在弹出的对话框中单击下面一栏中的"环境变量"按钮，如图 1-38 所示，打开如图 1-39 所示的界面。

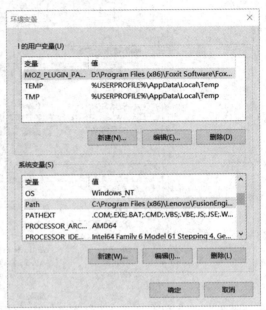

图 1-38　WIN10 操作系统的"高级"系统属性　　图 1-39　WIN10 操作系统的"环境变量"设置窗口

(3) 到 Path 变量界面进行编辑，如图 1-40 所示。

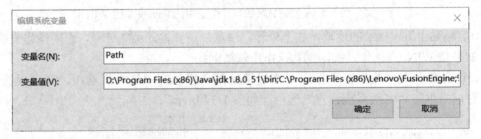

图 1-40　加入了 bin 路径的 Path 变量

(4) 贴上 bin 目录的地址，加上分号。注意：需要输入英文分号，否则操作失败。
至此，Java 环境就设置完成了，下面就可以开始编译了。

任务 3　安装和使用 EditPlus 文本编辑器

EditPlus 是一套功能非常强大的文字编辑器，拥有无限制的 Undo/Redo(撤销)、英文拼字检查、自动换行、列数标记、搜寻取代、同时编辑多文件、全屏幕浏览功能。而且它还有一个好用的功能，就是监视剪贴簿，此功能能够同步于剪贴簿，自动将文字贴进 EditPlus 的编辑窗口中，省去做剪贴的步骤。另外它也是一个好用的程序代码编辑器，除了支持 HTML、CSS、PHP、ASP、Perl、C/C++、Java、JavaScript、VBScript 的代码高亮外，还内建完整的 HTML 和 CSS 指令功能，对于习惯用记事本编辑网页的用户，使用它

任务 1 将一个文件的内容读取到内存并
　　　　输出到控制台 326
任务 2 DataInputStream 和 DataOutputStream
　　　　的使用 329

11.7 实践 酒店管理系统中的 I/O 操作 329
11.8 小结 333
习题 11 333

第三部分　酒店管理系统的实现

第 12 章 课程设计：酒店管理系统的
　　　　开发实现 336
12.1 分析阶段 336
12.1.1 可行性分析 336
12.1.2 需求分析 337
12.2 设计阶段 344
12.2.1 概要设计 344
12.2.2 详细设计 346

12.3 实现阶段 351
12.3.1 编码 351
12.3.2 测试 376
12.4 维护阶段 378
12.4.1 发布与实施 378
12.4.2 运行与维护 378
12.5 小结 379
习题 12 379

参考文献 380

第一部分

(The Basic Programming of Java)

Java 程序设计基础

第1章

面向对象程序设计概述

面向对象编程(OOP)是软件开发方法的一个质的飞跃。面向对象编程具有多方面的吸引力：对管理人员，它实现了更快和更廉价的开发与维护过程；对分析与设计人员，它使建模处理变得更加简单，能生成清晰、易于维护的设计方案；对程序员，对象模型显得高雅和浅显。此外，面向对象工具以及库的巨大威力更使编程成为一项使人愉悦的任务。

本章介绍面向对象的程序设计语言的基本知识，主要内容包括 C 语言到 Java 语言设计的转变、Java 概述、Java 编辑及开发工具和 Java 程序的编译与运行等。通过对这些内容的学习，读者可对面向对象的程序设计语言 Java 和编译环境有一个初步的了解，为后面各章的学习奠定必要的基础。

1.1 两种程序设计语言

1.1.1 面向过程的程序设计语言

所谓面向过程，是指从要解决的问题出发，围绕问题的解决过程分析问题。面向过程的分析方法考虑的是问题的具体解决步骤(解决方法)，以及解决问题所需要的数据(数据的表示)，所以在面向过程程序设计中，重点是设计算法(解决问题的方法)和数据结构(数据的表示和存储)。

面向过程的典型开发语言有 Basic、Fortran、Pascal、C，其编程的主要思路专注于算法的实现。例如下面代码是 C 语言编写的求正整数最大值的程序：

```
void main()
{
    int max = 0 , input ;        //最大值 max 的初始值为 0，input 是输入的值
    scanf( "%d" , &input ) ;
    while( input>0 )  {          //循环输入 input 的值
        if ( input > max )       //输入的值 input 大于最大值 max
        max = input ;            //则 max 的值为 input 的值
        scanf( "%d" , &input ) ; //继续输入 input
```

可以节省一半以上的网页制作时间,若安装 IE 3.0 以上版本,它还会结合 IE 浏览器于 EditPlus 窗口中,直接预览编辑好的网页(若没安装 IE,也可指定浏览器路径)。可以说,经过多种文本编辑软件使用的比较,Windows 下最好的文本编辑器是 EditPlus。

它的优点是:

(1) **启动速度快**。这几乎是最令人欣赏的一项特性,UltraEdit 也是一个功能极其丰富而且强大的编辑器,但它的启动速度太慢了,用户没理由为打开一个寥寥数行的文本文件等上好几秒。

(2) **界面简洁**。这也是非常令人欣赏的特性,很多用户喜欢"Keep it simple, stupid"的界面设计,能用,够用就好。

(3) **完善的代码高亮**。这种注释被支持得非常好。

(4) **代码折叠功能**。这个功能在 EditPlus 版之前似乎没有提供,但现在已经有了,而且效果不错。

EditPlus 的安装过程比较容易。先下载其安装软件 EditPlus3.zip(见图 1-41),然后解压该压缩文件(见图 1-42)。出现的安装界面如图 1-43 所示,点击"下一步"按钮。

apache-tomcat-6.0.37.exe	2014/1/3 16:38	应用程序	7,710 KB
baofeng_5.56.1230.2222.145275395...	2016/1/27 0:04	应用程序	48,149 KB
csf视频讲座批量转换压缩程序.exe	2014/2/5 11:12	应用程序	274 KB
eclipse-jee-kepler-SR1-win32.zip	2015/12/28 13:18	WinRAR ZIP 压缩...	253,025 KB
EditPlus3.zip	2014/9/9 9:53	WinRAR ZIP 压缩...	1,833 KB
FoxitReaderchs7.2.1.730Setup.exe	2015/10/22 11:19	应用程序	52,892 KB
Java.rar	2015/12/28 13:16	WinRAR 压缩文件	93,883 KB
jdk6.zip	2016/3/1 16:57	WinRAR ZIP 压缩...	70,824 KB
Mp3Mate_lsb.rar	2009/4/20 15:28	WinRAR 压缩文件	373 KB
MyEclipse6.5.zip	2014/10/25 22:12	WinRAR ZIP 压缩...	449,697 KB

图 1-41 下载的 EditPlus 安装软件

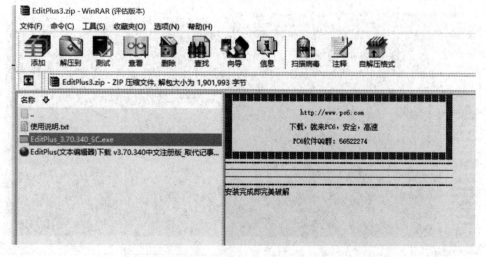

图 1-42 解压 EditPlus 软件后的可执行文件

图 1-43　安装界面

EditPlus 3 安装完成后的界面如图 1-44 所示，启动界面如图 1-45 所示。

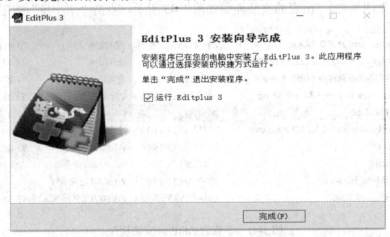

图 1-44　EditPlus 安装完成后的界面

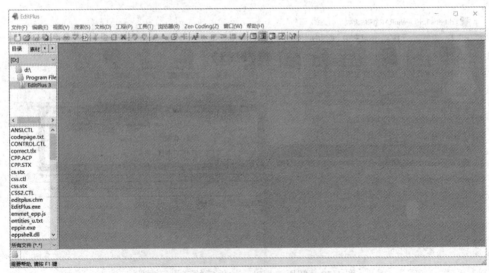

图 1-45　启动 EditPlus 软件后的界面

在这个任务里，需要进行 Java 源程序的编辑，其步骤如下：

(1) 在 G 盘(其他盘也可)新建一文件夹 JavaUnit，用于存放每一章的文件夹，在文件夹 JavaUnit 下创建 Unit1 文件夹，用于存放第一章的源文件。在 Unit1 文件夹下，新建一个文本文件，将其文件名改为 Unit1_1.java。注意：如果新建的文本文件后缀名没有显示，则需要在"查看"选项卡中界面右边的"文件扩展名"前面打勾。这样，后缀名就显示出来了，如图 1-46、图 1.47 所示。

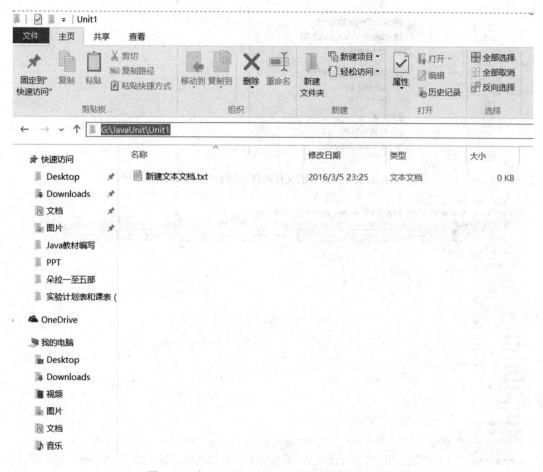

图 1-46 在 JavaUnit\Unit1 文件夹下创建文本文件

图 1-47 显示文本文件的后缀名

(2) 右键点击该文件 Unit1_1.java，在出现的菜单中选择用 EditPlus 3 打开，如图 1-48 所示，出现了如图 1-49 所示的编辑界面。现在就可以在 EditPlus 中写程序了。

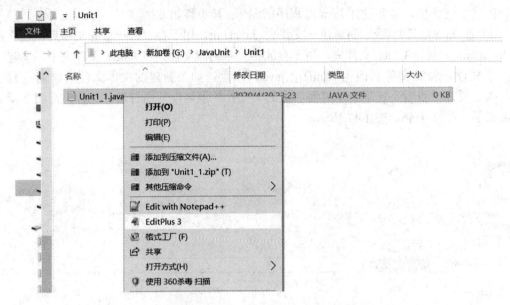

图 1-48 更改文本文件的文件名和后缀名并用 EditPlus 打开

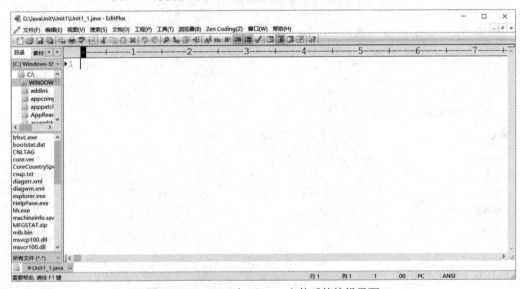

图 1-49 EditPlus 打开 Java 文件后的编辑界面

(3) 将下面的语句写在 EditPlus 的窗口中，如图 1-50 所示。

```
/**
*Unit1_1.java 程序：向控制台输出 Hello world!的应用程序
*/
public class Unit1_1 {
    public static void main(String[] args) {
        System.out.println("Hello world!");      //控制台输出 Hello world!

    }

}
```

图 1-50　在 EditPlus 中编写代码

从图中我们可以看到，当前的目录和文件是 G:\JavaUnit\Unit1\Unit1_1.java，输入的语句在 EditPlus 的窗口中显示不同的颜色，注释是绿色的，关键字如 public、class、static、void 等是蓝色的，系统提供的类是红色的，字符串是紫红的，普通的字是黑色的。在程序的左边有行号，可以帮助用户更好地编辑和检查程序。写完程序后，需要保存。保存之后，EditPlus 的窗口上面的标题栏 .java 后的星号就消失了，表示已经存盘。

任务 4　编译和运行 cmd 命令行

这个任务介绍在 cmd 命令行中基本 DOS 命令和启动编译环境进行编译和运行的方法。

1. 启动 DOS 环境

不同的操作系统启动 DOS 环境会有所不同，请按照操作系统选择具体方法。

1) XP 操作系统

在开始菜单的右下角单击"运行"选项，然后输入"cmd"命令，按回车键运行即可，如图 1-51 所示。

图 1-51　XP 下的"运行"

2) WIN 7 操作系统

方法 1：在开始菜单的左下角键入"运行"，单击最上面的一项"运行"选项，然后输入"cmd"命令，按回车键运行即可，如图 1-52、图 1.53 所示。

方法 2：直接在左下角搜索框中键入"cmd"命令，选择第一项，如图 1-53 所示。

图 1-52　WIN7 下在开始菜单的
左下角键入"运行"

图 1-53　WIN7 下在"运行"中输入"cmd"命令

3) WIN 8 操作系统

鼠标移动到屏幕右上角或右下角，单击"搜索"按钮，然后输入"cmd"命令，按回车键启动，如图 1-54 所示。

图 1-54　WIN8 下的"运行"

4) WIN 10 操作系统

鼠标移动到屏幕左下角，单击"搜索 Web 和 Windows"选项，然后输入"cmd"命令，按回车键启动，如图 1-55、图 1-56 所示。

图 1-55　WIN10 操作系统

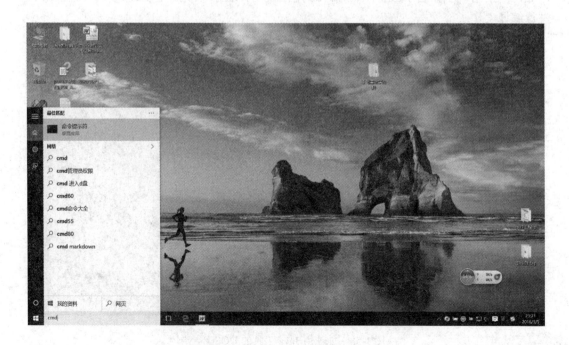

图 1-56　WIN10 下的"运行"

2. DOS 环境中编译和解释 Java 程序

这里以 WIN10 操作系统为例，说明如何启动 DOS 环境及进行程序的编译。

启动 MS-DOS 后出现如图 1-57 所示的黑色窗口。光标在 C:\Users\1 路径下闪烁，提示可以输入命令了。

图 1-57　DOS 环境

(1) 首先测试 Path 中 bin 目录的环境变量是否设置成功。在当前路径下输入"javac"命令，如果出现了如图 1-58 所示的 javac 用法说明，表示环境变量设置成功。现在就可以进行编译工作了。

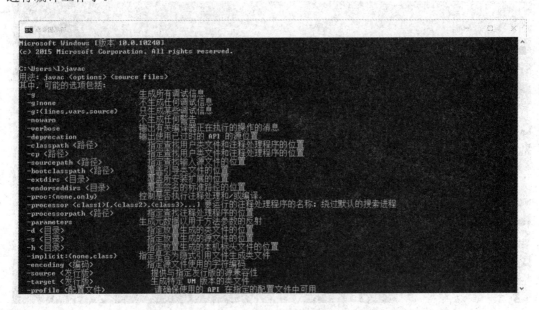

图 1-58　能使用 Java 工具的 DOS 环境

(2) 进入 Java 源文件所在的路径 G:\JavaUnit\Unit1，具体的操作是：输入"G"按回车键，当前路径变成了 G 盘下，如图 1-59 所示。然后用改变路径命令 cd G:\JavaUnit\Unit1，按回车键，就到了 java 源文件所在的路径，如图 1-60 所示。

图 1-59　改变盘符

图 1-60　Java 源文件所在的路径

(3) 在当前路径 G:\JavaUnit\Unit1 下输入列目录和文件命令"dir"，按回车键，图 1-61 中列出了当前路径中所有的目录和文件，现在 Unit1 文件夹下只有 Unit1_1.java 文件，另一个文件是它的备份文件 Unit1_1.java.bak，暂时可以不管，需要编译的文件是 Unit1_1.java 文件。

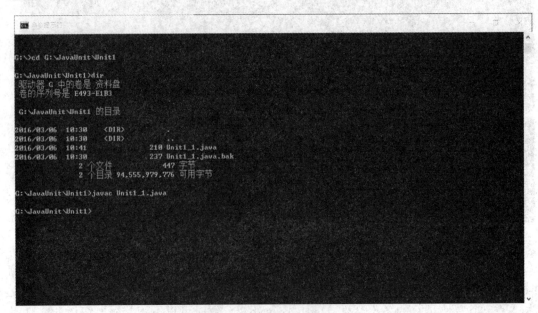

图 1-61　Unit1 目录下的文件夹及文件

(4) 在当前路径 G:\JavaUnit\Unit1 下键入编译命令，其格式为：javac 源文件名.java。

javac.exe 是 Java 的编辑器，它是将 Java 源代码编写成 class 文件的工具，可以将 Java 源文件编译为同名的 class 字节码文件。也就是说，javac 负责编译，当执行 javac 时，会启动 Java 的编译器程序，对指定扩展名的.java 文件进行编译，生成 JVM 可以识别的字节码文件，即 class 文件。具体的命令是：javac Unit1_1.java。如果没有任何提示，表示编译通过，编译后会出现一个 Unit1_1.class 的字节码文件。如图 1-62、图 1-63 所示。

图 1-62　编译 Unit1_1.java 源文件

图 1-63　编译后出现 class 字节码文件

(5) 操作完成后，会空一行，显示盘符提示，此时键入解释命令，其格式为：java 类名。

Java 相当于解释器，它调用 JVM 将 Unit1_1.class 文件解释成机器能识别的二进制文件。这里具体的命令是 java Unit1_1，按回车键，即可显示结果，如图 1-64 所示。需要注意的是：Java 命令后面不要加.class 了，因为加载的是类名，即 Unit1_1，而不是加载字节码文件。

图 1-64　加载 class 运行可执行文件

1.6　实践　编写我的第一个 Java 程序

本次实践任务如下：

(1) 写一个 MyFirst 类，输出"这是我的第一个 Java 程序"。

41

步骤 1：打开 EditPlus 文本编辑工具，在其中编写 Java 程序代码并保存到指定位置，这里保存到 G 盘的 JavaUnit\Unit1 文件夹下，文件名为 MyFirst.java。程序代码如例 1-3 所示。

【例 1-3】 Java 应用开发与实践\Java 源码\第 1 章\lesson1_3 \MyFirst.java。

```java
/**
功能：在控制台中输出"这是我的第一个 Java 程序"
*/
public class MyFirst {
    public static void main(String[] args) {
        System.out.println("这是我的第一个 Java 程序");
        System.out.print("这是我的第一个 Java 程序\n");
    }
}


class Other
{

}
```

这里需要注意的是：**类名的首字母要大写，这是 Java 编码规范中的建议。另外，Java 对大小写敏感，所以无论是类名、方法名，还是变量名称都要注意统一大小写格式。最后，在一个文件里，可以定义多个类**，如图 1-65 所示。

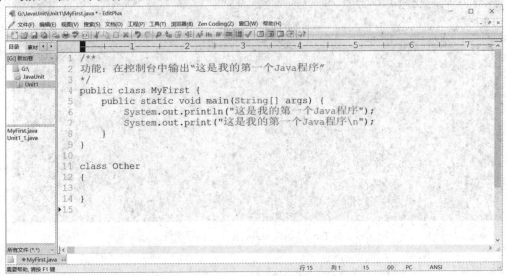

图 1-65　MyFirst.java 源程序的编辑

步骤 2：对编写的 MyFirst.Java 文件进行编译，按 Windows+R 组合键，调出系统的"运行"对话框，如图 1-66 所示。在"打开"下拉列表框中输入"cmd"命令，然后单击"确定"按钮。

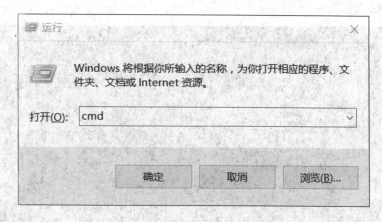

图 1-66 系统的"运行"对话框

步骤 3：在命令提示符后输入命令转入源码文件所在的文件夹。输入"G:"并按下 Enter 键，转到 G 盘位置，输入"cd G:\JavaUnit\Unit1"命令并按下 Enter 键转到该文件夹路径，然后输入编译命令"javac MyFirst.java"进行编译。由于源文件有两个类的定义，因此产生了两个字节码文件 MyFirst.class 和 Other.class。

步骤 4：运行编译后的 Java 程序，在控制台命令提示符后输入"java MyFirst"命令并按下 Enter 键，这样会执行这个 Java 程序，运行结果如图 1-67 所示。其中，MyFirst 因为有 main 方法的定义，因此需要加载 MyFirst 这个类。

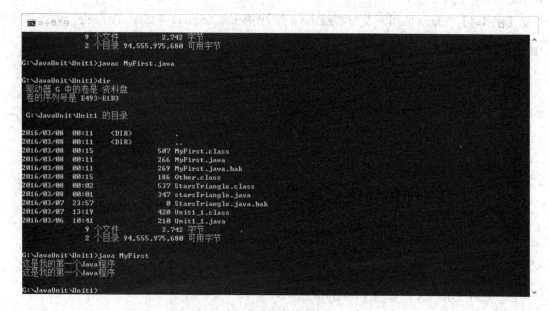

图 1-67 程序运行结果

这里需要注意的是：**如果一个源文件有多个类的定义，有且只有一个类中有 main 方法，加载执行类时，这个类必须是包含 main 方法的类**。否则，就会出现如图 1-68 的错误提示。

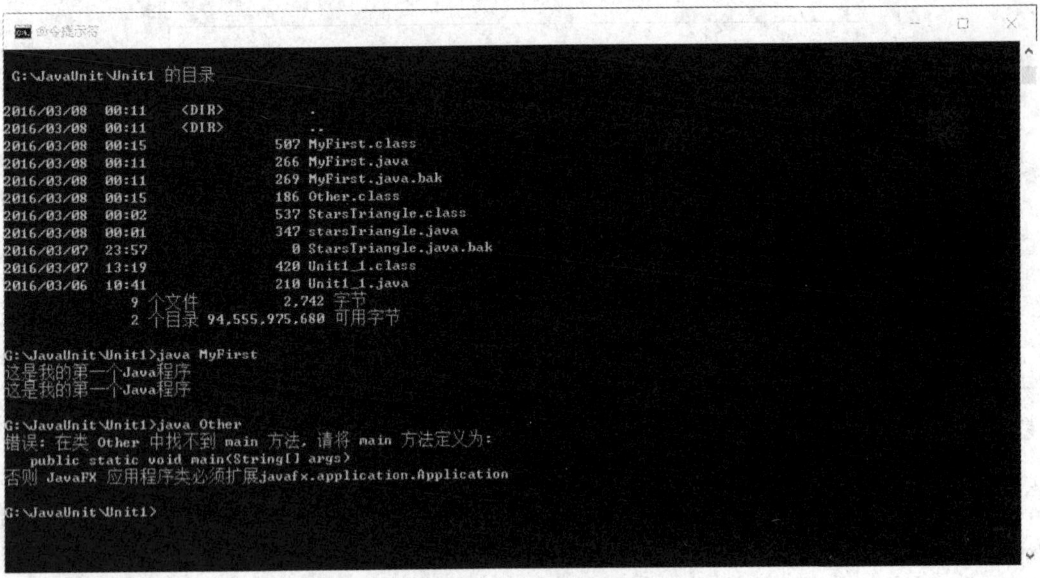

图 1-68　编译错误提示

(2) 在控制台中输出星号组成的等腰三角形。

步骤 1：打开 EditPlus 文本编辑工具，在其中编写 Java 程序代码并保存到指定位置，这里保存到 G 盘的 JavaUnit\Unit1 文件夹下，文件名为 StarsTriangle.java。程序代码见例 1-4。

【例 1-4】　Java 应用开发与实践\Java 源码\第 1 章\lesson1_4 \StarsTriangle.java。

```
/**
功能：在控制台中输出星号组成的等腰三角形
*/
public class StarsTriangle {
    public static void main(String[] args) {
        System.out.println("        *");
        System.out.println("       ***");
        System.out.println("      *****");
        System.out.println("     *******");
        System.out.println("    *********");
    }
}
```

该程序在 EditPlus 中如图 1-69 所示。

步骤 2：对编写的 StarsTriangle.Java 文件进行编译，按 Windows+R 组合键，调出系统的"运行"对话框。在"打开"下拉列表框中输入"cmd"命令，然后单击"确定"按钮。

步骤 3：在命令提示符后输入命令转入源码文件所在的文件夹。输入"G:"并按下 Enter 键，转到 G 盘位置，输入"cd G:\JavaUnit\Unit1"命令并按下 Enter 键转到该文件夹路径，然后输入编译命令"javac StarsTriangle.java"进行编译。

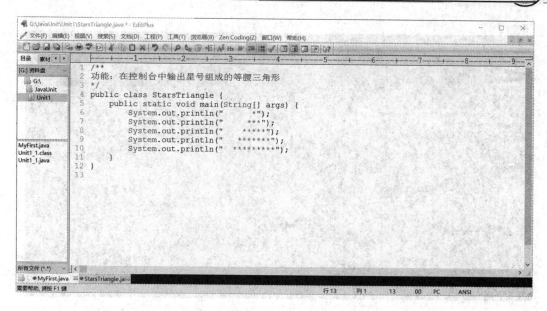

图 1-69　StarsTriangle.java 源程序的编辑

步骤 4：运行编译后的 Java 程序，在控制台命令提示符后输入"java StarsTriangle"命令并按下 Enter 键，这样会执行这个 Java 程序，运行后会输出一个等腰三角形，如图 1-70所示。

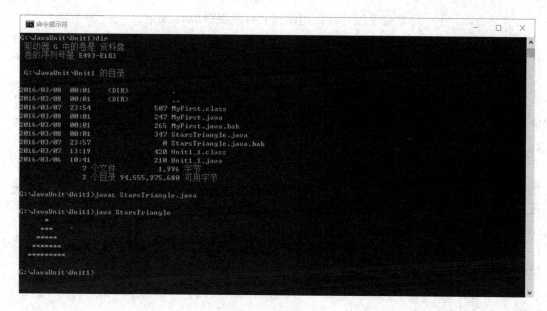

图 1-70　运行结果

需要注意的是：**在编译 Java 源文件时，如果定义类时 class 前面有关键字 public，则文件的名称与类名是必须相同的，如果类的名称与文件名称的字母大小写不同，会导致编译错误**。例如，把源文件名称改成小写，使文件名与类名不同，然后再执行编译命令，会导致如图 1-71 所示的错误。所以要求文件名与 public 类名完全一致。

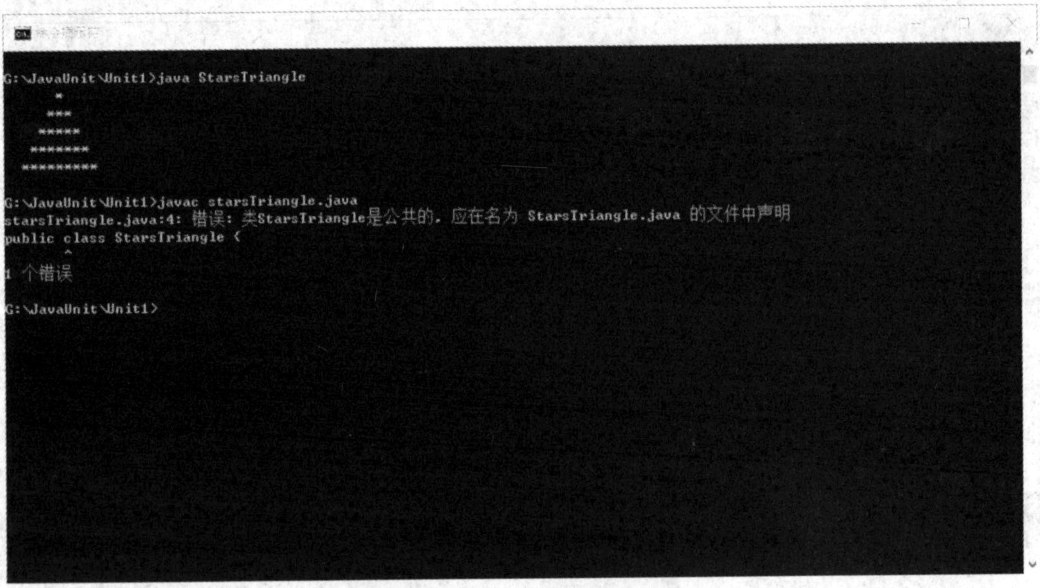

图 1-71　编译错误提示

1.7　小　结

学习 Java，不一定非要学过 C++。但学过 C++能促进 Java 的学习。

Java 的跨平台、面向对象、安全等特点使其得到广泛的应用。通过 Java 虚拟机结合具体的平台选择实时编译技术，Java 的字节码文件可以跨平台运行，垃圾内存自动回收机制也给程序员带来了极大的方便。

Java 源程序存放在.java 文件中，可以通过任意一个文本编辑器编辑产生，源程序经过"javac"命令编译过后，就生成了相应的.class 文件，而用"java"命令就可以运行 .class 文件。

面向对象编程人员大体可以分为两种：类创建者和应用程序员。应用程序员是类的使用者，所以对程序的可读性和 API 帮助文档有要求，Java 本身有一套约定成俗的编程规范，同时程序员首先要学会阅读系统 API 帮助文档，其次要学会生成自己编写的程序的API 帮助文档。

程序设计的目标，在正确的前提下，其重要性排列次序依次为：可读、可维护、可移植和高效。

习　题　1

一、选择题

1. Java 的三大平台不包括(　　)。

　　A. JavaME　　　　　B. JavaEE　　　　　C. Android　　　　D. JavaSE

2. Java 的开发工具是(　　)。

    A. JRE   B. JVM   C. JDK   D. JavaAPI

3. 下列叙述中正确的是(　　)。

    A. 在面向对象的程序设计中，各个对象之间相对独立，相互依赖性小

    B. 在面向对象的程序设计中，各个对象都是公用的

    C. 在面向对象的程序设计中，各个对象之间相互不独立，它们具有密切的关系

    D. 以上三种说法都不对

4. JDK 中用于存放 Java 类库文件的文件夹是(　　)。

    A. bin   B. include   C. demo   D. lib

5. 下列关于 Java 特点的叙述中，错误的是(　　)。

    A. Java 是跨平台的编程语言

    B. Java 是解释执行的编程语言

    C. Java 是面向过程的编程语言

    D. Java 是具有健壮性和安全性的编程语言

二、判断题

1. JDK 包括 JRE 及开发工具。(　　)
2. Java 的运行环境叫 JRE。(　　)
3. Java 程序编译的结果(class 文件)中包含的是实际机器的 CPU 指令。(　　)
4. Java 有丰富的库供我们调用。(　　)
5. JRE 包括 JVM 及 API。(　　)

三、编程题

1. 参照本章的第一个例子，创建一个"Hello，World"程序，在屏幕上简单地显示这句话。注意：在自己的类里只需一个方法 main()方法(main()方法会在程序启动时执行)。记住要把 main()方法设为 static 形式。用 javac 编译这个程序，再用 Java 运行它。

2. 以编程题的第 1 题的程序为基础，向其中加入注释文档。利用 javadoc 将这个注释文档提取为一个 HTML 文件，并用 Web 浏览器观看。

第 2 章

Java 基础语法

程序中最基本的元素是数据类型。确定了数据类型，才能确定变量的空间大小和其上的操作。程序是一些按次序执行的语句。执行语句是为了完成某个操作、修改某个数据。程序中大部分的语句是由表达式构成的，因为表达式直截了当地返回值。本章介绍在 Java 程序中使用的基本元素，包括变量、关键字、8 个基本类型、数组与字符串，阐述表达式和语句的概念、各种运算符的功能与特点、各种控制流程的使用方法。

2.1 Java 的基本组成元素

2.1.1 标识符

Java 中的包、类、方法、参数和变量的名字，由编程者自己制定，但是要遵守一定的语法规范：

(1) 可由任意顺序的大小写字母、数字、下划线(_)和美元符号($)组成，但是美元符号较少使用。

(2) 标识符从一个字母、下划线或美元符号开始。

(3) 标识符对字母的大小写敏感，必须注意。

(4) 标识符没有长度限制，但是不应该写得太长。

(5) 标识符不能以数字开头，不能是关键字。

下面是合法的标识符：

employeeName	employee_name	_employeeName	$employeeName

下面是非法的标识符：

Interface	void	3com	Hello World

2.1.2 关键字

和其他语言一样，Java 中也有许多保留关键字，如 public、break 等，这些保留关键字不能被当做标识符使用。下面是 Java 的关键字：

abstract	boolean	break	byte	case
catch	char	class	continue	default

do	double	else	extend	false
final	finally	float	for	if
implement	import	instanceof	int	interface
long	native	new	null	package
private	protected	public	return	short
static	strictfp	super	switch	this
throw	throws	transient	true	try
void	volatile	while	synchronized	

注意：Java 没有 sizeof、goto、const 这些关键字，但不能用 goto、const 作为变量名。

2.2 Java 的数据类型

程序要运行，需要先描述其算法。描述一个算法应该先说明算法中要用到的数据，数据以变量或常量的形式来描述。每个变量或常量都有数据类型。

在源代码中，每个变量都必须声明一种类型(Type)。Java 的数据类型可以分为两大类：基本类型(Primitive Type)和引用类型(Reference Type)，如图 2-1 所示。基本类型直接包含值(Directly Contain Value)，而引用类型引用对象(Reference to Object)。其中引用数据类型会在以后章节详细讲解，这里只讲基本数据类型。

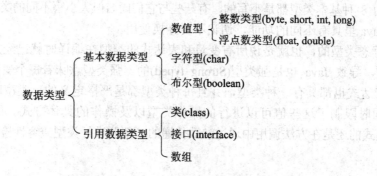

图 2-1 Java 的 8 种基本数据类型和引用数据类型

2.2.1 Java 的基本数据类型

Java 内建有 8 种基本变量类型来存储整数、浮点数、字符和布尔值。基本类型可以分为四类：字符类型(char)，布尔类型(boolean)以及整数类型(byte、short、int、long)和浮点数类型(float、double)。

与其他编程语言不同的是，Java 的基本数据类型在任何操作系统中都具有相同的大小和属性。不像 C 语言，在不同的系统中变量的取值范围不一样，在所有系统中，Java 变量的取值都是一样的，这也是 Java 跨平台的一个特性。数据类型的描述确定了其内存所占空间大小，也确定了其表示范围。表 2-1 给出了基本数据类型的说明和表示范围。

表 2-1　基本数据类型的说明和表示范围

类型名	占用位数	取 值 范 围
byte	8 位	–128～127
short	16 位	–32768～32767
int	32 位	–2147483648～2147483647
long	64 位	–9223372036854775808～9223372036854775807
float	32 位	1.4E–45～3.4E+38，–1.4E–45～–3.4E+38
double	64 位	4.9E–324～1.7E+308，–4.9E–324～–1.7E+308
char	16 位	'\u 0000 '～ '\u FFFF '
boolean	8 位	true 和 false

数值型的数据类型都是有符号的，所有数值型的变量都无法可靠地存储其取值范围以外的数据值，因此定义数据类型时一定要谨慎。

有两种数据类型用来存储浮点数，它们是单精度浮点型(float)和双精度浮点型(double)。浮点数在计算机内存中的表示方式比较复杂。

char 类型用来存储诸如字母、数字、标点符号及其他符号之类的单一字符。与 C 语言不同，Java 的字符占两个字节，是 Unicode 编码的，用单引号赋值。每个 Unicode 码占用 16 个比特位，包含的信息比 ASCII 码多了一倍。

boolean 类型用来存储布尔值，在 Java 里布尔值只有两个，要么是 true，要么是 false。

Java 里的 8 种基本类型都是小写的，有一些与它们同名但大小写不同的类，如 Boolean 等，它们在 Java 里具有不同的功能，切记不要互换使用。

Java 是静态类型的，也就是说所有变量和表达式的类型在编译时就已经完全确定。由于是静态类型，导致 Java 也是强类型(Strong typed)的。强类型意味着每个变量都具有一种类型，每个表达式也都具有一种类型，并且每种类型都是严格定义的，类型限制了变量的取值范围，同时限制了这些值可以进行的操作类型以及操作的具体方式。所有的赋值操作，无论是显式的还是在方法调用中通过参数传递的，都要进行类型兼容性检查。

2.2.2　变量

变量就是系统为程序分配的一块内存单元，用来存储各种类型的数据，它对应某个内存空间。根据所存储的数据类型的不同，有各种不同类型的变量。用变量名代表其存储空间。程序能在变量中存储值和取出值。

用一个变量定义一块内存以后，程序就可以用变量名代表这块内存中的数据。我们来看下面两条语句：

```
int a = 10, b;
b = a – 3;
```

第一句代码分配了两块内存用于存储整数，分别用 a、b 作为这两块内存的变量名，并将 a 标识的内存中的数据置为 10，b 标识的内存中的数据置为默认值。在第二句代码的执行过程中，程序首先取出 a 代表的那块内存单元的数，减去 3，然后把结果放到 b 所在的那块内存单元，这样就完成了 b=a−3 的运算。

1. 变量定义及初始化

所有的变量必须先声明才能被使用。变量声明的基本形式如下：

```
type identifier [ = value][, identifier [= value] ...] ;
```

type 是 Java 的数据类型之一。identifier 是该变量的名称。

可以在一个语句里定义多个同一类型的变量，需要注意的是：它们也可以包括初始化。下面是各种类型的变量声明的几个例子。

```
long x, y, z;                //三个长整型变量 x, y, z
int d = 3, e, f = 5;         //三个整型变量 d, e, f，其中 d、f 被初始化
byte b = 22;                 //初始化 b 为 22
double pi = 3.1415926;       //初始化 pi 为 3.1415926
char ch = 'a';              //字符变量 ch 的初始值是'a'
```

2. 变量的作用域

大多数程序设计语言都提供了"变量作用域(Scope)"的概念，在 Java 里亦是如此。一对花括号中间的部分就是一个代码块，代码块决定其中定义的变量的作用域。代码块由若干语句组成，必须用大括号包起来形成一个复合语句，多个复合语句可以嵌套在另外的一对大括号中形成更复杂的复合语句。例如：

```
{
    int x = 0;
    {
        int y = 0;
        y = y + 1;
    }
    x = x + 1;
}
```

代码块决定了变量的作用域，作用域决定了变量的"可见性"以及"生命周期"。

【例 2-1】 Java 应用开发与实践\Java 源码\第 2 章\lesson2_1\Demo2_1.java。

```
public class Demo2_1 {
    public static void main(String[] args) {
        int num1 = 12;
        {
            int num2 = 96;          //num1 和 num2 都可用
            System.out.println("num1 is " + num1);
        }
        // num1 = num2;                 //错误，只有 num1 可用，num2 超出了作用域范围
        System.out.println("num1 is " + num1);
    }
}
```

输出结果为

num1 is 12

num1 is 12

如在例 2-1 所示的程序代码中，num2 作为在里层的代码块中定义的一个变量，只有在那个代码块中位于这个变量定义之后的语句，才可使用这个变量，num1 = num2 语句已经超过了 num2 的作用域，所以编译无法通过。**注意：在定义变量的语句所属于的那层大括号之间，就是这个变量的有效作用范围。**

2.2.3 常数

常数是可以直接在程序中使用的数据，它包括以下几种类型。

1．整型常数

整型常数可以分为十进制、十六进制和八进制。

(1) 十进制：0、1、2、3、4、5、6、7、8、9。以十进制表示时，第一位不能是 0 (数字 0 除外)。

(2) 十六进制：0、1、2、3、4、5、6、7、8、9、A、B、C、D、E、F。以十六进制表示时，需以 0x 或 0X 开头，如 0x3B、0XCD、0X9F、0xF2。

(3) 八进制：0、1、2、3、4、5、6、7。八进制必须以 0 开头，如 0321、067、034、0456。整型常数包括了长整型，长整型必须以 L 做结尾。例如：88L、2150L。

2．浮点数常数

浮点数常数有 float(32 位) 和 double(64 位)两种类型，分别叫作单精度浮点数和双精度浮点数。表示浮点数时，要在后面加上 f(F)或者 d(D)，用指数表示也可以。注意：由于小数常数的默认类型为 double 型，所以 float 类型的后面一定要加 f(F)，如 4e3f、3.1415926、0.4f、0.13d、3.84d、5.022e+23f。

3．布尔常数

布尔常数用于区分一个事物的正反两面，不是真就是假。只有两种布尔常数：true 和 false。

4．字符常数

字符常数由英文字母、数字、转义序列、特殊字符等的字符来表示，它的值就是字符本身，如 'a'、'8'、'\t'、'\u0027'。

字符常数要用两个单引号括起来，Java 中一个字符占用两个字节，是用 unicode 码表示的，我们也可以使用 unicode 码值加上\u 来表示对应的字符。

5．字符串常数

字符串常数和字符型常数的区别就是：前者是用双引号括起来的常数，用于表示一连串的字符；而后者是用单引号括起来的，用于表示单个字符。下面是一些字符串常数：

"Hello World" "123" "Welcome \nXXX"

2.2.4 常量的定义

常量就是从程序开始运行到结束都不变的数据。Java 中的常量包含：整型常量、浮点数常量、字符常量、布尔常量、字符串常量等。因为常量是常数或代表固定不变的值。**程序中如果想让变量的内容从初始化后就一直保持不变，可定义为常量。**在 Java 程序设计中，使用关键字 final 来声明一个常量。例如：计算圆面积经常要用圆周率 π，可以通过一个容易理解和记忆的名字 PI 来改进程序的可读性，同时使用 final 把它规定成常量，以免程序出错。如果程序中多处需要使用到常数 3.1415，通过对常量定义语句：final double PI=3.1415;，每处常数都以该常量名 PI 代替，那么编译器就能检查名字拼写错误，从而避免常数值的不一致，见例 2-2。

定义为符号常量后，程序中对它只能读不能修改。因为不可以修改常量，所以一般情况下，常量定义时必须初始化。有一种特殊情况，常量在定义时可不初始化，而在构造方法中赋值，这个知识点在第 4 章详述。

【例 2-2】 Java 应用开发与实践\Java 源码\第 2 章\lesson2_2\Demo2_2.java。

```java
public class Demo2_2 {
    static final double PI = 3.1415;

    public static void main(String[] args) {
        int radius = 4;        // 定义半径 radius 并初始化为 4
        double area = PI * radius * radius;
        System.out.println("半径是"+radius+"的圆面积是 " + area);
    }
}
```

输出结果为

半径是 4 的圆面积是 50.264

默认情况下，定义的常量在对象建立的时候被初始化。如果在建立常量时，直接赋一个固定的值，而不是通过其他对象或者方法来赋值，那么这个常量的值就是恒定不变的，即这个常量在多个对象中值也是相同的。但是如果在给常量赋值的时候，采用的是一些方法或者对象(如生成随机数的 Random 对象)，那么每次建立对象时其给常量的初始化值就有可能不同。

2.2.5 基本数据类型转换

在编写程序过程中，经常会遇到一种情况，就是需要将一种数据类型的值赋给另一种不同数据类型的变量，由于数据类型有差异，在赋值时就需要进行数据类型的转换，这里就涉及两个关于数据转换的概念：自动类型转换和强制类型转换。

1. 自动类型转换

自动类型转换(也叫隐式类型转换)是指不需要书写代码，由系统自动完成的类型转换。由于实际开发中这样的类型转换很多，所以 Java 在设计时，没有为该操作设计语法，而是由 JVM 自动完成。

要实现自动类型转换，需要同时满足两个条件：

第一是两种类型彼此兼容(如果一种类型是 String，另一种类型为 int，一般情况下就不能实现自动类型转换，会抛出 Type mismatch: cannot convert from int to String 的错误)；

第二是目标类型的取值范围要大于源类型：

从低精度向高精度转换顺序是：byte->short->int->long->float->double 以及 char->int。

两个 char 型运算时，自动转换为 int 型；当 char 与别的类型运算时，也会先自动转换为 int 型，再做其他类型的自动转换。当 byte 型向 int 型转换时，由于 int 型取值范围大于 byte 型，就会发生自动转换。所有的数字类型，包括整型和浮点型彼此都可以进行这样的转换。例如：

```
byte b = 100;
int num = b;        // 将 num 中存储的值自动转换成了 int 类型
```

2．强制类型转换

强制类型转换(也叫显式类型转换)是指通过强制转换语句完成的类型转换。该类类型转换很可能存在精度的损失，所以必须书写相应的代码，并且在能够忍受该种损失时才进行该类型的转换。

其格式为

目标类型 变量 = (目标类型)值

例如：

```
byte b;
int num = 20;
b = (byte) num;     // b 的值为 20，数据类型仍为 byte
```

上面这段代码的含义就是先将 int 型的变量 num 的值强制转换成 byte 型，再将该值赋给变量 b，注意：变量 num 本身的数据类型并没有改变。由于这类转换中，源类型的值范围可能大于目标类型的值范围，因此强制类型转换可能会造成赋值后结果不准确。如图 2-2 描述了强制类型转换时数据传递的范围。

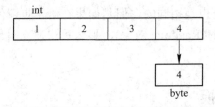

图 2-2   强制类型转换时数据传递的范围示意图

2.3   数组与字符串

我们经常需要使用大量集中在一起的数据来工作，Java 提供数组处理来满足这一需求。数组可以是一维数组，也可以是多维数组，很多重要的应用都是基于数组的，比如集合。

2.3.1   一维数组

一维数组可以存放上千万个数据，并且这些数据的类型是完全相同的。使用 Java 数组，必须经过两个步骤：声明数组和分配内存给该数组。

一维数组的定义方式有三种：

(1) 数据类型[] 数组名 = null;

或   数据类型 数组名[] = null;

通常建议用前者声明。例如：

```
int[] arr1 = null;        // 定义一个整型数组 arr1
```

分配内存给数组的方式如下：

数组名=new 数据类型[长度];

例如：

```
arr1 = new int[6];        // 在堆内存中给整型数组 arr1 分配 6 个元素的空间
```

【例 2-3】   Java 应用开发与实践\Java 源码\第 2 章\lesson2_3\Demo2_3.java。

```java
public class Demo2_3 {
    public static void main(String[] args) {
        int[] arr1 = null;              // 定义一个整型数组 arr1
        arr1 = new int[6];              // 在堆内存中给整型数组 arr1 分配 6 个元素的空间
        arr1[0] = 10;                   // 第 1 个元素 arr1[0]赋值为 10
        arr1[1] = 11;
        arr1[2] = 12;
        arr1[5] = 15;                   // 第 6 个元素 arr1[5]赋值为 15
        System.out.println(arr1[0]);    // 输出第 1 个元素 arr1[0]的值，为 10
        System.out.println(arr1[1]);    // 输出第 2 个元素 arr1[1]的值，为 11
        System.out.println(arr1[2]);    // 输出第 3 个元素 arr1[2]的值，为 12
        System.out.println(arr1[3]);    // 输出第 4 个元素 arr1[3]的值，默认为 0
        System.out.println(arr1[4]);    // 输出第 5 个元素 arr1[4]的值，默认为 0
        System.out.println(arr1[5]);    // 输出第 6 个元素 arr1[5]的值，为 15
    }
}
```

输出结果为

10

11

12

0

0

15

例 2-3 中，数组对象 arr1 的每个元素的初始值都是 0，如果为某个数组元素赋了值，则该元素的值就是赋值后的值。

(2) 数据类型[] 数组名= new 数据类型[]{元素 1，元素 2，…，元素 n};

例如：

```
int[] arr2 = new int[]{1,-3,5,-2,0,999};    // 定义数组 arr2 并初始化
```

(3) 数据类型[] 数组名= {元素 1，元素 2，元素 n}；

例如：

```
int[] arr3 = {1,-3,5,-2,0,999};     // 定义数组 arr3 并初始化
```

上述三种方式都可以定义数组。

【例 2-4】 Java 应用开发与实践\Java 源码\第 2 章\lesson2_4\Demo2_4.java。

```
public class Demo2_4 {
    public static void main(String[] args) {
            // 定义有 6 个元素整型数组 arr2 并初始化
            int[] arr2 = new int[] { 1, -3, 5, -2, 0, 999 };
            System.out.println(arr2[0]);// 输出第 1 个元素 arr2[0]的值，为 1
            System.out.println(arr2[1]);
            System.out.println(arr2[2]);
            System.out.println(arr2[3]);
            System.out.println(arr2[4]);
            System.out.println(arr2[5]); // 输出第 6 个元素 arr2[5]的值，为 999
    }
}
```

输出结果为

1

–3

5

–2

0

999

注意以下两点：

(1) 必须对数组引用变量赋予一个有效的数组对象(通过 new 产生或是用{}静态初始化而产生)后，才可以引用数组中的每个元素。如例 2-5 所示的代码将会导致运行时出错。

【例 2-5】 Java 应用开发与实践\Java 源码\第 2 章\lesson2_5\Demo2_5.java。

```
public class Demo2_5{
    public static void main(String [] args){
            int arr3[] = null; //声明一个整型数组 arr3(但数组 arr3 未指向任何数组对象，为 null)
            arr3[0] = 1;                // 第 1 个元素 arr3[0]赋值为 1
            System.out.println(arr3[0]);  // 输出第 1 个元素 arr3[0]的值
    }
}
```

输出结果为

异常：Exception in thread "main" java.lang.NullPointerException

　　at lesson2_5.Demo2_5.main (Demo2_5.java:6)

上面的错误告诉我们，运行时会有空指针异常错误(NullPointerException，关于异常的

知识会在后面的章节中讲解)，因为 arr3 还没有指向任何数组对象(相当于 C 语言中的指针还没有指向任何内存块)，所以还无法引用其中的元素。

(2) 数组的下标从 0 开始。例如：

```
int iArr[]=new int[]{1,2,3,4,5};
```

这行代码定义的 iArr 数组包含了 5 个元素，分别是：iArr[0]=1、iArr[1]=2、iArr[2]=3、iArr[3]=4、iArr[4]=5，也就是说，数组的第一个元素是 iArr[0]而不是 iArr[1]，最后一个元素是 iArr[4]，而不是 iArr[5]，如果不小心使用了 iArr[5]，就会发生"数组越界异常(ArrayIndexOutOfBoundsException)"的情况。

要避免"数组越界异常"，必须要知道数组长度。数组引用对象的 length 属性可以返回数组的长度。

【例2-6】　Java 应用开发与实践\Java 源码\第 2 章\lesson2_6 \Demo2_6.java。

```
public class Demo2_6{
    public static void main(String [] args){
        int iArr[] = new int[] { 1, 2, 3, 4, 5 };    //定义有 5 个元素整型数组 iArr 并初始化
        System.out.println(iArr.length);             //输出 iArr 的元素个数为 5
        for (int i = 0; i < iArr.length; i++) {
            System.out.println("iArr[" + i + "] is " + (iArr[i])); // 输出 iArr 的各个元素的值
        }
    }
}
```

输出结果为

```
5
iArr[0] is 1
iArr[1] is 2
iArr[2] is 3
iArr[3] is 4
iArr[4] is 5
```

2.3.2　二维数组

二维数组，可以简单的理解为一种"特殊"的一维数组，它的每个数组空间中保存的是一个一维数组。其声明同一位数组一样，可以先声明再分配内存，也可以声明时分配内存。

二维数组的定义有两种方式。

(1) 数据类型　数组名[][];

数组名 = new 数据类型[行的个数][列的个数];

例如定义一个 3 行 5 列的二维数组：

```
int arr[][];
arr = new int[3][5];
```

将上述的声明和分配空间写在一起，也是常见的写法，即

数据类型[][] 数组名=new 数据类型[行的个数][列的个数];

例如：

```
int arr1[][] = new int[4][6];    //定义一个 4 行 6 列的二维数组
```

(2) 数据类型 数据名[][] = {{值 1，值 2，值 3，值 4}，   //第一行数据

{值 5，值 6，值 7，值 8}，   //第二行数据

..., };

和 C++不同，Java 二维数组还有一种情况，即列数不相等。举例如下：

```
String   classmates[][]={{"小邓", "小李", "小张"},

{"小蓝", "小王", "小周"},

{"小付", "小胡", "小陈", "小赵"},

{"小洪"}};
```

【例 2-7】   Java 应用开发与实践\Java 源码\第 2 章\lesson2_7 \Demo2_7.java。

```java
public class Demo2_7 {
    public static void main(String[] args) {
        int a[][] = { { 1, 2 }, { 3, 4, 5, 6 }, { 7, 8, 9 } };
        for (int i = 0; i < a.length; i++) {
            for (int j = 0; j < a[i].length; j++) {
                System.out.print("[" + i + "]" + "[" + j + "]=" + a[i][j]+ "   ");
            }
            System.out.println();
        }
    }
}
```

输出结果为

[0][0]=1   [0][1]=2

[1][0]=3   [1][1]=4   [1][2]=5   [1][3]=6

[2][0]=7   [2][1]=8   [2][2]=9

2.3.3 字符串与 String 类

Java 中把字符串作为对象来处理，字符串对象表示固定长度的字符序列。

1. 字符串常量

Java 里的字符串常量就是存放在数据区(静态区)，以 Unicode 编码的字符集合。字符串是用双引号括住的一串字符，它们的值一旦创建就不能更改。例如："Hello World! Java"、"abc"、"1234 56 7 89"、"a"、"Z"等都是字符串常量。字符串常量放在数据区中的字符串常量池里。

2. String 类

String 类(java.lang.String)可以说是 Java 程序中使用最频繁的类了，也是最特殊的一个类。String 类的构造方法有很多(参数不同的重载方法)，但通常常用的实例化对象的方式

无非是下面两种：

(1) 和其他类一样，利用构造方法，使用 new 关键字创建字符串。例如：

```
String s1 = new String("hello world");
```

此代码完成了下面若干功能：

- 在数据区划分一块内存存放字符串，值为"hello world"，这块内存一旦创建，值"hello world"不能被改变。
- 在堆内存划分一块对象内存，其中小块用于存放上面字符串的地址，另一些用于存放方法的地址。
- 在栈区划分一块内存，存放上面堆区的首地址。

【例 2-8】 Java 应用开发与实践\Java 源码\第 2 章\lesson2_8\Demo2_8.java。

```java
public class Demo2_8 {
    public static void main(String args[]){
        String str1 = new String("abcd");
        String str2 = new String("abcd");
        if (str1 == str2)
            System.out.println("str1==str2");
        else
            System.out.println("str1！=str2");

        if (str1.equals(str2))
            System.out.println("str1 equals str2 ");
        else
            System.out.println("str1 not equals str2");
    }
}
```

输出结果为

```
str1！=str2

str1 equals str2
```

由结果可见，equals 是比较 str1 和 str2 的内容，它们的内容都是"abcd"，所以相等；而用"=="比较的是两个对象 str1 和 str2 所指向的地址，它们所指向的地址是不同的。

(2) 直接指定，这是我们在新建一个字符串最常用的一种方式。例如：

```
String str1 = "hello world";
```

【例 2-9】 Java 应用开发与实践\Java 源码\第 2 章\lesson2_9\Demo2_9.java。

```java
public class Demo2_9 {
    public static void main(String args[]){
        String str1 = "hello world";
        String str2 = "hello world";
        if (str1 == str2)
            System.out.println("str1==str2");
```

```
            else
                System.out.println("str1！=str2");

            if (str1.equals(str2))
                System.out.println("str1 equals str2 ");
            else
                System.out.println("str1 not equals str2");        }
    }
```

输出结果为

    str1==str2

    str1 equals str2

由结果可见，当用 str1 = "hello world"的方式创建一个 String 对象时，Java 首先会在常量池里查找有没有 hello world 这个字符串常量，如果有，就用 str1 指向它，如果没有，就在常量池里创建 hello world 字符串常量。用==比较的是两个对象 str1 和 str2 所指向的地址，它们所指向的地址是相同的，所以输出 str1==str2；而 equals 比较的是 str1 和 str2 的内容，它们的内容都是 hello world，所以也相等。

3．String 类的特点

(1) String 类被定义为 public final class String，也就是说，它是一个最终类，不可被继承。

(2) String 类的本质是字符数组 char[]，并且其值不可改变，这代表一个 String 对象是不可改变的，String 类的方法中我们也找不到任何能够改变字符串的值和长度的方法。这就是字符串的不可改变性。

(3) String 对象可以通过"+"串联，串联后会生成新的字符串。也可以通过 concat() 来串联，这个后面会讲述。

(4) Java 运行时会维护一个 String Pool(字符串常量池)，字符串常量池用来存放运行时产生的各种字符串，并且池中的字符串的内容不重复。而一般对象不存在这个缓冲池，并且创建的对象仅仅存在于堆区。

2.4 运算符、表达式和流程控制语句

2.4.1 运算符和表达式

运算符是一种特殊符号，用以表示数据的运算、赋值和比较，一般由一至三个字符组成，参与运算的数据称为操作数，按操作数的数目来分，可分为：

- 一元运算符：++，--，+，-。
- 二元运算符：+，-，>。
- 三元运算符：？：。

按运算符的功能分，可分为：算术运算符、赋值运算符、比较运算符、逻辑运算符和位运算符。

1．算术运算符

加减乘除的四则运算列表如表 2-3 所示。

表 2-3 算术运算符

运算符	运 算	范 例	结 果
+	正号	a=2; +a	2
–	负号	b=6; –b;	–6
+	加	1+2	3
-	减	4–7	–3
*	乘	6*5	30
/	除(求商)	9/4	2
%	取模(求余)	7%4	3
++	自增(前)	a=2; b=++a;	a=3; b=3
++	自增(后)	a=2; b=a++;	a=3; b=2
——	自减(前)	a=2; b=——a	a=1; b=1
——	自减(后)	a=2; b=a——	a=1; b=2
+	字符串相加	"Hello"+"Java"	"HelloJava"

在使用算术运算符时需要注意以下几点：

(1)"+"除字符串相加功能外，还能把非字符串转换成字符串，条件是该表达式中至少有一个字符串对象。例如："abc"+789 的结果是"abc789"。

(2) 由于 Java 运算符有从左到右的优先顺序，因此需要特别注意++a 和 a++以及——a 和 a——的区别，b=++a 是 a 先自增，a 自己操作后才赋值给 b，而 b=a++是先赋值给 b，a 后自增。

(3)"/"和"%"的区别："/"是除法求商，余数舍弃。"%"是除法求余数，商舍弃。

2．赋值运算符

赋值运算符如表 2-4 所示。

表 2-4 赋值运算符

运算符	运 算	范 例	结 果
=	赋值	a=1; b=2;	a=1; b=2;
+=	加等于	a=1; b=2;a+=b;	a=3; b=2;
–=	减等于	a=1; b=2;a-=b;	a=–1; b=2;
*=	乘等于	a=1; b=2;a*=b;	a=2; b=2;
/=	除等于	a=1; b=2;a/=b;	a=0; b=2;
%=	模等于	a=1; b=2;a%=b	a=1; b=2;

在使用赋值运算符时需要注意以下几点：

(1) 赋值运算符是可以连续赋值的，如 a=b=c=1，在这个语句中，所有三个变量都得到同样的值 1。

(2) 还可以把 a=a+b 简写成 a+=b，所有运算符都可以此类推。

3．比较运算符

比较运算符的结果都是 boolean 型的，结果要么是 true，要么是 false，如表 2-5 所示。

表 2-5　比较运算符

运算符	运 算	范 例	结 果
==	相等于	1==2	False
!=	不等于	1!=2	True
<	小于	1<-1	False
>	大于	2>1	True
<=	小于等于	1<=-2	False
>=	大于等于	1>=2	False
instanceof	检查是不是类的对象	"Hello" instanceof String	True

在使用比较运算符时需要注意以下几点：

(1) 比较运算符 "==" 不能误写成 "="。

(2) 比较运算符通常用来进行判断使用。

4．逻辑运算符

逻辑运算符用于对 boolean 型结果的表达式进行运算，运算结果都是 boolean 型，如表 2-6 所示。

表 2-6　逻辑运算符

运算符	运 算	范 例	结 果
&	AND(与)	false&true	false
|	OR(或)	false|true	true
^	XOR(异或)	true^false	true
!	Not(非)	!true	false
&&	AND(短路)	false&&true	false
||	OR(短路)	false||true	true

在使用逻辑运算符时需要注意以下几点：

(1) "&" 和 "&&" 的区别："&" 和 "&&" 都可以用作逻辑与的运算符，表示逻辑与(AND)，当运算符两边的表达式的结果都为 true 时，整个运算结果才为 true，否则，只要有一方为 false，则结果为 false。"&&" 还具有短路的功能，即如果第一个表达式为

false，则不再计算第二个表达式。例如：对于 if(str != null && !str.equals(""))表达式，当 str 为 null 时，后面的表达式不会执行，所以不会出现 NullPointerException；如果将 "&&" 改为 "&"，则会抛出 NullPointerException 异常。另外，"&" 还可以用作位运算符，表示按位与操作。

【例 2-10】 Java 应用开发与实践\Java 源码\第 2 章\lesson2_10 \Demo2_10.java。

```java
public class public class Demo2_10 {
    public static void main(String[] args) {
        int a = 0;
        int b = 1;
        if (a != 0 && b == a / b) {
            System.out.println("b = " + b);
        } else {
            System.out.println("b 的值没有改变:" + b);
        }
    }
}
```

输出结果为

b 的值没有改变：1

例 2-10 中，由于 while 语句的判断条件中的第一个布尔表达式是不成立的，程序就不会判断第二个布尔表达式的值，这就是 "短路"。如果两个表达式之间用 "&" 来连接，第二个布尔表达式的值就要判断。

(2) OR 运算符叫逻辑或，由 "|" 或 "||" 连接两个布尔表达式，只要运算符两边任何一个布尔表达式为真，该组合就会返回 true 值。"|" 和 "||" 的区别与 "&" 和 "&&" 的区别一样。

(3) XOR 运算符叫作异或，只有当 "^" 连接的两个布尔表达式的值不相同时，该组合才返回 true 值。如果两个都是 true 或都是 false，该组合将返回 false 值。

5．位运算符

Java 支持整数数据类型的位运算，它们的运算符 "&" "|" "^" 和 "~" 分别表示位运算的位与 AND、位或 OR、位异或 XOR 和位取反 NOT。

(1) &：对运算符两侧以二进制表达的操作数按位分别进行 "与" 运算。这一运算是以数中同样的位(bit)为单位的。操作的规则是：只有两个参加运算的操作数都为 1 时，输出结果才为 1，否则为 0。

```
    0110 1101 ——>109
&   0001 1010 ——> 26
-----------------
    0000 1000 ——> 8
```

(2) |：对运算符两侧以二进制表达的操作数按位分别进行 "或" 运算。这一运算是以数中同样的位(bit)为单位的。操作的规则是：只有两个参加运算的操作数都为 0 时，输出结果才为 0，否则为 1。

```
        0110 1101 ———>109
|       0001 1010 ———> 26
    --------------------
        0111 1111 ———> 127
```

(3) ^：对运算符两侧以二进制表达的操作数按位分别进行"异或"运算。这一运算是以数中同样的位(bit)为单位的。操作的规则是：只有两个参加运算的操作数不统一的时候，对应的输出结果才为 1，否则为 0。

```
        0110 1101 ———>109
^       0001 1010 ———> 26
    --------------------
        0111 0111 ———> 119
```

(4) ~：将操作数各位数字取反，即 0 置为 1，1 置为 0。

```
~       0110 1101 ———>109
    --------------------
        1001 0010 ———> –110
```

除了这些位运算操作外，我们还可以对数据按二进制位进行移位操作，Java 的移位运算符有三种：<<(左移)、>>(右移)和>>>(无符号右移)。

(5) <<：左移就是把一个数的全部位数都向左移动若干位。左移的规则只需记住一点：**丢弃最高位，0 补最低位**。按二进制形式把所有的数字向左移动对应的位数，高位移出(舍弃)，低位的空位补零。当左移的运算数是 int 类型时，每移动 1 位它的第 31 位就要被移出并且丢弃；当左移的运算数是 long 类型时，每移动 1 位它的第 63 位就要被移出并且丢弃。

效果：乘以 2 的 n 次方。

```
19 :                    0001 0011
                    ----------------------
19 << 2:        ̶0̶0̶0100 11̶0̶0̶——>0100 1100 ——> 76


–19:                    1110 1101
                    --------------------
–19 << 2:       ̶1̶1̶1011 01̶0̶0̶——> 1011 0100 ——>-76
```

(6) >>：右移就是把一个数的全部位数都向右移动若干位。右移的规则只需记住一点：**符号位不变，左边补上符号位**。按二进制形式把所有的数字向右移动对应的位数，低位移出(舍弃)，高位的空位补符号位，即正数补 0，负数补 1。也就是说，如果要移走的值为负数，每一次右移都在左边补 1，如果要移走的值为正数，每一次右移都在左边补 0。

效果：正数相当于除以 2 的 n 次方。

```
19:                     0001 0011
                    --------------------
19 >> 2:        **00** 0001 00̶1̶1̶——> 00000100——> 4
```

-19:   1110 1101

-19 >> 2: **11**11 1011 ~~01~~——> 11111011——>-5

(7) >>>：无符号右移若干位。不足的补 0。无符号右移的规则只需记住一点：**忽略了符号位扩展，0 补最高位**。无符号右移规则和右移运算是一样的，只是填充时不管左边的数字是正是负都用 0 来填充，无符号右移运算只针对负数计算，因为对于正数来说这种运算没有意义。

效果：正数相当于除以 2 的 n 次方。

19 :   0001 0011

----

19 >>> 2: **00** 0001 00~~11~~——> 00000100——> 4

-19:   1110 1101

-19 >>> 2:   **00**11 1011 ~~01~~——> 00111011——>1,073,741,819

注：19 以及-19 为 int 类型时，上述例子中其二进制表示简化了。其二进制表示是：
-19：1111 1111 1111 1111 1111 1111 1110 1101，当-19 >>> 2 后，其最左边两位填入00，则为：0011 1111 1111 1111 1111 1111 1111 1011，即十进制的 1,073,741,819。

注意：位运算符的使用场景大多数出现在底层的算法逻辑中，源码中有大量的数学计算和算法会涉及位操作。下面是一些位操作使用的情况：

- **推断 int 型变量 a 是奇数还是偶数。**

原理：取 a 二进制的最后一位，如果为 1 则肯定是奇数，因为其他位都是 2 的整数次幂。

a&1 = 0：a 是偶数。

a&1 = 1：a 是奇数。

- **取 int 型变量 a 的第 k 位 (k=0,1,2…sizeof(int)-1)，即 a>>k&1。**

原理：先把 a 右移 k 位，然后&1 得到 k 的值。

- **将 int 型变量 a 的第 k 位清 0，即 a=a&~(1 <<k)。**
- **将 int 型变量 a 的第 k 位置 1，即 a=a |(1 <<k)。**
- **求两个数的平均值，即((a&b) + ((a^b) >> 1))。**
- **乘法运算转化成位运算，a * Math.pow(2, n) 等价于 a << n。**
- **除法运算转化成位运算，a /Math.pow(2, n) 等价于 a >> n。**

【例 2-11】 Java 应用开发与实践\Java 源码\第 2 章\lesson2_11\Demo2_11.java。

```java
public class public class Demo2_11 {
    public static void main(String[] args) {
        int a, b;
        a = 0x9D;          // 十六进制，用 0x 表示
        b = 0x39;
        System.out.println("a 的二进制  表示为："+Integer.toBinaryString(a));
```

```
        System.out.println("b 的二进制    表示为："+Integer.toBinaryString(b));
        System.out.println("a 左移三位    结果为："+Integer.toBinaryString(a << 3));
        System.out.println("a 右移三位    结果为："+Integer.toBinaryString(a >> 3));
        System.out.println("a 无符号右移三位    结果为："+Integer.toBinaryString(a >>> 3));
        System.out.println("a & b 结果为："+Integer.toBinaryString(a & b));
        System.out.println("a | b 结果为："+Integer.toBinaryString(a | b));
        System.out.println("~a 结果为："+Integer.toBinaryString(~a));
        System.out.println("a ^ b 结果为："+Integer.toBinaryString(a ^ b));
    }
}
```

输出结果为

a 的二进制   表示为：10011101

b 的二进制   表示为：111001

a 左移三位   结果为：10011101000

a 右移三位   结果为：10011

a 无符号右移三位   结果为：10011

a & b 结果为：11001

a | b 结果为：10111101

~a 结果为：11111111111111111111111101100010

a ^ b 结果为：10100100

在使用位运算符时需要注意以下几点：

(1) 有符号的数据用 ">>" 移位时，如果最高位是 0，左边移空的高位就填入 0，如果最高位是 1，左边移空的高位就填入 1。

(2) 移位运算符 ">>>"，不管通过 ">>>" 移位的整数最高为是 0 还是 1，左边移空的高位填入 0。

6．表达式

表达式是由操作数和运算符按一定的语法形式组成的符号序列。一个常量或一个变量名是最简单的表达式，其值即该常量或变量的值；表达式的值还可以用作其他运算的操作数，形成更复杂的表达式。

1) 表达式的类型

表达式的类型由运算以及参与运算的操作数的类型决定，可以是简单类型，也可以是复合类型。例如：

布尔型表达式：(a && b) || (c && b)

整型表达式：   (x + y) / z;

2) 运算符的优先次序

表达式的运算按照运算符的优先顺序从高到低进行，同级运算符从左到右进行，如表 2-7 所示。

表2-7 运算符的优先次序

优先次序	运 算 符
1	. [] ()
2	++ -- ! ~ instanceof
3	new (type)
4	* / %
5	+ -
6	>> >>> <<
7	> < >= <=
8	== !=
9	&
10	^
11	|
12	&&
13	||
14	?:
15	= += -= *= /= %= ^=
16	&= |= <<= >>= >>>=

【例2-12】 Java应用开发与实践\Java源码\第2章\lesson2_12\Demo2_12.java。

```java
public class public class Demo2_12{
    public static void main(String[] args) {
        int a = 10;
        int b = 1;
        int c = (a < b) ? a : b;
        System.out.println("a = " + a);
        System.out.println("b = " + b);
        System.out.println("c = " + c);
    }
}
```

输出结果为

    a = 10
    b = 1
    c = 1

在写表达式时需要注意以下几点:

(1) 不要在一行中编写太复杂的表达式,即不要在一行中进行太多的运算。在一行中进行太多的运算并不能带来什么好处,相反只能带来坏处,它并不比改成几条语句的运行速度快,它除可读性差外,还极容易出错。

(2) 括号的使用:括号可以改变优先级,增强可读性,如 3+5+4*6-7 这个表达式,默认是先乘除后加减,加上括号后,(3+5+4)*(6-7)就会先做加法,再做乘法。

【例 2-13】 Java 应用开发与实践\Java 源码\第 2 章\lesson2_13 \Demo2_13.java。

```java
public class Demo2_13 {
    public static void main(String[] args) {
        int result1 = 3 + 5 + 4 * 6 - 7;
        int result2 = (3 + 5 + 4) * (6 - 7);
        System.out.println("3+5+4*6-7=" + result1);
        System.out.println("(3+5+4)*(6-7)=" + result2);
    }
}
```

输出结果为

3+5+4*6-7=25

(3+5+4)*(6-7)=-12

2.4.2 条件语句

条件语句提供了一种控制机制，使得程序的执行可以跳过某些语句不执行，而转去执行特定的语句。条件语句有两种：if 语句和 switch 语句。

1. if 语句

if 语句是条件判断语句，有四种形式，分别是单分支、双分支、多分支、嵌套，下面分别说明这几种情况。

1) 单分支 if 语句

```java
int num = 0;
if ( num == 0 )
    System.out.println( "num = 0" );
```

如果 num 的值等于 0，则打印出 "num = 0"，否则什么也不做，单分支 if 语句结构图如图 2-3 所示。

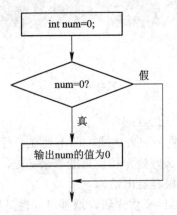

图 2-3　单分支 if 语句结构图

2) 双分支 if 语句

```
int num = 0;
if ( num == 0 )
    System.out.println( "num = 0" );
else
    System.out.println( "num != 0" );
```

如果 num 的值等于 0，则打印出"num =0"，否则将打印出"num!=0"，双分支 if 语句结构图如图 2-4 所示。

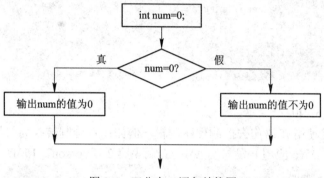

图 2-4　双分支 if 语句结构图

3) 多分支 if 语句

```
int num = 0;
if ( num == 1 )
    System.out.println( "num = 1" );
else if ( num == 2 )
    System.out.println( "num = 2" );
else if ( num == 3 )
    System.out.println( "num = 3" );
else
    System.out.println( "other" );
```

程序首先判断 num 是否等于 1，如果是，则打印"num=1"，如果不是，程序将继续判断 num 是否等于 2，如果 num 等于 2，则打印"num=2"，如果也不等于 2，程序将判断 num 是否等于 3，如果是，则打印"num=3"，如果还不等于，就执行 else 后的语句。也可以不要 else 语句，那就是上面的条件都不满足时，就什么也不做。

4) 嵌套 if 语句

【例 2-14】　Java 应用开发与实践\Java 源码\第 2 章\lesson2_14 \Demo2_14.java。

```
package lesson2_14;

public class Demo2_14 {
    public static void main(String[] args) {
        int a = 20;
```

```
                    int b = 10;
                    if (a == 20) {
                        if (b == 10) {
                                System.out.print("a=20 and b=10");
                        } else {
                                System.out.print("a=20 and b!=10");
                        }
                    } else {
                            System.out.print("a!=20");
                    }
                }
            }
```

输出结果为

a = 20 and b = 10

通常可以通过使用 if 语句去控制程序逻辑。例如：百分制转换为等级制。

【例 2-15】 Java 应用开发与实践\Java 源码\第 2 章\lesson2_15 \Demo2_15.java。

```
public class Demo2_15 {
    public static void main(String[] args) {
            int score = 85;      // 声明 int 型变量 score 并赋值 85
            if (score > 90) { // 条件判断
                    System.out.println("成绩" + score + "：是 A 等级");
            } else if (score > 80) {
                    System.out.println("成绩" + score + "：是 B 等级");
            } else if (score > 70) {
                    System.out.println("成绩" + score + "：是 C 等级");
            } else if (score > 60) {
                    System.out.println("成绩" + score + "：是 D 等级");
            } else {
                    System.out.println("成绩" + score + "：是 E 等级");
            }
        }
    }
```

输出结果为

成绩 85，是 B 等级

2．switch 语句

大量的 if-else 判断使得程序往后的维护工作很复杂，而将大量的 if-else 分支转换成 switch，可以提高代码的可维护性。"开关(switch)"有时也被划分为一种"选择语句"。根据一个整数表达式的值，switch 语句可从一系列代码选出一段执行。它的格式如下：

```
switch(表达式) {
    case 常量表达式 1：语句 1; break;
    case 常量表达式 2：语句 2; break;
    case 常量表达式 3：语句 3; break;
    …
    default:语句;
}
```

【例 2-16】 Java 应用开发与实践\Java 源码\第 2 章\lesson2_16 \Demo2_16.java。

```java
public class Demo2_16 {
    public static void main(String[] args) {

        // 调用下面的 switchTest()方法并传递参数 4
        System.out.println("num 的值是： "+switchTest(4));
    }

    public static int switchTest(int number) { // number 接收参数 4
        int num = 0;
        switch (number) {    // 根据 number 的值 4，确定执行 case 4 这个分支
        case 1:
            num = 10;
        case 2:
            num = 20;
        case 3:
            num = 30;
        case 4:
            num = 40;        // num 的值为 40，但此时执行下一个分支 default
        default:
            num = 50;        // num 的值为 50
        }
        return num;          // 返回 num 的值 50
    }
}
```

输出结果为

num 的值是：50

在使用 switch 需要注意以下几点：

(1) switch 中 case 的参数类型只能是 int 型，但是放 byte、short、char 型也可以。这是因为 byte、short、shar 型可以自动提升(自动类型转换)为 int 型，所以归根到底还是 int 型。一旦 case 匹配，就会按顺序执行后面的程序代码，而不管后面的 case 是否匹配，直到遇见 break 才不执行后面的分支，利用这一特性可以让好几个 case 执行统一语句。

(2) case 后可以是表达式。case 后的语句可以不用大括号。

(3) break 是用来跳出整个 switch 语句的，如果没有，将执行下一分支。

(4) default 就是如果没有符合的 case 就执行它，default 并不是必需的。

在该程序中如果只需要执行 case 4 这个分支，则应该在每个 case 语句后加上 break 语句。改进的程序清单如例 2-17 所示。

【例 2-17】 Java 应用开发与实践\Java 源码\第 2 章\lesson2_17 \Demo2_17java。

```java
public class Demo2_17 {
    public static void main(String[] args) {
        // 调用下面的 switchTest 方法并传递参数 4
        System.out.println("num 的值是：" + switchTest(4));
    }

    public static int switchTest(int number) { // number 接收参数 4
        int num = 0;
        switch (number) { // 根据 number 的值 4，确定执行 case 4 这个分支
        case 1:
            num = 10;
            break;
        case 2:
            num = 20;
            break;
        case 3:
            num = 30;
            break;
        case 4:
            num = 40;
            break;            // num 的值为 40，有 break，跳出 switch 语句
        default:
            num = 50;          // 不会执行 default 这语句了
        }
        return num;            // 返回 num 的值 40
    }
}
```

输出结果为

num 的值是：40

注意：一定要记住用 break 退出 switch。

2.4.3 循环语句

1. while 语句

while 语句是循环语句，也是条件判断语句，条件满足时执行，不满足时退出。while

循环语句执行示意图如图 2-5 所示，示例代码如例 2-18 所示。

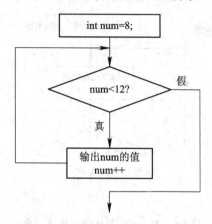

图 2-5　while 循环语句执行示意图

【例 2-18】　Java 应用开发与实践\Java 源码\第 2 章\lesson2_18 \Demo2_18.java。

```java
public class Demo2_18 {
    public static void main(String[] args) {
        int num = 8;            // 定义 num 并初始化为 8
        while (num < 12) {  // 判断 num 是否小于 12，如果小于 12 则执行循环体
            System.out.println("num=" + num); // 输出 num 的值
            num++;    // num 的值自增 1，执行完此句后又到 while 处，判断 num 是否小于 12
        }
    }
}
```

输出结果为

num=8

num=9

num=10

num=11

使用 while 表达式需要注意：**while 表达式的括号后一定不要加 ";"，**下面的程序就是在 while 表达式的括号后加了一个 ";" 而使系统进入死循环。

```java
int x = 8;
while (x == 8 );    //程序将认为要执行一条空语句，而进入死循环
System.out.println( "x" );
```

这是初学者常犯的一个错误，程序将认为要执行一条空语句，而进入死循环，永远不去执行后面的代码，Java 编译器又不会报错，因此这个错误不容易被发现。

2．do while 语句

将例 2-18 所示的 while 循环代码改成例 2-19 所示的程序代码，do-while 循环语句执行示意图如图 2-6 所示。

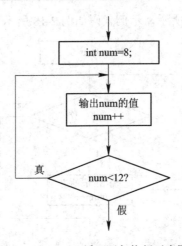

图 2-6　do-while 循环语句执行示意图

【例 2-19】　Java 应用开发与实践\Java 源码\第 2 章\lesson2_19 \Demo2_19.java。

```java
public class Demo2_19 {
    public static void main(String[] args) {
        int num = 8;          // 定义 num 并初始化为 8
        do {                  // 先执行循环体
            System.out.println("num=" + num);
            num++;
        } while (num < 12); // 再判断 num 是否小于 12，如果小于 12 则执行循环体
    }
}
```

输出结果为

num=8

num=9

num=10

num=11

上面 while 循环和 do while 循环两种程序的运行结果是一样的，区别只是 do-while 的判断语句在结尾，所以无论条件是否成立，中间代码(循环体)都要至少执行一次。下面例 2-20 的 while 循环里面的代码就没有机会执行了。但尽管条件不成立，do-while 循环中的代码还是执行了一次。

【例 2-20】　Java 应用开发与实践\Java 源码\第 2 章\lesson2_20 \Demo2_20.java。

```java
public class Demo2_20 {
    public static void main(String[] args) {
        int a = 10;
        while (a == 0) {       // 先判断 a 是否为 0，若为 0 则执行循环体
            System.out.println("a=" + a);
            a++;
```

```
        }
    int b = 20;
    do {                    // 先执行循环体
            System.out.println("b=" + b);   // 输出 b 的值为 20
            b++;            //b 的值自增 1，b 的值为 21
    } while (b == 0);       // 再判断 b 是否为 0，若为 0 则执行循环体
        }
    }
```

输出结果为

　　b=20

3. for 循环语句

for 循环语句在循环语句中扮演着比较重要的角色，for 循环用于反复执行一段代码，通常在已经确定执行次数的情况下使用 for 循环。for 循环语句执行示意图如图 2-7 所示。其语句格式为

```
    for (表达式 1;表达式 2;表达式 3) {
        循环体语句;
    }
```

for 语句的执行流程如下：

(1) 执行表达式 1。

(2) 判断表达式 2 的值是否为真，若表达式 2 的值为真(或非 0)，则执行循环体。

(3) 执行表达式 3。

(4) 再次判断表达式 2 的值是否为真，重复(2)~(4)步。

(5) 直到表达式 2 的值为假(或为 0)，则结束该循环。

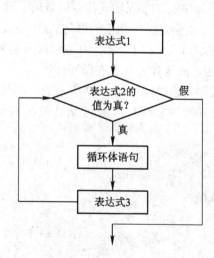

图 2-7　for 循环语句执行示意图

在使用 for 语句时需要注意以下几点：

(1) for 语句中的各表达式都是 Java 中任一合法表达式，包括逗号表达式，其中表达

式 2 的值是逻辑型，即 1 或 0。for 语句中各表达式是通过分号隔开的，通过表达式 1 确定循环初值，表达式 2 确定判断循环条件，表达式 3 可用于设置增值。

(2) for 语句中的循环体语句可以是单一语句，也可以是复合语句，单一语句可以不用花括号括起来，而复合语句需要用花括号括起来。

【例 2-21】 Java 应用开发与实践\Java 源码\第 2 章\lesson2_21 \Demo2_21.java。

```java
public class Demo2_21 {
    public static void main(String[] args) {
        for (int i = 1; i < 5; i++) {           // 循环变量 i 的值从 1 到 4
            System.out.println("i=" + i);       // 每次循环输出 i 的值
        }
    }
}
```

输出结果为

```
i=1
i=2
i=3
i=4
```

在例 2-21 中，for 语句后面小括号中的部分 int i=1; i<5; i++就是 for 语句中的 3 个表达式，它们被分号 ";" 隔离成三部分，其中第一部分 i=1 是给 i 赋一个初值，这部分只在刚进入 for 时执行一次，其中的 i 称为循环变量；第二部分 i<5 是一个条件语句，其值是逻辑型的值，即 1 或 0，不满足条件为 0，不进入 for 循环，满足条件为 1，进入 for 循环，循环执行一次后又回来执行这条语句，直到条件不成立为止；第三部分 i++是对循环变量 i 的操作，是最后执行的语句。

还需要注意的是：for 语句中的 3 个表达式都可以省略，即 for(;;)，这是一种死循环。当表达式 1 为空语句，通常来说确定循环初值的语句放在 for 语句前；当表达式 2 为空语句，表示不做循环判断直接执行循环体内语句，也可以认为是表达式 2 默认为真；表达式 3 为空语句，表示用于设置增值的语句通常放在循环体内。

如上所述，例 2-21 的代码可以改写为例 2-22 所示的程序代码。

【例 2-22】 Java 应用开发与实践\Java 源码\第 2 章\lesson2_22 \Demo2_22.java。

```java
public class Demo2_22 {
    public static void main(String[] args) {
        int i = 1; // 确定循环初值的语句在 for 语句前
        for (; i < 5;) {
            System.out.println("i=" + i);
            i++; // 设置增值的语句放在循环体内
        }
    }
}
```

输出结果为

i=1

i=2

i=3

i=4

通过这样改写，我们应该能够更好地理解 for 语句中的三个表达式各自的作用了。

2.4.4　break 语句和 continue 语句

为了使循环控制更加灵活，Java 还提供了 break 语句和 continue 语句，break 语句主要应用于 switch 语句和循环结构，在循环控制中的作用是强行结束该语句所在的整个循环结构，转向执行循环体语句后的下一条语句；continue 语句的作用是提前结束多次循环中的某一次循环，即跳过循环体语句中位于 continue 语句之后的其余语句，从而进入下一次循环。

1．break 语句

在 2.4.2 节条件语句中已经介绍过，**break 语句可以使流程跳出由 switch 语句构成的多分支结构。**

当 break 语句用在 do-while、for 或 while 循环语句中时，也可以使程序终止循环，跳出循环结构。通常 break 语句总是与 if 语句配合使用，即当满足某个给定的条件要求时便跳出循环。

【例 2-23】　Java 应用开发与实践\Java 源码\第 2 章\lesson2_23 \Demo2_23.java。

```
public class Demo2_23 {
    public static void main(String[] args) {
        int i, sum = 0;
        for (i = 1; i <= 100; i++) {
            sum = sum + i;
            if (sum > 5)
                reak; //此处跳出 for 循环，直接执行 System.out.println("输出 i 的值是： " + i);
            System.out.println("sum = " + sum);
        }
        System.out.println("输出 i 的值是： " + i); // break 到此处
    }
}
```

输出结果为

sum = 1

sum = 3

输出 i 的值是：3

在上面的程序中，for 语句中使用了 break 语句，当 sum>5 时，则执行 break 语句，那么就退出循环，接着执行循环结构下面的第一条语句 System.out.println ("输出 i 的值是： " + i);。

使用 break 语句需要注意以下问题：

(1) 如果在多重嵌套循环中使用 break 语句，当执行 break 语句的时候，退出的是它所在的循环结构，对外层没有任何影响。也就是说，break 语句只能终止它所在的最内层的语句结构。

(2) 如果循环结构里有 switch 语句，并且在 switch 语句中使用了 break 语句，当执行 switch 语句中的 break 语句时，仅退出 switch 语句，不会退出外面的循环结构。

2．continue 语句

continue 语句只能在 do-while、for 和 while 循环语句中使用，其作用是提前结束多次循环中的某一次循环。也就是说，continue 语句是这些结束循环的方式中最特殊的，因为它并没有真的退出循环，而是只结束了本次循环体的执行，所以在使用 continue 语句的时候要注意这一点。

【例 2-24】　Java 应用开发与实践\Java 源码\第 2 章\lesson2_24 \Demo2_24.java。

```java
public class Demo2_24 {
    public static void main(String[] args) {
        int i, sum = 0;
        for (i = 1; i <= 10; i++) {
            sum = sum + i;
            System.out.println("i=" + i);
            if (i % 2 == 0)
                continue;     // 此处终止这次循环，再到 for 语句进行判断
            System.out.println("sum= " + sum);
        }
    }
}
```

输出结果为

i=1

sum= 1

i=2

i=3

sum= 6

i=4

i=5

sum= 15

i=6

i=7

sum= 28

i=8

i=9

```
sum= 45
i=10
```

使用 continue 语句需要注意：**continue 语句只能在 do-while、for 和 while 循环语句中使用，其作用是提前结束多次循环中的某一次循环。**

2.5 实训 Java 基础语法练习

任务 1 利用数据类型转换进行运算

要求：将十进制 266(二进制为 0000 0001 0000 1010)的低 8 位数输出。程序代码如例 2-25 所示。

【例 2-25】 Java 应用开发与实践\Java 源码\第 2 章\lesson2_25 \Demo2_25.java。

```java
public class Demo2_25 {
    public static void main(String[] args) {
        byte b;
        int i = 266;   // 266 二进制为 0000 0001 0000 1010
        b = (byte) i;   // 强制类型转换，获取了二进制 0000 1010，即十进制 10
        System.out.println("byte to int is" + " " + b);   // 输出 10
    }
}
```

输出结果为

```
byte to int is 10
```

任务 2 数组练习

要求：随机生成 5 组数组，每组 4 个分数，并评优良中差等级。程序代码如例 2-26 所示。在这个例子中，用到了数组、强制转换、while、for、if 语句，把这一章的知识综合起来了，达到了我们练习的目的。

【例 2-26】 Java 应用开发与实践\Java 源码\第 2 章\lesson2_26 \Demo2_26.java。

```java
public class Demo2_26 {
    public static void main(String[] args) {
        int count = 0;
        while (count < 5) {
            int arr[] = new int[4];
            arr[0] = (int) (Math.random() * 100);
            arr[1] = (int) (Math.random() * 100);
            arr[2] = (int) (Math.random() * 100);
            arr[3] = (int) (Math.random() * 100);
```

```
            for (int i = 0; i < arr.length; i++) {
                if (arr[i] < 60) {
                    System.out.print(arr[i] + "不及格     ");
                } else if (arr[i] >= 60 && arr[i] < 70) {
                    System.out.print(arr[i] + "中       ");
                } else if (arr[i] >= 70 && arr[i] < 90) {
                    System.out.print(arr[i] + "良       ");
                } else if (arr[i] >= 90 && arr[i] < 100) {
                    System.out.print(arr[i] + "优       ");
                }
            }
            count++;
            System.out.println("\n");
        }
    }
}
```

输出结果为

92 优　　21 不及格　　82 良　　　28 不及格

52 不及格　　96 优　　16 不及格　　44 不及格

98 优　　58 不及格　　92 优　　　74 良

34 不及格　　48 不及格　　32 不及格　　58 不及格

89 良　　79 良　　　67 中　　70 良

任务 3　字符串练习

要求：输入一行文本，如果含有任意的空白、数字、标点符号，则分成两个单词。程序代码如例 2-27 所示。

【例 2-27】　Java 应用开发与实践\Java 源码\第 2 章\lesson2_27 \Demo2_27.java。

```
import java.util.Scanner;
public class Demo2_27 {
    public static void main(String[] args) {
        System.out.println("请输入一行文本：");
        Scanner sc = new Scanner(System.in);
        String str = sc.nextLine();
        // 匹配以下字符任意多个:任意空白(空格、换行等),任意数字,标点符号
        String s = "[\\s\\d\\p{Punct}]+";
        String[] words = str.split(s); // 以 s 作为分割 str 的依据
        for (int i = 0; i < words.length; i++) {
            int m = i + 1;
```

```
            System.out.println("单词" + m + "是:" + words[i]);
        }
    }
}
```

输出结果为

请输入一行文本：

hello world Java! @ !I like study Java!

单词 1 是:hello

单词 2 是:world

单词 3 是:Java

单词 4 是:I

单词 5 是:like

单词 6 是:study

单词 7 是:Java

任务4　控制结构练习

要求：利用循环语句输出星号组成的"A"字。程序代码如例 2-28 所示。

【例 2-28】　Java 应用开发与实践\Java 源码\第 2 章\lesson2_28 \Demo2_28.java。

```java
import java.util.Scanner;

public class Demo2_28 {
    public static void main(String[] args) {
        int n = 5;
        for (int i = 0; i < n; i++) {
            for (int j = 0; j < (n - i); j++) {
                System.out.print(" ");
            }
            for (int k = 0; k < 2 * (i + 1) - 1; k++) {
                if ((i == 1 && k == 1)
                        || (i > 2 && (k > 0 && k < 2 * (i + 1) - 2))) {
                    System.out.print(" ");
                } else {
                    System.out.print("*");
                }
            }
            System.out.println();
        }
    }
}
```

输出结果为

```
             *
            * *
          *****
        *        *
      *             *
```

2.6 实践 利用 if-else 语句解决实际问题

本次实践任务如下：有一对兔子，从出生后第 3 个月起每个月都生一对兔子，小兔子长到第三个月后每个月又生一对兔子，假如兔子都不死，问每个月的兔子数量为多少？

分析：此类题目，最好的做法就是找出规律，类似于数学上的数列。本题的规律是 a[n]=a[n-1]+a[n-1]，而第一第二项都知道了，那么后面的值就容易求得了。本题可采用递归的方法求解。

具体的代码见例 2-29。

【例 2-29】 Java 应用开发与实践\Java 源码\第 2 章\lesson2_29 \Demo2_29.java。

```java
import java.util.Scanner;

public class Demo2_29 {
    public static void main(String[] args) {
        System.out.print("请输入第几月份：");
        Scanner scanner = new Scanner(System.in);
        int month = scanner.nextInt();      // 输入的月份数
        System.out.println("第" + month + "个月兔子总数为" + getNum(month));
        scanner.close();
    }

    // 求得所需月份的兔子数量，返回值为兔子数量
    private static int getNum(int n) {
        if (n == 1 || n == 2)
            return 1;
        else
            return getNum(n - 1) + getNum(n - 2);
    }
}
```

输出结果为

请输入第几月份：10

第 10 个月兔子总数为 55

2.7 小 结

在 Java 中，用来标志类名、对象名、变量名、方法名、类型名、数组名、包名的有效字符序列，称为"标识符"；标识符由字母、数字、下划线、美元符号组成，且第一个字符不能是数字。

在 Java 中，有一些专门的词汇已经被赋予了特殊的含义，不能再使用这些词汇来命名标识符，这些专有词汇，称为"关键字"；Java 所有关键字和保留字，均不能用来命名标识符。

Java 数据类型有 8 个，包括基本数据类型和引用数据类型。不同数据类型之间可以相互转换。

Java 提供了丰富的运算符，如算术运算符、关系运算符、逻辑运算符、位运算符等等。Java 的表达式就是用运算符连接起来的符合 Java 规则的式子。

Java 流程控制语句用来控制程序走向，其中包括顺序执行语句、条件分支语句和循环语句，要学会使用流程控制语句来控制程序的执行流程。

习 题 2

一、选择题

1. 下列选项中为单精度数的是( )。
   A．−56.9　　　　B．7.2f　　　　C．0.6　　　　D．071
2. 指出正确的表达式( )。
   A．byteb=−128;　　B．Boolean=null;　C．long l=0xfffL;　D．float f =0.63598;
3. 下列语句序列执行后，c 的值是( )。
```
public static void main(String[] args) {
    int a = 10, b = 3, c = 5;
    if (a == b)
        c += a;
    else
        c = ++a * c;
    System.out.println("c=" + c);
}
```
   A．15　　　　B．50　　　　C．55　　　　D．5
4. 下列语句序列执行后，x 的值是( )。
```
public static void main(String[] args) {
    int a = 2, b = 4, x = 5;
    if (a < --b)
```

```
        x *= a;
        System.out.println("x=" + x);
    }
```
    A．5   B．20   C．15   D．10

5．下列语句序列执行后，r 的值是(　　)。

```
public static void main(String[] args) {
    char ch = '1';
    int num = 10;
    switch (ch + 1) {
    case '1':
        num = num + 3;
    case '2':
        num = num + 5;
    case '3':
        num = num + 6;
        break;
    default:
        num = num + 8;
    }
    System.out.println("num=" + num);
}
```
    A．21   B．25   C．26   D．28

二、判断题

1．Java 中没有无符号数。   （　　）

2．Java 的 break 语句只能用来跳出循环。   （　　）

3．Java 中非零即真。   （　　）

4．程序的三种基本流程是顺序、分支、循环。   （　　）

5．do.while 循环至少执行一次。   （　　）

三、编程题

1．定义一个一维整型数组 arr，长度为 8，将数组元素的下标值赋给数组元素，最后打印输出数组中下标为奇数的元素。

2．有部分学生的成绩分别是 29、90、56、90、52、95、83、45、60、43、78，定义一个一维整型数组，统计成绩不及格的人数。

3．设定一个表示成绩的整型变量 score，当 score 等于 10 分时为冠军，当 score 大于 8 分时亚军，其他情况是季军。

4．有人走台阶若每步走 2 级，则最后剩 1 级。若每步走 3 级则最后剩 2 级。若每步走 4 级，则最后剩 3 级。若每步走 5 级，则最后剩 4 级，若每步走 6 级，则最后剩 5 级。若每步走 7 级，则刚好不剩。试编制程序求此台阶数。

5．求 1 + 2! + 3! + … + 20!。

酒店管理系统的设计

第 3 章

酒店管理系统项目设计

本书以酒店管理系统项目作为实际的操作项目。通过对酒店管理系统的设计，可使读者对酒店管理的流程有一个清晰的印象；通过对 Java 程序设计所涉及的各个知识点进行有效梳理，便于读者理解 Java 程序在实际项目中的应用。该系统是针对小型酒店的具体业务而开发的，业务管理以酒店的前台管理为核心，为用户提供迅速、高效的服务，及时准确地反映酒店的工作情况、经营情况，从而提高酒店的服务质量。

本章详细描述了酒店管理系统开发中与 Java 相关的一些技术环节。首先介绍了系统的界面设计，包括欢迎界面设计、登录界面设计、主管理界面和次管理界面设计、增加信息界面设计、查询信息界面设计和删除信息界面设计等；然后介绍了功能模块设计，包括客人管理、餐饮管理和生成报表等模块设计；接着介绍了数据库设计，包括创建表，增加、删除、查询表数据，创建视图；最后介绍了系统的目录结构，说明了 MVC 模式及各功能模块在 MVC 中的分布。

3.1 界 面 设 计

3.1.1 欢迎界面

欢迎界面是系统启动后最先进入的窗口界面，由 Welcome.java 文件实现，它继承了 JWindow 类，所以该页面不具有标题栏或窗口管理按钮，如图 3-1 所示。

图 3-1　欢迎界面

欢迎界面窗口中主要显示如下几条信息：

• 系统名称；

• 欢迎 Logo；

- 版权所有信息；
- 进度条。

为了显示上述信息，需要把前三条信息做成图片，图片名为 welcome.gif，在 JWindow 的子类 Welcome 中作为背景图加载进来；进度条由 JProgressBar 进度条类对象形成，这里为了达到进度条一直向前运行并显示百分比的目的，需要把 Welcome 类做成线程，其实质是实现了 Runnable 接口，在其 run()方法中，创建数组，存放进度条显示时需要的数据，JProgressBar 的 setValue() 方法取得数组中的进度值，JProgressBar 的 setStringPainted()方法实现了进度条一直向前运行的动态效果。

通过线程的休眠，欢迎界面窗口在指定的时间内打开登录窗口并关闭本窗口。

3.1.2　登录界面

登录界面是系统的欢迎界面完毕后的窗口界面，如图 3-2 所示。登录界面设计由 UserLogin.java 文件实现，它继承了 JFrame 类，在这个窗口中主要显示如下几条信息：

- "用户登录"字样；
- 用户编号和密码输入框；
- 两个按钮；
- 背景图片。

图 3-2　登录界面

在登录界面里，用户需要输入正确的用户编号和密码才能登录到系统。当直接点击"登录"按钮或是只填了一个输入框的信息时，就会出现"用户号或密码不能为空!!"的提示警告信息，如图 3-3 所示；如果用户编号或密码错误，则会出现"用户编号或密码错误!!"的提示警告信息，如图 3-4 所示。

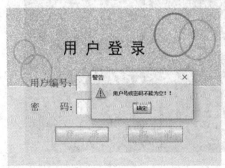

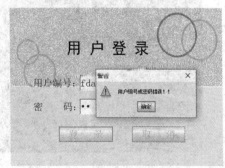

图 3-3　用户号或密码不能为空的提示警告　　　图 3-4　用户编号或密码错误的提示警告

3.1.3 主管理界面和次管理界面

在登录窗口中输入正确的用户编号和密码后，合法的用户就进入到主管理界面或次管理界面。如果登录用户是经理、主管、管理员，则登录跳转的窗口就是主管理界面。主管理界面由 ManagerWindows.java 文件来实现，它继承了 JFrame 类并实现了 ActionListener 接口，在这个窗口中主要显示管理员等登录用户的各种可以执行的功能，如图 3-5 所示。如果登录用户是会计、收银员、服务员，则跳转到次管理界面。次管理界面由 GeneralOperatorWindows.java 文件来实现，它也继承了 JFrame 类并实现了 ActionListener 接口，在这个窗口中主要显示会计等登录用户的各种可以执行的功能，如图 3-6 所示。两种窗口的界面大致相同，只是因为登录用户的权限不同，所以能使用的功能也就不同。管理员可以使用员工管理、删除、汇总等更多的功能。

图 3-5 主管理界面

图 3-6 次管理界面

3.1.4　增加信息界面

增加信息界面包含了客人注册界面、登记餐饮预订界面、登记餐饮消费界面、入住预订界面、入住登记界面、退房登记界面、增加订单界面、员工注册界面等,这些都是向数据库的相关表中增加数据信息。现以客人注册界面为例来说明此类界面的设计。

客人注册界面由 AddGuest.java 文件来实现,它继承了 JFrame 类并实现了ActionListener 接口。ActionListener 接口是通过内部类实现的。客人注册界面包含了对客人的基本信息如姓名、编号、身份证号、年龄等的录入,如果姓名、编号或年龄没有填写,会有警告提示框出现,提示客人编号或姓名或年龄不能为空,如图 3-7 所示。全部填好之后,点击"添加"按钮,即可保存在数据库中,如图 3-8 所示。保存成功后会有信息提示保存完毕。另外,在界面中设置了提示功能,已经填好或即将要填写的输入框是粉色,用来提醒用户,此窗口设置了键盘监听 addKeyListener 事件,按下回车键,鼠标移动到下一个输入框中,等待用户输入。点击"重置"按钮,界面所填写内容清空。

图 3-7　增加信息界面(1)

图 3-8　增加信息界面(2)

3.1.5　查询信息界面

查询信息界面分为查询所有信息和通过姓名查询信息两种。

1．查询所有信息

查询所有信息指在窗口中显示出数据库表中所有记录的信息,包括所有客人信息、餐饮消费信息、入住预订信息、所有入住登记信息、退房登记、所有订单、所有员工信息等,现以查询所有客人信息为例说明此类界面的设计。

在菜单中点击"查询所有客人信息"按钮,打开窗口如图 3-9 所示。

该查询界面由 QueryAllGuest.java 文件实现,它继承了 JFrame 类并实现了ActionListener 接口。此界面显示了客人的各个基本信息,这个窗口中的信息通过 JTable类完成,并利用该类的 setEnabled(false)方法设置禁止响应用户输入,同时也出现了一个打印窗口,以方便用户打印这些信息。

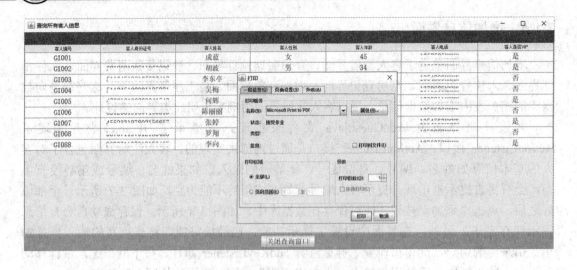

图 3-9 查询界面

2．通过姓名查询信息

该界面由 QueryGuestInfoByName.java 文件实现，它继承了 JFrame 类并实现了 ActionListener 接口。ActionListener 接口是通过内部类实现的。在此界面中输入某个客人的姓名，窗口即可显示该客人的各个基本信息，适合对已知姓名的客人信息的查找。通过姓名查询信息界面如图 3-10 所示。

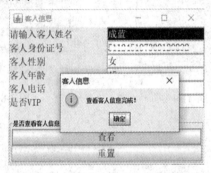

图 3-10 通过姓名查询信息界面

3.1.6 删除信息界面

删除信息界面包含了删除客人信息界面、删除订单界面、删除员工信息界面等，都是从数据库的相关表中删除数据信息。现以删除客人信息界面为例说明此类界面的设计。

删除客人信息界面由 DeleteEmployeeByName.java 文件实现，它继承了 JFrame 类并实现了 ActionListener 接口。ActionListener 接口是通过内部类实现的。在此界面中输入某个客人的姓名，窗口即可显示该客人的各个基本信息，如图 3-11 所示。然后点击界面中的"删除"按钮，即可把该客人的信息删除，删除后显示"删除客人信息完成！"，如图 3-12 所示。本系统在数据库表中设置了外键约束，如果该客人有订单、餐饮或入住等记录，则不能删除该客人信息，当点击"删除"按钮时，将显示"删除客人信息失败！"的提示信息，如图 3-13 所示。删除成功后，所有客人信息中将不再有该客人的信息，如此处已没有客人"张婷"的信息，如图 3-14 所示。

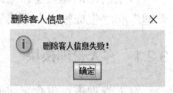

图 3-11 先查询要删除客人信息　　　图 3-12 删除客人信息完成　　　图 3-13 删除客人信息失败

图 3-14 查询界面中已经没有客人"张婷"的信息

3.2 功能模块设计

酒店管理系统包含了客人管理、餐饮管理、入住管理、订单管理、退房系统、生成报表、员工管理、帮助等功能模块，如图 3-15 所示。

图 3-15 酒店管理系统功能模块

在"客人管理"模块中，包含了注册、查看、删除客人信息等子功能模块。

在"餐饮管理"模块中，包含了登记、查看预订餐饮信息和登记、查看餐饮消费信息等子功能模块。

在"入住管理"模块中，包含了入住预订、查看入住预订和入住登记、查看入住登记等子功能模块。

在"订单管理"模块中，包含了增加、删除和查看订单信息等子功能模块。

在"退房系统"模块中，包含了退房、查看退房信息等子功能模块。

在"生成报表"模块中，包含了在指定的盘符下把订单信息生成 Excel 文档的功能模块。

在"员工管理"模块中，包含了注册、查询、删除员工信息等子功能模块。

在"帮助"模块中，包含了帮助窗口、切换普通登录、版权信息等子功能模块。

以上的功能模块窗口通过 JFrame 类的菜单组件来实现。下面以"客人管理"、"餐饮管理"和"生成报表"等模块为例，说明各个模块的功能。其他的模块与之类似。

3.2.1 客人管理模块

客人管理模块包含了注册、查看、删除客人信息等子功能模块。客人基本信息注册之后，就可进行餐饮预订、入住预订、退房等操作。用户可以在此模块下进行查看客人信息、删除客人信息等操作。如果在数据库表中已经有客人的相关记录，则无法删除客人信息。

3.2.2 餐饮管理模块

餐饮管理模块包含了登记、查看预订餐饮信息和登记、查看餐饮消费信息等子功能模块。已注册的客人可以进行餐饮预订，查看预订餐饮信息，登记、查看餐饮消费信息等操作。用户可以在此模块下进行和查看相关的操作。

3.2.3 生成报表模块

生成报表主要针对订单的情况进行输出，输出的文件是 Excel 文件。输出完成后，会提示一个消息，指明输出文件的位置和文件名，如图 3-16 所示。根据提示，找到具体的文件(在 D 盘下)，如图 3-17 所示。打开该 Excel 文件，其内容和数据库中的内容一致，如图 3-18、图 3-19 所示。

图 3-16 输出成功提示　　　　　　　图 3-17 输出文件的位置在 D 盘下

```
259
260 •   select * from GuestOrders;
261
```

ordersId	guestId	guestName	guestPhone	purchaseType	purchaseDate	purchaseAmount	userId
OR001	GI001	成蓝	1357895522	餐饮	2019-06-08	230	UI006
OR002	GI001	成蓝	1357895522	入住	2018-12-03	899	GI006
OR003	GI002	胡波	1808569323	入住	2019-05-19	258	GI005
OR004	GI006	陈丽丽	1359526940	餐饮	2019-07-26	1588	GI005
NULL	NULL	NULL	NULL	NULL	NULL	NULL	NULL

图 3-18　MySQL 中订单表的内容

	A	B	C	D	E	F	G	H	I
1	订单编号	客人编号	客人姓名	客人电话	消费类型	消费时间	消费金额	经办人	
2	OR001	GI001	成蓝	1357895522	餐饮	2019-06-08	230	UI006	
3	OR002	GI001	成蓝	1357895522	入住	2018-12-03	899	GI006	
4	OR003	GI002	胡波	1808569323	入住	2019-05-19	258	GI005	
5	OR004	GI006	陈丽丽	13595265940	餐饮	2019-07-26	1588	GI005	
6									
7						总订单金额	2975		
8									

图 3-19　输出 Excel 文件的内容

其他功能模块参考以上模块。

3.3　数据库设计

酒店管理系统数据库包含的表有登录用户信息表 userinfo、客人信息表 guestinfo、酒店房间信息表 hotel_room_info 等，视图包括管理员视图 userloginmainposition、客人入住预定登记视图 check_in_reserve_registration_view 等，具体的 MySQL 中的表和视图如图 3-20 所示。

图 3-20　MySQL 中酒店管理系统的表和视图

3.3.1　创建表

首先要在 MySQL 中进行数据表的创建，只有基本表建立起来，才能进行基于表的数据操作。基本表包括登录用户信息表、客人信息表、酒店房间信息表、客人入住预定登记表、客人入住登记表等。下面以客人信息表为例进行说明。

在客人信息表中，包含了客人编号、身份证号、姓名、性别、年龄、电话、是否 VIP 等信息，在设计这些信息的属性时需要考虑它们的数据类型，比如是可变长度字符还是固定长度字符，字符的长度是多少，年龄是否要用 INT 类型，等等，如图 3-21 所示。

Column Name	Datatype	PK	NN	UQ	B	UN	ZF	AI	G	Default/Expression
guestId	VARCHAR(30)	☑	☑	☐	☐	☐	☐	☐	☐	
guestIdentityCardId	VARCHAR(30)	☐	☐	☐	☐	☐	☐	☐	☐	NULL
guestName	VARCHAR(50)	☐	☑	☐	☐	☐	☐	☐	☐	
guestSex	VARCHAR(2)	☐	☐	☐	☐	☐	☐	☐	☐	NULL
guestAge	INT(11)	☐	☐	☐	☐	☐	☐	☐	☐	NULL
guestPhone	VARCHAR(30)	☐	☑	☐	☐	☐	☐	☐	☐	
VIP	VARCHAR(2)	☐	☐	☐	☐	☐	☐	☐	☐	NULL

图 3-21　客人信息表的结构

3.3.2　增加、删除、查询表数据

数据表创建完毕之后，就可以对基本表的数据进行增加、删除和查询操作了。在客人信息表中，可以添加如图 3-22 所示的数据。有了这些数据后，就可以进行数据的删除和查询操作了。在酒店管理系统中也有相应的功能支持表的数据更新和查询。

userId	userName	userSex	userAge	userPhone	userPosition
UI001	赵晓锋	男	37	13996225067	经理
UI002	高天	男	40	13425475542	主管
UI003	王楠	女	36	13631259006	管理员
UI004	任建国	男	32	13574522223	会计
UI005	钱盈盈	女	23	13463222322	收银员
UI006	吴迪	男	21	13356665007	服务员
UI007	范晓云	女	22	13212560075	服务员

图 3-22　客人信息表的数据

3.3.3　创建视图

为了更好地使用基本表的数据以及对表进行保护，酒店管理系统创建了相关的视图。例如：客人入住预定登记视图 check_in_reserve_registration_view，它把客人信息表和客人入住预定登记表结合起来，提供了面向用户的视图，用户可以直接对视图进行方便的查询。该视图的 SQL 脚本如图 3-23 所示。

```
1  CREATE
2      ALGORITHM = UNDEFINED
3      DEFINER = `root`@`localhost`
4      SQL SECURITY DEFINER
5  VIEW `check_in_reserve_registration_view` AS
6      SELECT
7          `gi`.`guestId` AS `guestId`,
8          `gi`.`guestName` AS `guestName`,
9          `gi`.`guestPhone` AS `guestPhone`,
10         `cirr`.`roomNumber` AS `roomNumber`,
11         `cirr`.`checkInreserveDate` AS `checkInreserveDate`,
12         `cirr`.`checkOutreserveDate` AS `checkOutreserveDate`
13     FROM
14         (`guestinfo` `gi`
15         JOIN `check_in_reserve_registration_table` `cirr`)
16     WHERE
17         (`gi`.`guestId` = `cirr`.`guestId`)
```

图 3-23　客人入住预定登记视图的 SQL 脚本

3.4　系统的目录结构

3.4.1　MVC 模式

MVC 模式用一种业务逻辑、数据、界面显示分离的方法组织代码。在酒店管理系统中，把应用程序的输入、处理和输出分开。MVC 应用程序被分成三个核心部件：模型、视图、控制器，它们各自处理自己的任务。

3.4.2　目录结构中的各个文件

酒店管理系统的目录结构包含 entity、model、view、utils 和 db 共五个部分。其中，entity 包里主要是有关各个基本表的实体类，model 包里对应功能模块的各个类，view 包里主要是与用户交互的窗口类，utils 包里有工具类，db 包里是与数据库相关的操作类。具体详见项目源码。系统的目录结构如图 3-24、图 3-25、图 3-26 所示。

图 3-24　系统的目录结构

```
∨ 🎛 com.hotelmanage.model
  > 🗾 AddEmployee.java
  > 🗾 AddGuest.java
  > 🗾 AddGuestOrder.java
  > 🗾 CateringConsume.java
  > 🗾 CateringReserve.java
  > 🗾 CheckInRegistration.java
  > 🗾 CheckInReserve.java
  > 🗾 CheckOutRoomRegistration.java
  > 🗾 DeleteEmployeeByName.java
  > 🗾 DeleteGuestByName.java
  > 🗾 DeleteOrderByName.java
  > 🗾 QueryAllEmployee.java
  > 🗾 QueryAllGuest.java
  > 🗾 QueryAllGuestOrders.java
  > 🗾 QueryCateringConsume.java
  > 🗾 QueryCateringReserveByName.java
  > 🗾 QueryCheckInRegistration.java
  > 🗾 QueryCheckInReserve.java
  > 🗾 QueryCheckOutRegistration.java
  > 🗾 QueryEmpInfoByName.java
  > 🗾 QueryGuestInfoByName.java
  > 🗾 QueryGuestOrderByName.java
  > 🗾 QueryNowCheckIn.java
```

图 3-25   model 包里的类

```
∨ 🎛 com.hotelmanage.entity
  > 🗾 CateringConsumeEntity.java
  > 🗾 CateringReserveEntity.java
  > 🗾 CheckIn.java
  > 🗾 CheckInReserveEntity.java
  > 🗾 CheckOut.java
  > 🗾 GuestInfo.java
  > 🗾 GuestOrdersEntity.java
  > 🗾 HotelRoom.java
  > 🗾 LoginUserCheck.java
  > 🗾 UserInfo.java
```

图 3-26   entity 包里的类

3.5　小　结

本章介绍了酒店管理系统的界面设计、功能模块设计、数据库设计和系统的目录结构设计；根据界面的需求去开发系统的各个功能模块，形成系统的目录结构；对目录结构的管理采用 MVC 模式；最后说明了各功能模块在 MVC 中的分布情况。

习　题　3

一、判断题

1．在界面中要显示出进度条效果，可以由 JProgressBar 进度条类的对象实现。（　　）

2．通常在数据库中创建视图是为了更好地使用基本表的数据以及对表的保护。（　　）

3．在 MySQL 中一般都需要进行数据表的创建，因为只有基本表建立起来，才能进行基于表的数据操作。　　　　　　　　　　　　　　　　　　　　　　　　（　　）

4．对基本表的数据操作包括增加、删除和查询等。　　　　　　　　　　　（　　）

5．MVC 只能用于 Java 编程中。　　　　　　　　　　　　　　　　　　　（　　）

二、问答题

1．什么是视图？

2．什么是 MVC 模式？

第4章

类的设计与实现

面向对象最关键的两个词汇是类与对象。类是具备某些共同特征的实体的集合,它是一种抽象的概念;类是一种抽象的数据类型,它是对具有相同特征实体的抽象;类是一个模板,描述类的行为和状态。软件对象也有状态和行为,软件对象的状态就是属性,行为通过方法体现,在软件开发中,方法操作对象内部状态的改变,对象的相互调用也通过方法来完成。

本章介绍 Java 类的设计与实现,主要内容包括类和对象的概念、类和对象的关系、类的定义、对象的创建、类的三大特征(封装、继承和多态)、抽象类和接口等。通过对这些内容的学习,可使读者深入理解 Java 这种面向对象语言的开发理念,把现实世界中的对象抽象地体现在编程世界中。

4.1 类 和 对 象

4.1.1 类和对象的概念

万物皆对象,对象的实质是属性和行为。看看周围真实的世界,我们会发现身边有很多对象,人、车、狗、书本、业务等都是对象,所有这些对象都有自己的属性和行为。拿一个人来举例,他的属性有:身份证号、姓名、性别、出生年月、住址、电话等;行为有:学习、工作、购买和运动等。所以对象就是真实世界中的实体,对象与实体是一一对应的,也就是说,现实世界中每一个实体都是一个对象,它是一种具体的概念。

对比现实对象和软件对象,它们之间十分相似。把现实世界中的对象抽象地体现在编程世界中,一个对象代表了某个具体的操作。一个个对象最终组成了完整的程序设计,这些对象可以是独立存在的,也可以是从别的对象那里继承过来的。对象之间通过相互作用传递信息,实现程序开发。

类是描述一组有相同特性(属性)和相同行为(方法)的对象的集合。对象或实体所拥有的特征在类中表示时称为类的属性。例如,每个人都具有姓名、性别和年龄,这是所有人共有的特征。但是每一个对象的属性值又各不相同,例如,小张和小王都具有出生年月这个属性,但是他们的出生年月是不同的。

对象执行的操作称为类的方法。例如,"人"这个对象都具有的行为是"学习",因此,"学习"就是"人"类的一个方法。

可以说，类是描述实体的"模板"和"原型"，它定义了属于这个类的对象所应该具有的属性和行为，比如一个人在学习，一个正在学习的人是类，它定义的信息有姓名(属性)和学习(方法)。

4.1.2 类和对象的关系

刚才说过，具有相同特性(属性)和行为(方法)的对象的抽象就是类，因此对象的抽象是类，类的具体化就是对象，也可以说：类的实例是对象。所以说，类是实体对象的概念模型，因此通常是笼统的、不具体的。

类是构造面向对象程序的基本单位，是抽取了同类对象的共同属性和方法所形成的对象或实体的"模板"，而对象是现实世界中实体的描述，对象要创建才存在，有了对象才能对其进行操作。类是对象的模板，对象是类的实例。表 4-1 给出了类和对象的更多示例。

表 4-1　类和对象的举例

类	对象
动物	一只 1 岁的小狗
	一只 2 岁的小猫
汽车	一辆蓝色的宝马轿车
	一辆白色的福特越野车
职员	一个 26 岁的女售房员
	一个 31 岁的男技术人员

在软件开发中，方法操作对象内部状态的改变，对象的相互调用也通过方法来完成。

4.2　类　的　定　义

4.2.1　成员变量

根据定义变量位置的不同，可以将变量分成两大类：成员变量(存在于堆内存中，和类一起创建)和局部变量(存在于栈内存中)。二者的运行机制存在较大差异。

成员变量是定义在类中、方法体之外的变量。这种变量会在创建对象的时候自动初始化。成员变量可以被类中的方法、构造方法和特定类的语句块访问。

【例 4-1】　Java 应用开发与实践\Java 源码\第 4 章\lesson4_1 \Demo4_1.java。

```
public class Person {
    public String pId;              // 成员变量
    public String name;             // 成员变量
    public int age;                 // 成员变量
```

```
public static void main(String[] args) {
        Person p1 = new Person();              // 成员变量创建对象 p1 的时候实例化
        Person p2 = new Person();              // 成员变量创建对象 p2 的时候实例化
        p1.pId = "500105198005184390";         // 成员变量赋值
        p1.name = "李成";
        p1.age = 39;
        p2.pId = "50010619921115068X";
        p2.name = "吴华";
        p2.age = 27;
        System.out.println("p1 的 id:"+p1.pId+",姓名:"+p1.name+",年龄:"+p1.age);
        System.out.println("p2 的 id:"+p2.pId+",姓名:"+p2.name+",年龄:"+p2.age);
    }
}
```

输出结果为

　　p1 的 id:500105198005184390, 姓名:李成,年龄:39

　　p2 的 id:50010619921115068X, 姓名:吴华,年龄:27

　　当程序执行"Person p1 = new Person();"语句时，如果这行代码是第一次使用 Person 类，则系统通常会在第一次使用 Person 类时加载这个类，并初始化这个类。在类的准备阶段，系统将会为该类的成员变量分配内存空间，并指定默认初始值。如果成员变量是 String 类型的，则被初始化为 null；如果是 int 类型，则被初始化为 0。当 Person 类初始化完成后，系统内存中的存储示意图如图 4-1 所示。

　　当程序执行"p1.pId = "500105198005184390";"语句时，p1 对象的 pId 成员变量被赋值为 500105198005184390，对象 p1 其他的成员变量也被赋值，此时，系统内存中的存储示意图如图 4-2 所示。对象 p2 的初始化及成员变量的赋值和 p1 类似。

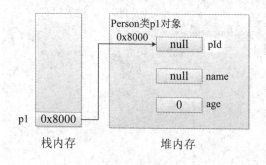

图 4-1　p1 对象初始化后的内存示意图

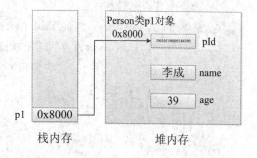

图 4-2　p1 对象成员变量赋值后的内存示意图

4.2.2　成员方法

　　在 Java 中，方法只能作为类的成员，称为成员方法，成员方法描述对象所具有功能或行为，是具有某种相对独立功能的程序模块，其作用主要是操作类自身属性。大多数情况下，程序的其他部分都是通过类的方法和其他类的实例进行交互的。

成员方法根据有无返回值和有无形式参数划分为四种：无参无返回(void 类型)的方法、无参有明确返回值的方法、带参无返回(void 类型)的方法、带参有明确返回值的方法。

【例 4-2】 Java 应用开发与实践\Java 源码\第 4 章\lesson4_2 \Demo4_2.java。

```java
class Person {
    public String pId;
    public String name;
    public int age;

    // 无参无返回(void 类型)
    public void eat() {
        System.out.println("无参无返回(void 类型)：我在吃饭");
    }

    // 无参有明确返回值
    public String study() {
        return "无参有明确返回值：我在学习 java 程序。";
    }

    // 带参无返回(void 类型)
    public void getSalary(float basicSalary, float moneyAward) {
        float salary = basicSalary + moneyAward;
        System.out.println("带参无返回(void 类型)：我的工资是" + salary);
    }

    // 带参有明确返回值
    public float purchase(String mall, float money, String commodit) {
        System.out.println("带参有明确返回值：我在" + mall + "花费了" + money +
                        "购买了"+ commodit);
        return money;
    }
}

public class Demo4_2 {
    public static void main(String[] args) {
        Person p1 = new Person();
        Person p2 = new Person();
        p1.pId = "500105198005184390";
        p2.pId = "50010619921115068X";
        p1.name = "李成";
```

```
            p2.name = "吴华";

            p1.age = 39;

            p2.age = 27;

            p1.eat();

            System.out.println(p1.study());

            p1.getSalary(2000f, 2500f);

            System.out.println("我今天消费了" + p1.purchase("网上商城", 200, "衣服") + "元。");

        }

    }
```

输出结果为

无参无返回(void 类型)：我在吃饭

无参有明确返回值：我在学习 java 程序。

带参无返回(void 类型)：我的工资是 4500.0

带参有明确返回值：我在网上商城花费了 200.0 购买了衣服

我今天消费了 200.0 元。

4.2.3 构造方法

在 Java 中，对象的成员在被使用前都必须先设置初值，Java 提供了为类的成员变量赋初值的专门方法——构造方法。

构造方法是一种特殊的方法，它是一个与类同名、没有返回值、也不需要 void 的方法。对象的创建通过构造方法来完成。当类实例化一个对象时会自动调用构造方法。新建对象时，都是用构造方法进行实例化的。例如：

    Test test = new Test("a");

其中，Test("a")就是构造函数，"a"为构造方法的实际参数。

如果程序中没有定义任何构造方法，则系统会定义一个不带任何参数的构造方法，它被称为默认构造方法。

所以，构造方法就是用来在生成实例时由系统自动调用的，程序员无法直接调用。子类继承父类后默认继承父类的构造方法，即子类存在隐含方法 super()，如果子类重写构造函数则子类也隐含调用 super()。

构造方法分为两种：无参构造方法和有参构造方法。构造方法可以被重载。与一般的方法一样，构造方法可以进行任何活动，但是经常将它设计为进行各种初始化活动，比如初始化对象的属性。

【例 4-3】 Java 应用开发与实践\Java 源码\第 4 章\lesson4_3 \Demo4_3.java。

```
public class Demo4_3 {

    public static void main(String[] args) {

        Person p1 = new Person();

        Person p2 = new Person();

        Person p3=new Person("500105199510013307", "陈东", 25)
```

```
        System.out.println("赋值前，对象 p1 的身份证号：" + p1.pId + ",姓名：" + p1.name
                        + ",年龄：" + p1.age);
        System.out.println("赋值前，对象 p2 的身份证号：" + p2.pId + ",姓名：" + p2.name
                        + ",年龄：" + p2.age);
        p1.pId = "500105198005184390";
        p2.pId = "50010619921115068X";
        p1.name = "李成";
        p2.name = "吴华";
        p1.age = 39;
        p2.age = 27;
        System.out.println("赋值后，对象 p1 的身份证号：" + p1.pId + ",姓名： " + p1.name
                        + ",年龄： " + p1.age);
        System.out.println("赋值后，对象 p2 的身份证号：" + p2.pId + ",姓名： " + p2.name
                        + ",年龄： " + p2.age);
        System.out.println("对象 p3 的身份证号：" + p3.pId + ",姓名： " + p3.name
                        + ",年龄： " + p3.age);
    }
}

class Person {
    public String pId;
    public String name;
    public int age;

    // 无参构造方法
    public Person() {
        pId = "500231199001010000";
        name = "张三";
        age = 29;
    }

    // 有参构造方法
    public Person(String pId, String name, int age) {
        super();
        this.pId = pId;
        this.name = name;
        this.age = age;
    }
}
```

输出结果为

赋值前，对象 p1 的身份证号：500231199001010000,姓名：张三,年龄：29

赋值前，对象 p2 的身份证号：500231199001010000,姓名：张三,年龄：29

赋值后，对象 p1 的身份证号：500105198005184390,姓名：李成,年龄：39

赋值后，对象 p2 的身份证号：50010619921115068X,姓名：吴华,年龄：27

对象 p3 的身份证号：500105199510013307,姓名：陈东,年龄：25

4.3 对象的创建

4.3.1 对象的创建及初始化

在 Java 中，一个对象在可以被使用之前必须要被正确地初始化，这一点是 Java 规范规定的。在实例化一个对象时，JVM 首先会检查相关类型是否已经加载并初始化，如果没有，则 JVM 立即进行加载并调用类的构造方法完成类的初始化。在类初始化过程中或初始化完毕后，根据具体情况才会去对类进行实例化。

一个 Java 对象的创建过程往往包括类初始化和类实例化两个阶段。在 Java 代码中，有很多方式可以引起对象的创建，最常见的一种就是使用 new 关键字来调用一个类的构造函数显式地创建对象，这种方式在 Java 规范中被称为"由执行类实例创建表达式而引起的对象创建"。除此之外，还可以使用反射机制(Class 类的 newInstance 方法、Constructor 类的 newInstance 方法)、Clone 方法、反序列化等方式创建对象。本节介绍使用 new 关键字创建对象的方法。如例 4-3 中的语句：

```
Person p1 = new Person();

Person p2 = new Person();
```

通过这种方式也可以调用有参的构造方法去创建对象，如上例中的对象 p3 的创建。

```
Person p3 = new Person("500105199510013307", "陈东",25);
```

根据 Person 构造出的每一个对象都是独立存在的，每个对象都保存有自己独立的成员变量，相互不会影响。内存示意图如图 4-3 所示。

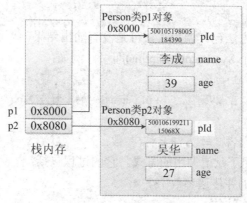

图 4-3 Person 各个对象独立的成员变量的内存示意图

从图 4-3 中可以看出，p1 和 p2 两个变量引用的对象分别存储在内存中堆区域的不同地址中，所以它们之间相互不会干扰。对象的成员属性都由每个对象自己保存，那么它们的方法呢？实际上，不论一个类创建了几个对象，它们的方法都是一样的：Person 两个对象的方法实际上只是指向了同一个方法定义。这个方法定义位于内存中的一块不变区域(由 JVM 划分)，即静态存储区。多个对象仅会对应同一个方法，不管有多少对象，它们的方法总是相同的，尽管最后的输出会有所不同，即不同的对象去调用同一个方法，结果会不尽相同。内存示意图如图 4-4 所示。

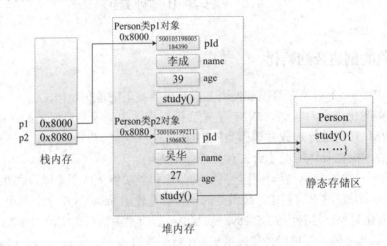

图 4-4　Person 各个对象的方法定义的内存示意图

4.3.2　方法的调用

Java 的方法定义好了之后，需要进行方法的调用，通常有两种调用格式。

(1) 单独调用：

　　　方法名称(参数);

例如：

```
p1.eat();

p1.getSalary(2000f, 2500f);
```

在上面的语句中，方法已经调用了，可是没有输出结果。要解决这个问题，只需要在单独调用的前面加上一个 System.out.println()即可。例如：

```
System.out.println(p1.study());

System.out.println("我今天消费了" + p1.purchase("网上商城", 200, "衣服") + "元。");
```

(2) 赋值调用：

　　　数据类型　变量名称　=　方法名称(参数);

例 4-4 的代码就说明了赋值调用的方式。它的过程包括：

• 调用方法 getArea()并传递参数 13，4。

• 执行 getArea()的方法体。

• 返回值回到方法的调用处，赋值给变量 result。

【例 4-4】 Java 应用开发与实践\Java 源码\第 4 章\lesson4_4 \Demo4_4.java。

```java
public class Demo4_4 {
    public static void main(String[] args) {
        int result = RectangleArea.getArea(13, 4);// 赋值调用
        System.out.println("area:" + result);
    }
}


class RectangleArea {
    public static int getArea(int width, int heigth) {
        System.out.println("此方法计算矩形的面积");
        int area = width * heigth;
        return area;
    }
}
```

输出结果为

此方法计算矩形的面积

area:52

需要注意的是：如果方法是非静态方法，即没有 static 修饰的方法，就通过对象名来调用；如果方法是静态方法，即用 static 修饰的方法，就通过类名来调用。

4.3.3 this 关键字

this 关键字是 Java 常用的关键字，可用于任何实例方法内，可指向当前对象，也可指向对其调用当前方法的对象，或者在需要当前类型对象引用时使用。另外，当一个类的属性(成员变量)名与访问该属性的方法参数名相同时，则需要使用 this 关键字来访问类中的属性，以区分类的属性和方法中的参数。

例如：有一个职员类 Staff 的定义如下：

```java
public class Staff {
    private String name;     // 职员姓名
    private double salary;    // 工资
    private int age;         // 年龄

    public Staff(String name, double salary, int age) {
        super();
        this.name = name;
        this.salary = salary;
        this.age = age;
    }
}
```

在上述代码中，name、salary 和 age 的作用域是 private，因此在类外部无法对它们的值进行设置。为了解决这个问题，可以为 Staff 类添加一个构造方法，然后在构造方法中传递参数进行修改。

在 Staff 类的构造方法中使用了 this 关键字对属性 name、salary 和 age 赋值，this 表示当前对象。"this.name=name" 语句表示一个赋值语句，等号左边的 this.name 是指当前对象具有的变量 name，等号右边的 name 表示参数传递过来的数值。

下面创建一个 main()方法对 Staff 类进行测试，代码如例 4-5 所示。

【例 4-5】　Java 应用开发与实践\Java 源码\第 4 章\lesson4_5 \Demo4_5.java。

```java
public class Demo4_5 {
    public static void main(String[] args) {
        Staff staff = new Staff("李成", 3000.0, 27);
        System.out.println("职员信息如下：");
        System.out.println("职员名称：" + staff.name + "\n 职员工资：" + staff.salary
                + "\n 职员年龄：" + staff.age);

    }
}
```

输出结果为

职员信息如下：

职员名称：李成

职员工资：3000.0

职员年龄：27

4.3.4　static 关键字

static 关键字主要用于内存管理。它主要在成员变量、成员方法、块和内部类中使用。static 关键字属于类，但不是类的实例。

1．修饰成员变量

static 最常用的功能就是修饰类的属性和方法，让它们成为类的成员属性和方法，通常将用 static 修饰的成员称为类成员或者静态成员。相对而言，非静态的对象的属性和方法就叫实例成员或非静态成员。

【例 4-6】　Java 应用开发与实践\Java 源码\第 4 章\lesson4_6 \Demo4_6.java。

```java
public class Demo4_6 {
    public static void main(String[] args) {
        Person p1 = new Person();
        Person p2 = new Person();
        p1.pId = "500105198005184390";
        p2.pId = "50010619921115068X";
        p1.name = "李成";
        p2.name = "吴华";
```

```
        p1.age = 39;
        p2.age = 27;
        System.out.println("赋值后，对象 p1 的身份证号： " + p1.pId + ",姓名： " + p1.name
                        + ",年龄： " + p1.age);
        System.out.println("赋值后，对象 p2 的身份证号： " + p2.pId + ",姓名： " + p2.name
                        + ",年龄： " + p2.age);
    }
}

class Person {
    String pId;
    String name;
    static int age;

    // 无参构造方法
    public Person() {
        pId = "500231199001010000";
        name = "张三";
        age = 29;
    }
}
```

输出结果为

赋值后，对象 p1 的身份证号：500105198005184390,姓名：李成,年龄：27

赋值后，对象 p2 的身份证号：50010619921115068X,姓名：吴华,年龄：27

在例 4-6 中，当把 age 定义为 static 后，结果发生了一点变化，在给 p2 的 age 属性赋值时，干扰了 p1 的 age 属性。这是为什么呢？我们还是来看它们在内存中的示意：给 age 属性加了 static 关键字之后，Person 对象 p1、p2 就不再拥有 age 属性了，age 属性会统一交给 Person 类去管理，即多个 Person 对象只会对应一个 age 属性，一个对象如果对 age 属性做了改变，其他的对象都会受到影响。Person 各个对象的静态成员变量如图 4-5 所示。

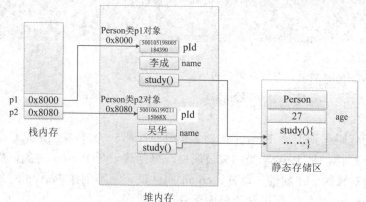

图 4-5　Person 各个对象的静态成员变量

下面将例 4-6 修改一下，添加统计人数的成员变量 count，设置其为静态变量，其他三个成员变量均为非静态变量。

【例 4-7】 Java 应用开发与实践\Java 源码\第 4 章\lesson4_7 \Demo4_7.java。

```java
public class Demo4_7 {
    public static void main(String[] args) {
        Person p1 = new Person();
        p1.name = "李成";
        p1.age = 39;
        System.out.println("p1    编号: " + p1.pId + ",姓名: " + p1.name + ",年龄: "+ p1.age);
        Person p2 = new Person();
        p2.name = "吴华";
        p2.age = 27;
        System.out.println("p2    编号: " + p2.pId + ",姓名: " + p2.name + ",年龄: "+ p2.age);
        System.out.println("总人数: " + Person.count);
    }
}


class Person {
    int pId;
    String name;
    int age;
    static int count = 0; // 人数

    // 无参构造方法
    public Person() {
        pId = ++count;
        name = "张三";
        age = 29;
    }
}
```

输出结果为

p1   编号: 1,姓名: 李成,年龄: 39

p2   编号: 2,姓名: 吴华,年龄: 27

总人数: 2

例 4-7 的代码起到了给 Person 的对象创建一个唯一 pId 以及记录总数的作用，其中 count 由 static 修饰，是 Person 类的成员属性，每创建一个 Person 对象，就会使该属性自加 1 然后赋给对象的 pId 属性，这样，count 属性就记录了创建 Person 对象的总数，因为 count 使用了 private 修饰，所以从类外面无法随意改变。

2．修饰成员方法

static 的另一个作用，就是修饰成员方法。相比于修饰成员属性，修饰成员方法对于数据的存储并不会产生多大的影响，因为方法本来就是存放在类的定义当中的。static 修饰成员方法的最大作用，就是可以使用"类名.方法名"的方式操作方法，避免了要先创建对象的繁琐和资源消耗。

【例 4-8】 Java 应用开发与实践\Java 源码\第 4 章\lesson4_8 \Demo4_8.java。

```java
public class Demo4_8 {
    public static void main(String[] args) {
        PrintHelper.print("Hello world");
    }
}


class PrintHelper {
    public static void print(Object o) {
        System.out.println(o);
    }
}
```

输出结果为

Hello world

static 修饰的方法称为类的方法，相当于定义了一个全局的函数(只要导入该类所在的包即可)。不过它也有使用的局限：在一个 static 修饰的方法中，不能使用非 static 修饰的成员变量，也不能调用非 static 修饰的方法，这是因为 static 修饰的方法是属于类的，如果直接使用对象的成员变量，它会"不知所措"(不知该使用哪一个对象的属性)，但是反过来，非 static 修饰的方法可以调用 static 修饰的成员变量和方法。

3．静态块

在说明 static 关键字的第三个用法时，我们有必要重新梳理一下一个对象的初始化过程。

【例 4-9】 Java 应用开发与实践\Java 源码\第 4 章\lesson4_9 \Demo4_9.java。

```java
public class Demo4_9 {
    public static void main(String[] args) {
        Student p1 = new Student("s1 初始化");
    }
}


class Book {
    public Book(String str) {
        System.out.println(str);
```

```
        }
    }

class Student {
    Book book1 = new Book("book1 成员变量初始化");
    static Book book2 = new Book("book2 成员变量(static 成员)初始化");

    public Student(String msg) {
            System.out.println(msg);
    }

    Book book3 = new Book("book3 成员变量初始化");
    static Book book4 = new Book("book4 成员变量(static 成员)初始化");
    static {
            System.out.println("我是 Student 的静态代码块");
    }
}
```

输出结果为

　　book2 成员变量(static 成员)初始化

　　book4 成员变量(static 成员)初始化

　　我是 Student 的静态代码块

　　book1 成员变量初始化

　　book3 成员变量初始化

　　s1 初始化

　　在例 4-9 中，Student 类中组合了四个 Book 成员变量，两个是普通成员，两个是 static 修饰的类成员。可以看到，当创建一个 Student 对象时，static 修饰的成员变量首先被初始化，随后是普通成员，最后调用 Person 类的构造方法完成初始化。也就是说，在创建对象时，static 修饰的成员会首先被初始化。而且还可以看到，如果有多个 static 修饰的成员，那么会按照它们的先后位置进行初始化。

4.3.5　对象的生命周期

　　自然界的任何生物都有一个从产生到消亡的过程，Java 也是如此。当 Java 源代码编译成 class 文件被 JVM 的类加载器装载到内存中后，也会经历一个从产生到消亡的过程。通常来说，Java 对象的生命周期包含了 Java 类的初始化、对象的创建与初始化、对象的销毁等主要阶段。

1. Java 类的初始化

　　之前提到过类的几种成员，包含成员变量、方法、构造方法和静态代码块，其中静态代码块和静态属性(也就是 static 修饰的成员变量)在类第一次被真正使用时，JVM 会对其按照出现的顺序执行初始化，而且该类初始化之前，它的直接父类会先被初始化。

2．对象的创建与初始化

创建对象的方式有以下几种：

• 用 new 语句调用构造方法来创建。

• 使用反射，调用 java.lang.Class 或 java.lang.reflect.Constructor 的 newInstance()实例方法来创建。

• 调用对象的 clone()方法来创建。

• 使用反序列化手段，调用 java.io.ObjectInputStream 对象的 readObject()方法来创建。

Java 一般都使用 new 语句调用构造方法来实例化对象。例如：

```
Person p1 = new Person();
```

不管采取哪种方式创建对象，JVM 创建一个对象都包含以下步骤：

• 给对象分配内存。

• 将对象的实例变量自动初始化为其类型的默认值。

• 初始化对象，给实例变量赋予正确的初始值。

3．对象的销毁

Java 中的对象什么时候会被销毁呢？当对象的生命周期结束时，分配给对象的内存地址将会被回收。Java 自带垃圾回收机制，会自动识别内存中不再会被使用的对象并将其销毁，释放内存。

finalize()的使用：在 Java 中每个被分配了内存的对象最终都要被清理的，那么当系统不能准确地判断并释放这些对象时，就需要程序员在这个对象的类里面创建一个 finalize()方法，该方法告诉程序当满足一个特定的条件时，就释放对象。例如文件流，最终需要将流关闭，才能实现内存的释放。

需要注意的是：垃圾回收和 finalize()方法不保证一定会发生，如 Java 虚拟机内存消耗殆尽时，它是不会执行垃圾回收的。因此，Java 提供了 System.gc()方法强制启动垃圾回收器。

4.4　封装、继承和多态

4.4.1　类及类成员的访问修饰符和其他修饰符

Java 通过访问修饰符来控制类的属性和方法的访问权限以及其他功能，一般放在语句的最前端。Java 的修饰符有很多，分为访问修饰符和非访问修饰符。其中访问修饰符也叫访问控制符，是指能够控制类、成员变量、方法的使用权限的关键字。访问控制符是一个很重要的概念，可以使用它来保护对类、变量、方法以及构造方法的访问。访问控制符共有下面四种：

• public(公共的)：公共的访问权限，所有类都能访问。

• default(缺省的)：在当前包内可访问。

- protected：在当前类和它的子类中可访问。
- private：在当前类中可访问。

【例 4-10】 Java 应用开发与实践\Java 源码\第 4 章\lesson4_10 \Demo4_10.java。

```java
public class Demo4_10 {    // public 修饰符:公共的, 放在类是前面修饰类, 表明这个类是
                           //公开的, 不同包的其他类也可以访问

                           //main 方法的修饰符表明了 main 是公共的、静态的、无返回值,
                           //有一个 String[]类型的参数 args
    public static void main(String[] args) {
        Employee em1 = new Employee();
        //em1.id = "em001";   //错, id 是类 Employee 私有的成员, 类 Demo4_10 不能访问
        System.out.println(em1.name);
        System.out.println(em1.age);
        System.out.println(Employee.count);
    }
}

class Employee{
    private String id; // private 修饰符:私有的, 成员变量 id 是私有的, 只能在这个类中访问,
                //  其他类不能访问
    String name = "张三";   //default 修饰符:缺省的, 即不写任何修饰符, 表示成员变量 name
                //只是在同一包中可见
    protected int age = 20;// protected 修饰符表明这个属性是受保护的, 只能在这个包中访问
    public static final int count = 0; //public 修饰符:公共的, 放在这里表明成员变量 count 是
                //公开的, 不同包的其他类也可以访问
}
```

输出结果为

张三

20

0

4.4.2 封装

封装是把过程和数据封闭起来以避免外界直接访问，外界只能通过已定义的接口实现对数据的访问。封装是一种信息隐藏技术，在 Java 中通过关键字 private 实现封装。简单地说，封装实际上是将类的数据隐藏起来，并使用方法来控制用户对类的修改和访问数据的程度。

封装的优点在于它可以隐藏私有数据，让使用者只能通过公共的访问方法来访问这些字段。只需要在这些方法中增加逻辑控制，限制对数据的不合理访问，就能方便数据检查，有利于保护对象信息的完整性。另外，封装还便于修改代码，提高代码的可维护性。通常为

了实现良好的封装，需要从两个方面考虑：把字段(成员变量)和实现细节隐藏起来，不允许外部直接访问；把方法暴露出来，让方法控制这些成员变量进行安全的访问和操作。

在上一小节讨论了四种访问控制符 public、default、protected 和 private，实现封装需要它们，因为它们提供了对成员变量和方法各种不同的访问权限。例 4-11 说明了四种访问控制符的用法与范围。

【例 4-11】 Java 应用开发与实践\Java 源码\第 4 章\lesson4_11 \Demo4_11.java。

```java
class UniversityStudent {
    private String id;              //学号
    private String name;            //姓名
    private int age;                //年龄
    private String professional;    //专业
    private String academy;         //学院
    public UniversityStudent(String id, String name, int age, String professional, String academy) {
        super();
        this.id = id;
        this.name = name;
        this.age = age;
        this.professional = professional;
        this.academy = academy;
    }
    public String getId() {
        return id;
    }
    public void setId(String id) {
        this.id = id;
    }
    public String getName() {
        return name;
    }
    public void setName(String name) {
        this.name = name;
    }
    public int getAge() {
        return age;
    }
    public void setAge(int age) {
        this.age = age;
    }
    public String getProfessional() {
        return professional;
```

```
        }
        public void setProfessional(String professional) {
                this.professional = professional;
        }
        public String getAcademy() {
                return academy;
        }
        public void setAcademy(String academy) {
                this.academy = academy;
        }
        public void study(String semester){
                System.out.println("姓名: "+name);
                System.out.println("所在学期: "+semester);
                System.out.println("学习学院和专业: "+academy+" "+professional+"专业");
        }
}

public class Demo4_11 {
    public static void main(String[] args) {
        UniversityStudent stu1 = new UniversityStudent("2018103001","张三",20,"软件工程",
                        "计算机学院");
        stu1.study("第一学期");
        System.out.println("=============================");
        UniversityStudent stu2 = new UniversityStudent("2018208005","李四",19,"工商管理",
                        "工商学院");
        stu2.study("第三学期");
        System.out.println("=============================");
    }
}
```

输出结果为

姓名: 张三

所在学期: 第一学期

学习学院和专业: 计算机学院 软件工程专业

=================================

姓名: 李四

所在学期: 第三学期

学习学院和专业: 工商学院 工商管理专业

=================================

在定义类 UniversityStudent 时，把它的成员变量 id、name、age、professional、academy 设置为私有成员，这样其他的类对象就无法直接访问这些成员变量，从而保证了成员变量的正确性和完整性；getId()、setId()等方法提供了对成员变量的公共访问接口，实现了对成员变量的查询和修改。如果需要对不同的访问者设置不同的访问权限，则需要设置方法的访问控制符。

4.4.3 继承的实现

可以说继承(inheritance)是面向对象最显著的一个特性。Java 继承是一种使用已存在的类的定义作为基础去建立新类的技术，新类的定义可以增加新的数据或新的功能，也可以用父类的功能。这种技术使得复用以前的代码非常容易，能够大大缩短开发周期，降低开发费用。简单地说，继承就是子类继承父类的特征和行为，使得子类对象具有父类的特征，或子类从父类继承方法，使得子类具有父类相同的行为。

继承是面向对象的重要概念。继承是除组合之外，提高代码重复可用性的另一种重要方式。在现实世界中，继承的例子比比皆是：学生类(class Student)可以从人类(class Person)继承，而大学生类(class UniversityStudent)可以从学生类继承；福特车(class Ford)可以从小汽车类(class Car)继承，奥迪车(class Audi)也可以从小汽车类(class Car)继承；绘本书(class PictureBook)可以从书类(class Book)继承，文字书(class Text book)也可以从书类(class Book)继承。

继承的主要作用在于在已有基础上(父类已经定义好)继续进行功能的扩充。它使用extends 关键字。

【例 4-12】 Java 应用开发与实践\Java 源码\第 4 章\lesson4_12 \Demo4_12.java。

```java
class Car {
    String name;          // 名字
    String color;         // 颜色
    int wheel;            // 轮子数

    public void run() {
        System.out.println(name + "开动了!");
    }

    public void stop() {
        System.out.println(name + "停下了!");
    }
}

class Ford extends Car {
    int speed = 100;
    public void accelerate(double seconds) {
        System.out.println("这辆"+wheel+"轮"+color+name+"只需要" + seconds +
            "秒就可以加速到" + speed + "公里");
```

```
        }
    }

class Audi extends Car {
    int speed = 100;
    public void accelerate(double seconds) {
            System.out.println("这辆"+wheel+"轮"+color+name+"只需要" + seconds +
                            "秒就可以加速到" + speed + "公里");

    }
}

public class Demo4_12 {
    public static void main(String[] args) {
            Ford ford = new Ford();
            ford.name = "福特";
            ford.color="蓝色";
            ford.wheel=4;
            ford.accelerate(10.8);
            ford.run();
            Audi audi = new Audi();
            audi.name = "奥迪";
            audi.color="红色";
            audi.wheel=4;
            audi.accelerate(5.3);
            audi.stop();
    }
}
```

输出结果为

这辆 4 轮蓝色福特只需要 10.8 秒就可以加速到 100 公里

福特开动了!

这辆 4 轮红色奥迪只需要 5.3 秒就可以加速到 100 公里

奥迪停下了!

作为子类的 Ford 和 Audi 继承了父类 Car 的 name、color、wheel 属性和 run()、stop() 两个方法，因此可以直接用子类的对象去调用。另外，Ford 和 Audi 定义了自己的方法 accelerate(double seconds)，并且通过 seconds 这个形式参数接收从 main 方法里调用 accelerate 时传递过来的实际参数 10.8 和 5.3。

下面把例 4-12 进一步修改为例 4-13。

【例 4-13】 Java 应用开发与实践\Java 源码\第 4 章\lesson4_13 \Demo4_13.java。

```java
class Car {
    String name;    // 名字
    String color;   // 颜色
    int wheel;      // 轮子数

    public void run() {
        System.out.println(name + "开动了!");
    }

    public void stop() {
        System.out.println(name + "停下了!");
    }
}

class Ford extends Car {
    int speed = 100;

    public void accelerate(double seconds) {
        System.out.println("这辆" + wheel + "轮" + color + name + "只需要" + seconds +
                "秒就可以加速到" + speed + "公里");
    }

    public void run() {
        System.out.println(name + "开得很快!它的速度是" + speed + "公里/小时");
    }
}

class Audi extends Car {
    int speed = 100;

    public void accelerate(double seconds) {
        System.out.println("这辆" + wheel + "轮" + color + name + "只需要" + seconds +
                "秒就可以加速到" + speed + "公里");
    }

    public void run() {
        System.out.println(name + "开得很快!它的速度是 120 公里/小时");
    }
}
```

```
public class Demo4_13 {

    public static void main(String[] args) {
        Ford ford = new Ford();
        ford.name = "福特";
        ford.color = "蓝色";
        ford.wheel = 4;
        ford.accelerate(10.8);
        ford.run();
        Audi audi = new Audi();
        audi.name = "奥迪";
        audi.color = "红色";
        audi.wheel = 4;
        audi.accelerate(5.3);
        audi.run();
    }
}
```

输出结果为

这辆 4 轮蓝色福特只需要 10.8 秒就可以加速到 100 公里

福特开得很快!它的速度是 100 公里/小时

这辆 4 轮红色奥迪只需要 5.3 秒就可以加速到 100 公里

奥迪开得很快!它的速度是 120 公里/小时

对比例 4-12 和例 4-13,不难发现,同样是子类对象 ford 调用 run()方法,在例 4-12 里调用的是父类的 run()方法,在例 4-13 里调用的是子类自己的 run()方法。这就涉及方法的覆盖。

4.4.4 多态——方法覆盖与方法重载

在 Java 中有两种类型的多态性:编译时的多态性和运行时的多态性。我们可以通过方法覆盖和方法重载在 Java 中执行多态性。多态允许不同类的对象对同一消息作出响应,即同一消息可以根据发送对象的不同而采用多种不同的行为方式。

覆盖发生在父类和子类之间。当子类发现继承自父类的成员变量或方法不满足自己的要求时,就会对其重新定义。当子类的成员变量与父类的成员变量同名时(声明的类型可以不同),子类的成员变量会隐藏父类的成员变量;当子类的方法与父类的方法具有相同的名字、参数列表、返回值类型时,子类的方法就会重写(override)父类的方法(也叫作方法的覆盖)。方法的覆盖是动态多态性的表现,如例 4-14 所示的代码就涉及方法的覆盖。

【例 4-14】 Java 应用开发与实践\Java 源码\第 4 章\lesson4_14 \Demo4_14.java。

```
class Employee {          // 员工类(父类)
    String name;
```

```java
    int salary;            // 父类中定义 salary 成员变量

    public Employee() {    // 无参构造方法

    }

    public Employee(String name, int salary) { // 含有两个参数的构造方法
        this.name = name;
        this.salary = salary;
    }

    public void printInfo() { // 输出员工的相关信息
        System.out.println("员工姓名:" + name + "    " + "员工工资:" + salary);
    }
}

class Manager extends Employee { // 经理类(子类)
    double salary;             // 子类中定义 salary 成员变量，隐藏了父类的 salary 成员变量
    String department;         // 父类没有定义，子类具有的成员变量

    public Manager() {         // 无参构造方法
    }

    // 含有 3 个参数的构造方法
    public Manager(String name, double salary, String department) {
        this.name = name;        // 使用从父类继承的 name 属性
        this.salary = salary;    // 子类自己的成员变量
        this.department = department;
    }

    // 对父类的 printInfo()进行重写、输出管理者的信息
    public void printInfo() {
        System.out.println("经理姓名:" + name + "    " + "经理部门:" + department +
                           "    " + "经理工资:" + salary);
    }
}

public class Demo4_14 {
    public static void main(String[] args) {
```

```
        Employee em = new Employee("张三", 2500);
        em.printInfo();
        System.out.println("em.salary=" + em.salary);
        Manager mg1 = new Manager("李四", 6568.5, "采购部");
        mg1.printInfo();
        System.out.println("mg1.salary=" + mg1.salary);
        Manager mg2 = new Manager("王五", 7845.2, "市场部");
        mg2.printInfo();
        System.out.println("mg2.salary=" + mg2.salary);
    }
}
```

输出结果为

员工姓名: 张三　员工工资: 2500

em.salary=2500

经理姓名: 李四　经理部门: 采购部　经理工资: 6568.5

mg1.salary=6568.5

经理姓名: 王五　经理部门: 市场部　经理工资: 7845.2

mg2.salary=7845.2

需要注意的是，Java 发生方法覆盖必须具备以下三个条件：

- 发生在父类和子类之间。
- 必须具有相同的方法名、相同的返回值类型和相同的参数列表。
- 子类重写的方法不能比被重写的方法拥有更低的访问权限。

还要注意的是，私有的方法不能被覆盖；构造方法无法覆盖。因为构造方法无法继承；静态的方法不存在覆盖。

方法的重载是指在一个类中定义多个同名的方法，但要求每个方法具有不同的参数类型或参数个数。调用重载方法时，Java 编译器能通过检查调用的方法的参数类型和个数选择一个恰当的方法。方法重载通常用于创建完成一组任务相似但参数类型或参数个数或参数顺序不同的方法。也就是说，Java 的方法重载，就是在类中可以创建多个方法，它们可以有相同的名字，但必须具有不同的参数，即或者是参数的个数不同，或者是参数的类型不同。调用方法时通过传递给它们的不同个数和不同类型的参数，以及传入参数的顺序来决定具体使用哪个方法。例如，System.out.println(参数)这个方法，编译器根据不同的参数来确定调用哪个 println()方法。

【例 4-15】 Java 应用开发与实践\Java 源码\第 4 章\lesson4_15 \Demo4_15.java。

```
public class Demo4_15 {

    static int add(int a, int b) {
        return a + b;
    }
```

```
        static int add(int a, int b, int c) {

                return a + b + c;

        }


        public static void main(String[] args) {

                System.out.println(add(3, 4));

                System.out.println(add(5, 6, 7));

        }

    }
```

输出结果为

7

18

由此可见，方法的重载涉及同一个类中的方法，要求方法名相同，但是参数列表不同，即参数类型、参数个数、参数顺序至少有一项不相同。另外，重载的方法的返回值可以不同，方法的修饰符也可以不同。

4.4.5　包

在大的软件公司，一个项目往往有很多程序员参与开发。为了更好地定义和组织类，Java 提供了包机制，用来区别类名的命名空间。通常把功能相似或相关的类或接口组织在同一个包中，方便类的查找和使用。同文件夹一样，包也采用了树形目录的存储方式。同一个包中的类名是不同的，不同包中的类的名字是可以相同的，当同时调用两个不同包中相同类名的类时，应该加上包名加以区别。因此，包可以避免名字冲突。包还有一个作用，就是限定访问权限，拥有某个包访问权限的类才能访问该包中的类。

声明包的语法格式为

```
    package pkg1[.  pkg2[.  pkg3···]];
```

注意：包的定义必须放在 Java 源文件的第一行，包的名称一般为小写，包名要有意义。例如，一个 Person.java 文件的内容如下：

```
    package com.bean.entity;
    public class Person{

        ...

    }
```

那么它的路径应该是像 com/bean/entity/Person.java 这样保存的，也就是说，Person 这个类实际上位于 com\bean\entity 文件夹下。所以，从逻辑上讲，包是一组相关类的集合；从物理上讲，同包即同目录。

为了使用不在同一个包中的类，需要在 Java 程序中使用 import 关键字导入这个类，比如要使用 Scanner 类获取用户的输入，Scanner 类包含在 Java 核心类库 util 包中，因此要使用 Scanner 类，就要导入 util 包。导入 util 包的语句是：

```
    import java.util.Scanner;
```

另外，也可以使用"import java.util.*;"语句，该条语句的意思是导入 Java 核心类库 util 包中的所有类，其中，import 是导入包关键字，java.util 是指 Java 核心类库中的 util 包，*是导入 util 包中的所有类。

在 Java 代码中，import 语句应位于 package 语句之后，类定义之前，可以有多条 import 语句。

【例 4-16】 Java 应用开发与实践\Java 源码\第 4 章\lesson4_16 \Demo4_16.java。

```java
package lesson4_16;                      // 声明 Demo4_16 这个类所在的包是 lesson4_16

import java.text.SimpleDateFormat;       // 导入日期/时间格式化类
import java.util.Date;                    // 导入日期类


public class Demo4_16 {
    public static void main(String[] args) {
        Date date = new Date();
        SimpleDateFormat sdf = new SimpleDateFormat("yyyy-MM-dd HH:mm:ss");
        String now = sdf.format(date);
        System.out.println("现在的时间是："+ now);   //按指定格式输出日期和时间
    }
}
```

输出结果为

现在的时间是：2019-01-11 23:07:21

4.4.6 最终类

有一些类，在定义的时候就被设置为只能让使用者直接使用该类里面的功能，而不能被继承，这种类就是最终类。最终类用关键字 final 修饰。所以，被 final 修饰的类不能被继承，不能作为其他类的父类，典型代表就是 String 类。String 类只能让我们直接使用该类里面的功能。

4.5　抽象类和接口

4.5.1 抽象类和抽象方法

在 Java 中，用 abstract 关键字来修饰一个类时，这个类叫作抽象类。抽象类是它的所有子类的公共属性的集合，是包含一个或多个抽象方法的类。抽象类可以看作是对类的进一步抽象。在面向对象领域，抽象类主要用来进行类型隐藏，不能创建抽象类的实例。

在抽象类中包含一般方法和抽象方法。抽象方法的定义与一般方法不同，抽象方法在方法头后直接跟分号，而一般方法含有以大括号框住的方法体。所有的抽象方法必须存在于抽象类中，这些方法只有方法头的声明，用一个分号来代替方法体的定义，即只定义成员方法的接口形式，而没有具体操作。只有派生类对抽象成员方法的重定义才能真正实现与该派生类相关的操作。在各子类继承了父类的抽象方法之后，再分别用不同的语句和方法体来重新定义它，形成若干个名字相同、返回值相同、参数列表相同、目的一致但是具体实现有一定差别的方法。抽象类中定义抽象方法的目的是实现一个接口，即所有的子类对外都呈现一个相同名字的方法。

【例 4-17】 Java 应用开发与实践\Java 源码\第 4 章\lesson4_17 \Demo4_17.java。

```java
class Animal {
    public void play() { // 这是动物类，普通父类，方法里是空的
        System.out.println("动物玩耍");
    }
}


class Cat extends Animal { // 这是子类，是一个猫类，重写了父类方法
    public void play() {
        System.out.println("猫爬树");
    }
}


class Dog extends Animal { // 这是子类，是一个狗类，重写了父类方法
    public void play() {
        System.out.println("狗摇尾巴");
    }
}


public class Demo4_17 {

    public static void main(String[] args) {
        Animal an = new Dog();
        an.play();              // 调用了子类狗类的方法

        an = new Cat();         // 多态
        an.play();              // 调用了子类猫类的方法
    }
}
```

输出结果为

    狗摇尾巴

    猫爬树

下面的代码把例 4-17 中的父类改成了抽象类，方法改成了抽象方法：

```
abstract class Animal {              // 抽象类
    public abstract void play();      // 抽象方法
}
```

4.5.2 继承抽象类

由于抽象类不能直接实例化，因此需要创建一个指向自己的对象引用(其子类)来实例化。

【例 4-18】 Java 应用开发与实践\Java 源码\第 4 章\lesson4_18 \Demo4_18.java。

```
abstract class Animal {              // 抽象类
    public abstract void play();     // 抽象方法
}

class Cat extends Animal {           // 这是子类，是一个猫类，重写了父类方法
    public void play() {
        System.out.println("猫爬树");
    }
}

class Dog extends Animal {           // 这是子类，是一个狗类，重写了父类方法
    public void play() {
        System.out.println("狗摇尾巴");
    }
}

public class Demo4_18 {

    public static void main(String[] args) {
        Animal an = new Dog();
        an.play();                   // 调用了子类狗类的方法

        an = new Cat();              // 多态
        an.play();                   // 调用了子类猫类的方法
    }
}
```

输出结果为

    狗摇尾巴
    猫爬树

从例 4-18 中可以看出，Animal 不能直接实例化，不能使用"Animal an = new Animal ();"，这里 a1 和 a2 看似调用 Animal 类的抽象方法 play()，实则访问的是其继承实现类(子类 Dog 和 Cat)继承的方法，而继承的方法是实现了的非抽象方法。

所以，抽象类不能直接实例化，需要依靠子类采用向上转型的方式处理；抽象类必须有子类，使用 extends 继承，一个子类只能继承一个抽象类。另外，子类(如果不是抽象类)必须覆盖抽象类里的全部抽象方法(如果子类没有实现父类的抽象方法，则必须将子类也定义为 abstract 类)。

4.5.3 接口的概念与定义

Java 接口(interface)是一系列方法的声明，是一些方法特征的集合。一个接口只有方法的特征而没有方法的实现，因此这些方法可以在不同的地方被不同的类实现，而这些实现可以具有不同的行为(功能)。也就是说，接口是抽象方法的集合。接口通常用关键字 interface 来声明。

接口定义的一般形式为

```
[访问控制符]   interface   <接口名> {
    类型标识符  final  符号常量名 N   =  常数;
    返回值类型  方法名([参数列表]);
    …

}
```

定义接口的方式和类很相似，但它并不是类，接口和类属于不同的概念。类描述对象的属性和方法，接口则包含抽象方法。

接口主要有以下功能：

- 通过接口可以实现不相关类的相同行为。
- 通过接口可以指明多个类需要实现的方法。
- 通过接口可以了解对象的交互界面。

4.5.4 接口的实现

接口无法被实例化，但是可以被实现。一个实现接口的类，必须实现接口内所描述的所有方法(抽象方法)，否则就必须声明为抽象类。

当有两个及以上的类拥有相同的方法，但是实现功能不一样时，可以定义一个接口，将这个方法提炼出来，在需要使用该方法的类中去实现，从而免除多个类定义系统方法的麻烦。例如，鸟类和飞机这两个类都具有飞行的功能，这个功能是相同的，但是其他功能是不同的，在程序实现的过程中，就可以定义一个接口 Flying，专门描述飞行功能 void fly()。

【例 4-19】 Java 应用开发与实践\Java 源码\第 4 章\lesson4_19 \Demo4_19.java。

```java
interface Flying {                 // 定义接口 Flying
    void fly();

}


class Bird {
```

```java
        String name;
    int legNum = 2;
    void feathered() {
            System.out.println(name+"有"+legNum+"条腿，被覆羽毛能飞翔");
    }
}

class Plane {
    String name;
    int sortNum =8;
    void aerobaticCategory() {
            System.out.println(name+"有"+sortNum+"种飞行特技");
    }
}

class Pigeon extends Bird implements Flying {        // Pigeon 类必须实现接口规定的功能

    @Override
    public void fly() {
            System.out.println("鸽子在飞翔");
    }
}

class AirLiner extends Plane implements Flying {

    @Override
    public void fly() {
            System.out.println("客机在飞行");
    }
}

public class Demo4_19 {

    public static void main(String[] args) {
            //Flying f = new Flying();                    // 错，接口不能直接产生对象
            Pigeon pigeon = new Pigeon();               // Pigeon 类产生对象 pigeon
            AirLiner airLiner = new AirLiner();         // AirLiner 类产生对象 airLiner

            pigeon.fly();                               // 调用了 Pigeon 类的 fly()方法
```

```
            airLiner.fly();                    // 调用了 AirLiner 类的 fly()方法
        }
    }
```

输出结果为

```
鸽子在飞翔
客机在飞行
```

另外，在 Java 中，接口类型可用来声明一个变量，它们可以成为一个空指针(null)，或是被绑定在一个以此接口实现的对象上。

把例 4-19 的 main()方法改动一下，代码如例 4-20 所示。

【例 4-20】 Java 应用开发与实践\Java 源码\第 4 章\lesson4_20 \Demo4_20.java。

```java
interface Flying {                    // 定义接口 Flying
    void fly();
}

class Bird {
    String name;
    int legNum = 2;
    void feathered() {
        System.out.println(name+"有"+legNum+"条腿，被覆羽毛能飞翔");
    }
}

class Plane {
    String name;
    int sortNum =8;
    void aerobaticCategory() {
        System.out.println(name+"有"+sortNum+"种飞行特技");
    }
}

class Pigeon extends Bird implements Flying {
    @Override
    public void fly() {
        System.out.println("鸽子在飞翔");
    }
}

class AirLiner extends Plane implements Flying {

    @Override
```

```
        public void fly() {
                System.out.println("客机在飞行");
        }
    }


    public class Demo4_20 {

        public static void main(String[] args) {
            Flying f = null;              // 接口类型声明一个变量 f
            f = new Pigeon();             // Pigeon 类产生对象 pigeon
            f.fly();                      // 调用了 Pigeon 类的 fly()方法
            f = new AirLiner();           // AirLiner 类产生对象 airLiner
            f.fly();                      // 调用了 AirLiner 类的 fly()方法
        }
    }
```

输出结果为

鸽子在飞翔

客机在飞行

在例 4-20 中，同一个接口声明同一个变量 f，使用不同的实例而执行不同的操作，因此，此接口实现了 Java 多态。这种用法是很常见的。

4.5.5 抽象类和接口的区别及应用

抽象类和接口都不能被实例化，接口可以说成是一种特殊的抽象类，接口中的所有方法都必须是抽象的。接口中的方法定义默认为 public abstract 类型，接口中的成员变量类型默认为 public static final。抽象类和接口在 Java 语法上的区别如表 4-2 所示。

表 4-2 抽象类和接口的区别

抽 象 类	接 口
关键字 abstract	关键字 interface
有构造方法(不写会有隐式构造方法)	没有构造方法
可以有非抽象方法	只有抽象方法
可以有变量	只能是常量
单继承	多继承
实现类只能继承一个抽象类	实现类可以实现多个接口

从表 4-2 可以发现，接口的抽象程度要比抽象类更高。一般来说，抽象类是本体的抽象，接口是行为的抽象。也就是说，抽象类表示"是一个(is-a)"关系的抽象，接口表示"能(can-do)"关系的抽象。所以，当关注一个事物的本质的时候用抽象类；当关注一个操作行为的时候用接口。

4.6 实训 类的设计与实现基础练习

任务 1 父类与子类的定义及实现

要求：定义一个 Teacher 类及其子类 CollegeTeacher 类，Teacher 类具有 id、name、subject 等属性；CollegeTeacher 类具有 scientificResearch 属性。程序代码如例 4-21 所示。

【例 4-21】 Java 应用开发与实践\Java 源码\第 4 章\lesson4_21 \Demo4_21.java。

```java
class Teacher {
    String id;
    String name;
    String subject; // 科目

    public Teacher(String id, String name, String subject) {
        super();
        this.id = id;
        this.name = name;
        this.subject = subject;
    }

    public void lecture() {
        System.out.println(name + "老师在讲授" + subject + "课程");
    }
}

class CollegeTeacher extends Teacher {
    String scientificResearch; // 科研方向

    public CollegeTeacher(String id, String name, String subject, String scientificResearch) {
        super(id, name, subject);
        this.scientificResearch = scientificResearch;
    }

    public void study() {
        System.out.println(name + "老师在研究" + scientificResearch + "技术");
    }
}
```

```
public class Demo4_21 {

    public static void main(String[] args) {
        CollegeTeacher teacher = new CollegeTeacher("t001", "刘平", "计算机应用", "Java 开发");
        teacher.lecture();
        teacher.study();
    }
}
```

输出结果为

刘平老师在讲授计算机应用课程

刘平老师在研究 Java 开发技术

任务 2　接口实现多态

　　要求：定义一个警报接口 Alarm，它有一个发出警报的方法 soundAlarming()。警报器类调用接口的方法，救护车类 Ambulance 实现了警报接口，也实现了接口的报警方法；防盗门类 SecurityDoor 实现了警报接口，也实现了接口的报警方法。程序代码如例 4-22 所示。

　　【例 4-22】　Java 应用开发与实践\Java 源码\第 4 章\lesson4_22 \Demo4_22.java。

```
interface Alarm{                       // 警报接口
    void soundAlarming();              // 发出警报(抽象方法)
}

class Siren {                          // 警报器类
    public static void work(Alarm alarm){       // 警报器工作
        alarm.soundAlarming();                  // 调用接口的方法
    }
}

class Ambulance implements Alarm{               // 实现类

    @Override
    public void soundAlarming() {
        System.out.println("救护车发出警报");
    }
}

class SecurityDoor implements Alarm{            // 实现类

    @Override
```

```
        public void soundAlarming() {
                System.out.println("防盗门发出警报");
        }
}


public class Demo4_22 {
    public static void main(String[] args) {
            Ambulance amb = new Ambulance();
            SecurityDoor door = new SecurityDoor();
            Siren.work(amb);
            Siren.work(door);
    }
}
```

输出结果为

救护车发出警报

防盗门发出警报

4.7　实践　酒店管理系统的类和接口定义

在酒店管理系统中，定义了实体类，这些类放在文件夹"Java 应用开发与实践\Java 源码\第 12 章\HotelSystem\src\com\entity"中。

UserInfo 类是描述用户信息的实体类，它包含用户 Id、姓名、性别、年龄、电话、职位等信息。

UserInfo 类：

```
package com.hotelmanage.entity;


public class UserInfo {

    String userId;
    String userName;
    String userSex;
    int userAge;
    String userPhone;
    String userPosition;
    public UserInfo() {
    }
    public String getUserId() {
```

```java
        return userId;
    }
    public void setUserId(String userId) {
        this.userId = userId;
    }
    public String getUserName() {
        return userName;
    }
    public void setUserName(String userName) {
        this.userName = userName;
    }
    public String getUserSex() {
        return userSex;
    }
    public void setUserSex(String userSex) {
        this.userSex = userSex;
    }
    public int getUserAge() {
        return userAge;
    }
    public void setUserAge(int userAge) {
        this.userAge = userAge;
    }
    public String getUserPhone() {
        return userPhone;
    }
    public void setUserPhone(String userPhone) {
        this.userPhone = userPhone;
    }
    public String getUserPosition() {
        return userPosition;
    }
    public void setUserPosition(String userPosition) {
        this.userPosition = userPosition;
    }
}
```

CheckInReserveEntity 类是描述入住预订的实体类，它包含用户 Id、姓名、电话、房间类型、预订入住时间等信息。

CheckInReserveEntity 类：

```
package com.hotelmanage.entity;

public class CheckInReserveEntity {
    String guestId;
    String guestName;
    String guestPhone;
    String roomType;
    String checkInDate;
    String checkOutDate;
    public String getGuestId() {
        return guestId;
    }
    public void setGuestId(String guestId) {
        this.guestId = guestId;
    }
    public String getGuestName() {
        return guestName;
    }
    public void setGuestName(String guestName) {
        this.guestName = guestName;
    }
    public String getGuestPhone() {
        return guestPhone;
    }
    public void setGuestPhone(String guestPhone) {
        this.guestPhone = guestPhone;
    }
    public String getRoomType() {
        return roomType;
    }
    public void setRoomType(String roomType) {
        this.roomType = roomType;
    }
    public String getCheckInDate() {
        return checkInDate;
    }
    public void setCheckInDate(String checkInDate) {
        this.checkInDate = checkInDate;
    }
}
```

```
        public String getCheckOutDate() {
                return checkOutDate;
        }
        public void setCheckOutDate(String checkOutDate) {
                this.checkOutDate = checkOutDate;
        }
    }
```

4.8 小 结

在 Java 中，类是一种抽象的概念，是最基本的组织单位。

类是对象的类型，使用一个通用类可以定义同一类型的对象。对象是类的实例，一个类可以拥有多个实例。创建实例的过程叫作类的实例化。

一个类可以包含类变量、成员变量、局部变量等类型变量，也可以包含构造方法、类方法、成员方法等方法。

abstract 关键字修饰的类是抽象类，抽象类无法被实例化。抽象类中可以定义抽象方法，但不一定有抽象方法。抽象方法一定在抽象类中，一个非抽象类继承抽象类，必须将抽象类中的抽象方法覆盖、实现、重写。一个类如果没有抽象方法，可以是抽象类，即抽象类中可以完全没有抽象方法，这种类的主要作用就是不让创建该类对象。

Java 接口是一系列方法的声明，是一些方法特征的集合。一个接口只有方法的特征没有方法的实现，因此这些方法可以在不同的地方被不同的类实现，而这些实现可以具有不同的行为(功能)。可以直接把接口理解为 100% 的抽象类，即接口中的方法必须全部是抽象方法。

习 题 4

一、选择题

1. 下列代码的运行结果是( )。

```
public class Demo {
    public static void main(String[] args) {
            Animal animal = new Dog();
            Cat cat = (Cat) animal;
            System.out.println(cat.noise());
    }
}

class Animal {
```

```
        public String noise() {
                return " Animal Call";
        }
    }

    class Dog extends Animal {
        public String noise() {
                return "汪汪";
        }
    }

    class Cat extends Animal {
        public String noise() {
                return "喵喵";
        }
    }
```

  A．Animal Call   B．汪汪   C．喵喵

  D．编译错误   E．抛出运行时异常

2．设 Demo 为已定义的类名，下列声明 Demo 类的对象 demo 的语句中正确的是（ ）。

  A．float Demo demo;   B．public Demo demo=Demo ( );

  C．Demo demo=new int( ); D．static Demo demo=new Demo ( );

3．设 i、j 为类 Test 中定义的 int 型成员变量，则下列 Test 类构造方法中不正确的是（ ）。

  A．void Test (int a){ i= a; } B．Test (int a) { i= a; }

  C．Test (int x, int y){ i= x; j= y; } D．Test ( ) { i= 0; j= 0; }

4．Java 中，一个类可同时定义许多同名的方法，这些方法的形式参数个数、类型或顺序各不相同，传值也可以各不相同。这种面向对象程序的特性称为（ ）。

  A．隐藏 B．重载   C．覆盖   D．Java 不支持此特性

5．为 Demo 类的一个无形式参数、无返回值的方法 method 书写方法头，使得使用类名 Demo 作为前缀就可以调用它，该方法头的形式为（ ）。

  A．static void method()   B．public void method()

  C．final void method()   D．abstract void method()

二、判断题

1．继承可以实现代码重用，提高开发效率和可维护性。   （ ）

2．子类在构造方法中，可以用 super 来调用父类的构造方法。 （ ）

3．将字段用 private 修饰，从而更好地将信息进行封装和隐藏。 （ ）

4．在类的声明中用 implements 子句来表示一个类使用某个接口。 （ ）

5．如果省略访问控制符，则表示 private。　　　　　　　　　　　（　　）

三、编程题

1．定义一个类 Person，包含被封装的数据成员 name、sex、age，表示姓名、性别和年龄，为 Person 类提供一个构造方法，实现三个属性的初始化操作，并提供一个输出方法显示每个成员变量的值。

2．根据编程题第 1 题，定义 Employee 类，它继承自 Person 类。增加成员变量 department、positon，用于存放部门和位置信息。定义一个 5 参的构造方法，重写输出方法，用于显示 5 个成员变量的值。定义测试类，完成一个员工对象的创建及信息输出操作。

3．定义一个二维空间的点类(Point)，有横、纵坐标属性，计算两点之间的距离。

4．定义一个矩形类(Rectangle)，用来表示矩形，定义可以改变矩形坐标位置的方法；定义可以改变矩形宽高的方法；定义可以求矩形面积的方法；定义可以计算一个点是否在矩形内的方法。

5．按要求编写 Java 程序。

(1) 编写一个接口：Calculate，只含有一个方法 int fn(int a)。

(2) 编写一个类：ClassA 来实现接口 Calculate，实现 int fn (int n)接口方法时，要求计算 1 到 n 的和。

(3) 编写另一个类：ClassB 来实现接口 Calculate，实现 int fn (int n)接口方法时，要求计算 n 的阶乘(n!)。

(4) 编写测试类 Test，在测试类的 Test 方法中实现接口。

第 5 章

集 合 与 泛 型

编程中常常需要集中存放多个数据，有时候程序员会使用数组存放数据。由于对数组初始化时必须指定好长度，因此使用数组的前提是：必须事先已经明确将要保存的对象的数量以及对象的类型。因为数组长度是不可变的，所以不能从数组里动态添加和删除一个对象。如果需要保存一个可以动态增长的数据(编译时无法确定将要保存的对象的数量)，Java 的集合类就是一个理想的选择。

如果对对象的类型不太确定，或是为了编译器的类型安全，需要确保只有正确类型的对象才能放入集合中，那么泛型将是很好的解决方法，它可以避免在运行时出现 ClassCastException 异常。本章首先介绍集合框架的体系结构，包括 Collection 接口和它的常用子接口及其实现类、Map 根接口及其实现类，然后介绍泛型的基本概念与应用。

5.1 集 合 框 架

Java 中的 java.util 包提供了一些集合类，这些集合类又被称作容器，是一个包含多个元素的对象。集合可以对数据进行存储、删除、修改、查询等操作。集合不同于数组，数组有固定长度，所以在定义数组的时候必须预先确定数组的大小，而集合不必确定固定的大小，在存放对象时拥有更多的灵活性。

集合框架是一个用来代表和操纵集合的统一架构。所有的集合框架都包含以下几点：

• 接口：表示集合的抽象数据类型。接口允许我们操作集合时不必关注具体实现，从而达到"多态"。在面向对象编程语言中，接口通常用来形成规范。

• 实现类：集合接口的具体实现，是重用性很高的数据结构，比如 ArrayList、LinkedList、HashSet、HashMap 等。

• 算法：用来根据需要对实体类中的对象进行计算，比如存储、查找、排序等。同一种算法可以对不同的集合实现类进行计算，这是利用了"多态"。

5.1.1　Collection 接口及其常用子接口

Collection 接口是集合接口树的根，是集合框架的顶级接口，它定义了集合操作的通用 API，其作用是方便程序员处理一组常规元素。Collection 接口是 List、Queue 和 Set 接口的父接口，List、Quene 和 Set 接口继承了 Collection 接口的所有特性。它们之间的关系如图 5-1 所示。

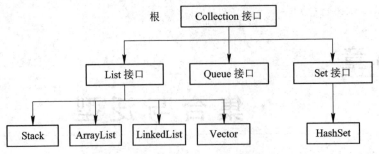

图 5-1　Collection 接口及其常用子接口

集合类里的不同实现类，各自有不同的功能和合适的用处。

Collection 接口通常不能直接使用，但是该接口提供了添加和删除元素、管理数据的方法。由于 List 接口和 Set 接口都继承了 Collection 接口的特性，因此这些方法对 List 集合和 Set 集合是通用的。

这里要注意的是：集合只能存放对象，任何对象都可以，但必须是对象。例如，要把一个 int 类型的数据存放在集合中，它必须要被转换成 Integer 类后才能存入。Java 中每一种基本类型都有对应的引用类型。在集合存放的是多个对象的引用，对象本身还是放在堆内存中。集合可以存放不同类型、不限数量的对象。

5.1.2　List 接口及其实现类

接口 List<E>是有序的 collection(也称为序列)。此接口的用户可以对列表中每个元素的插入位置进行精确的控制。用户可以根据元素的整数索引(在列表中的位置)访问元素，并搜索列表中的元素。使用 List 接口的实现类时，可以指定列表中每个元素的插入位置，用户可以根据元素的索引值(即元素在列表中的位置)访问元素，并搜索列表中的元素。List 接口中的常用方法如表 5-1 所示。

表 5-1　List 接口中的常用方法

方 法 声 明	方 法 功 能
void add(int index,Object element)	在列表的 index 位置添加元素
Object remove(int index)	删除列表中 index 位置的元素
Object get(int index)	返回列表 index 位置的元素
Object set(int index,Object element)	用指定元素替换列表中指定位置的元素

根据 JDK API 的说明，List 接口的实现类主要有 ArrayList、LinkedList、Stack 和 Vector，这些实现类都拥有表 5-1 中所示的方法并且实现了它们，但各个实现类功能不同，因此被使用在不同的地方。

1. ArrayList 类

ArrayList 类实现了可变的数组，允许包含所有元素，包括 NULL。使用 ArrayList 类可以根据索引位置对集合进行快速的随机访问，通过添加和删除元素，就可以动态、灵活地改变数组的长度。ArrayList 类大致上等同于 Vector 类，除了此类是不同步的。每个

ArrayList 实例都有一个容量元素。该容量元素用来存储列表元素的数组的大小，它总是至少等于列表的大小。随着向 ArrayList 中不断添加元素，容量也自动增长。但 Java 并未指定增长策略的细节，因为这不像添加元素会带来分摊固定时间开销那样简单。

【例 5-1】   Java 应用开发与实践\Java 源码\第 5 章\lesson5_1 \Demo5_1.java。

```java
import java.util.*;
public class Demo5_1 {
    public static void main(String[] args) {
        Student s1 = new Student("001", "张三");
        Student s2 = new Student("002", "李四");
        Student s3 = new Student("003", "王五");
        ArrayList<Student> list = new ArrayList<Student>(); // 创建 ArrayList 对象
        list.add(s1);   // 将 s1 加入 ArrayList 列表
        list.add(s2);
        list.add(1, s3); // 将 s3 加入 ArrayList 列表中(列表第二个)
        for (int i = 0; i < list.size(); i++) // 遍历整个列表
        {
            Student temp = (Student) list.get(i); // 根据 i 值从列表中取出每个对象
            System.out.println("学号： " + temp.getId());
            System.out.println("姓名： " + temp.getName());
        }
        list.remove(0); // 删除列表第一个对象(标号为 0)
        System.out.println("-------删除第一个的信息----------");
        for (int i = 0; i < list.size(); i++) // 遍历整个列表
        {
            Student temp = list.get(i); // 根据 i 值从列表中取出每个对象
            System.out.println("学号： " + temp.getId());
            System.out.println("姓名： " + temp.getName());
        }
    }
}

class Student {
    private String id;
    private String name;

    Student(String id, String name) {
        this.id = id;
        this.name = name;
    }
```

```
        public String getId() {
            return this.id;
        }

        public String getName() {
            return this.name;
        }
    }
```

输出结果为

学号：001

姓名：张三

学号：003

姓名：王五

学号：002

姓名：李四

--------删除第一个的信息----------

学号：003

姓名：王五

学号：002

姓名：李四

2. LinkedList 类

LinkedList 类是 List 接口链接列表的实现，可实现所有可选的列表操作，并且允许所有元素(包括 null)。除了实现 List 接口外，LinkedList 类还在列表的开头及结尾为 get()、remove()和 insert()元素提供了统一的命名方法。这些操作允许将链接列表用作堆栈、队列或双端队列。

【例 5-2】　Java 应用开发与实践\Java 源码\第 5 章\lesson5_2 \Demo5_2.java。

```
import java.util.*;

public class Demo5_2 {
    public static void main(String[] args) {
        Student s1 = new Student("001", "张三");
        Student s2 = new Student("002", "李四");
        Student s3 = new Student("003", "王五");
        LinkedList<Student> list = new LinkedList<Student>(); //创建 LinkedList 对象
        list.addFirst(s1); // 将 s1 加入 LinkedList 列表最前面(列表第一个)
        list.addFirst(s2);
        list.add(1, s3); // 将 s3 加入 LinkedList 列表中(列表第二个)
```

```
            for (int i = 0; i < list.size(); i++) // 遍历整个列表
            {
                    Student temp = (Student) list.get(i); // 根据 i 值从列表中取出每个对象
                    System.out.println("学号： " + temp.getId());
                    System.out.println("姓名： " + temp.getName());
            }
            list.remove(0); // 删除列表第一个对象(标号为 0)
            System.out.println("-------删除第一个的信息---------");
            for (int i = 0; i < list.size(); i++) // 遍历整个列表
            {
                    Student temp = list.get(i); // 根据 i 值从列表中取出每个对象
                    System.out.println("学号： " + temp.getId());
                    System.out.println("姓名： " + temp.getName());
            }
        }
    }


class Student {
    private String id;
    private String name;

    Student(String id, String name) {
            this.id = id;
            this.name = name;
    }

    public String getId() {
            return this.id;
    }

    public String getName() {
            return this.name;
    }
}
```

输出结果为

学号：002

姓名：李四

学号：003

姓名：王五

学号：001

姓名：张三

--------删除第一个的信息----------

学号：003

姓名：王五

学号：001

姓名：张三

3. Vector 类

Vector 类可以实现可增长的对象数组。与数组一样，它包含可以使用整数索引进行访问的组件。但是，Vector 的大小可以根据需要增大或缩小，以适应创建 Vector 类后进行添加或移除项的操作。

【例 5-3】 Java 应用开发与实践\Java 源码\第 5 章\lesson5_3 \Demo5_3.java。

```java
import java.util.*;

public class Demo5_3 {
    public static void main(String[] args) {
        Student s1 = new Student("001", "张三");
        Student s2 = new Student("002", "李四");
        Student s3 = new Student("003", "王五");
        Vector vector = new Vector();    // 创建一个 Vector 对象
        vector.add(s1);    // 将 s1 加入 vector 列表最前面(列表第一个)
        vector.add(s2);
        vector.add(1, s3); // 将 s3 加入 vector 列表中(列表第二个)
        for (int i = 0; i < vector.size(); i++) {
            Student temp = (Student) vector.get(i);    // 根据 i 值从列表中取出每个对象
            System.out.println("学号：" + temp.getId());
            System.out.println("姓名：" + temp.getName());
        }
        vector.remove(0);
    }
}
```

输出结果为

学号：001

姓名：张三

学号：003

姓名：王五

学号：002

姓名：李四

4．Stack 类

Stack 类是表示后进先出(LIFO)的对象堆栈。它通过五个操作对 Vector 类进行了扩展，允许将向量视为堆栈。它提供了通常的 push()和 pop()操作，以及取堆栈顶点的 peek()方法、测试堆栈是否为空的 empty()方法、在堆栈中查找项并确定到堆栈顶距离的 search()方法。

【例 5-4】 Java 应用开发与实践\Java 源码\第 5 章\lesson5_4 \Demo5_4.java。

```java
import java.util.*;

public class Demo5_4 {
    public static void main(String[] args) {
        Student s1 = new Student("001", "张三");
        Student s2 = new Student("002", "李四");
        Student s3 = new Student("003", "王五");
        Stack stack = new Stack();          // 创建一个 Stack 对象 stack
        stack.push(s1);                      // s1 进栈(栈底)
        printStack(stack);                   // 显示栈中的所有元素
        stack.push(s2);                      // s2 进栈
        printStack(stack);
        stack.push(s3);                      // s3 进栈(栈顶)
        printStack(stack);
        System.out.println("元素"+stack.pop()+"出栈");   // 栈顶 s3 出栈
        printStack(stack);
        System.out.println("元素"+stack.pop()+"出栈");   // 栈顶 s2 出栈
        printStack(stack);
        System.out.println("元素"+stack.pop()+"出栈");   // 栈顶 s1 出栈
        printStack(stack);
    }

    private static void printStack(Stack< Student > stack) {
        if (stack.empty())
            System.out.println("空栈");
        else {
            System.out.print("stack 中的元素: ");
            Enumeration items = stack.elements(); // 得到 stack 中的枚举对象
            while (items.hasMoreElements())
                // 显示枚举中的所有元素
                System.out.print(items.nextElement() + " ");
        }
        System.out.println(); // 换行
```

```
        }
    }


class Student {
    private String id;
    private String name;

    public Student(String id, String name) {
        super();
        this.id = id;
        this.name = name;
    }


    @Override
    public String toString() {
        return name;
    }

}
```

输出结果为

```
stack 中的元素：张三
stack 中的元素：张三    李四
stack 中的元素：张三    李四    王五
元素王五出栈
stack 中的元素：张三    李四
元素李四出栈
stack 中的元素：张三
元素张三出栈
空栈
```

5.1.3 Set 接口及其实现类

Set 接口是一个不包含重复元素的 Collection 接口。所谓不包含重复元素，是指在 Set 集合中的任意元素 e1 和 e2，都不会存在 e1.equals(e2)==true 的情况，并且最多包含一个 null 元素。正如其名称所暗示的，此接口模仿了数学上的 set 抽象。也就是说，Set 接口要求集合元素是唯一的(但元素可以为 null)，不能保证迭代顺序恒久不变，它是无序的。Set 接口比较常用的实现类是 HashSet 类。

HashSet 类实现了 Set 接口，由哈希表(实际上是一个 HashMap 实例)支持。因此同 Set 接口一样，它不保证任何顺序，特别是它不保证该顺序恒久不变。此类允许使用 null 元素。另外，HashSet 类不是同步的。如果多个线程同时访问一个 HashSet，而其中至少一个线程修改了该 HashSet，那么它必须保持外部同步。

HashSet 类的 add()方法可以添加指定元素，如果此 HashSet 已包含该元素，则该调用不更改 HashSet 并返回 false。

【例 5-5】 Java 应用开发与实践\Java 源码\第 5 章\lesson5_5 \Demo5_5.java。

```java
import java.util.*;

public class Demo5_5 {
    public static void main(String[] args) {
        Set<String> set = new HashSet<String>();
        System.out.println(set.add("hello"));        //true
        System.out.println(set.add("hello"));        //false
        System.out.println(set.remove("hello")); //true
        System.out.println(set.remove("hello")); //false
        System.out.println(set.add(null));           //true
        System.out.println(set.remove(null));        //true
        System.out.println(set.remove(null));        //false
    }
}
```

输出结果为

```
true
false
true
false
true
true
false
```

从例 5-5 可以看出，add 成功时返回 true，add 失败(add 已有元素)时返回 false。remove 成功(remove 已有元素)时返回 true，remove 失败(remove 不存在元素)时返回 false。

另外，HashSet 和 Iterator 迭代器一起使用，可以进行元素的遍历。例 5-6 说明了这种用法。

【例 5-6】 Java 应用开发与实践\Java 源码\第 5 章\lesson5_6 \Demo5_6.java。

```java
import java.util.*;

public class Demo5_6 {
    public static void main(String[] args) {
        Set<String> set = new HashSet<String>();
        set.add("hello 1");
        set.add("hello 2");
        set.add("hello 3");
```

```
        set.add("hello 4");
        set.add("hello 5");
        set.add("hello 6");
        Iterator<String> iterator= set.iterator();      // 迭代器 iterator
        while(iterator.hasNext()){                       // 输出 HashSet 里的所有元素
            String str = (String) iterator.next();
            System.out.println(str);
        }
    }
}
```

输出结果为

hello 4

hello 5

hello 2

hello 3

hello 1

hello 6

5.1.4 Map 接口及其实现类

Map 接口储存一组成对的键-值对象，提供 key(键)到 value(值)的映射。一个映射不能包含重复的键；每个键最多只能映射到一个值。Map 接口提供三种 Collection 视图，允许以键集、值集或键-值映射关系集的形式查看某个映射的内容。映射顺序定义为迭代器在映射的 Collection 视图上返回其元素的顺序。某些映射实现可明确保证其顺序，如 TreeMap 类；另一些映射实现则不保证顺序，如最常见的 HashMap 类，它的储存方式是哈希表，优点是查询指定元素的效率高。Map 接口及其常用子类如图 5-2 所示。

图 5-2　Map 接口及其常用子类

【例 5-7】　Java 应用开发与实践\Java 源码\第 5 章\lesson5_7 \Demo5_7.java。

```
import java.util.*;

public class Demo5_7 {
    public static void main(String[] args) {
        Student s1 = new Student("001", "张三");
        Student s2 = new Student("002", "李四");
        Student s3 = new Student("003", "王五");
        HashMap hm = new HashMap(); // 创建一个 HashMap 对象
        hm.put("001", s1); // 将 s1 加入 hm 中
```

```
        hm.put("002", s2);   // put(Object,Object):一个是 key 一个是 value，键值对
        hm.put("003", s3);   // 将对象 s2 替换掉(因为 key 是唯一的)
        // 查找学号为 002 的学生，containsKey 返回 boolean 值
        if (hm.containsKey("002"))
        {
            System.out.println("有此学生");
            Student s = (Student) hm.get("002");   // 取出键为 002 的值(此处类型是 Object)
            System.out.println(s);
        }
        hm.put("002", s3); // 将对象 s2 替换掉(因为 key 是唯一的)
        Iterator it = hm.keySet().iterator(); // 迭代器，起遍历作用
        while (it.hasNext()) // 迭代器的方法：有没有下一个对象
        {
            String str = it.next().toString();   // 取出 hm 的键并转化成字符串(key)
            Student s = (Student) hm.get(str); // 根据键值对取出相应的值(此处类型是 Object)
            System.out.println(s);
        }
    }
}

class Student {
    private String id;
    private String name;

    Student(String id, String name) {
        this.id = id;
        this.name = name;
    }

    @Override
    public String toString() {
        return "学号："+id+"姓名："+name;
    }
}
```

输出结果为：

有此学生

学号：002 姓名：李四

学号：001 姓名：张三

学号：003 姓名：王五

学号：003 姓名：王五

5.1.5　各种集合实现类的特点

ArrayList：元素单个，效率高，多用于查询。

LinkedList：元素单个，多用于插入和删除。

Vector：元素单个，线程安全，多用于查询。

Stack：元素单个，先进后出。它通过 5 个操作对 Vector 类进行扩展，允许将向量视为堆栈。

HashMap：元素成对，元素可为空。

HashTable：元素成对，线程安全，元素不可为空。

1．ArrayList 与 Vector

(1) 同步性：Vector 是同步的，Vector 中的对象是线程安全的；ArrayList 是异步的，ArrayList 中的对象不是线程安全的。

(2) 数据增长：Vector 自动增长原来的一倍数据长度(保存大量空间)；ArrayList 是原来的 50%。

(3) 性能：Vector 支持多线程操作，性能较好；ArrayList 性能很好。

2．LinkedList 与 ArrayList

两者都实现的是 List 接口，不同之处在于：

(1) ArrayList 是基于动态数组实现的，LinkedList 是基于链表的数据结构。

(2) get 访问 List 内部任意元素时，ArrayList 的性能要比 LinkedList 性能好。LinkedList 中的 get 方法按照顺序从列表的一端开始检查，直到另一端。

(3) 对于新增和删除操作，LinkedList 要强于 ArrayList。

(4) LinkedList 在首部或尾部提供额外的 get、remove、insert 方法。这些操作使 LinkedList 可被用作堆栈(stack)、队列(queue)或双向队列(deque)。

5.2　泛　　型

5.2.1　泛型的意义

泛型是程序设计语言的一种特性，允许程序员在强类型程序设计语言中编写代码时定义一些可变部分。

Java 中泛型的引入主要是为了提高 Java 程序的类型安全，避免集合类型元素在运行期出现类型转换异常，增加编译时类型的检查。例 5-8 是未使用泛型的 ArrayList，所以必须进行强制类型转换。

【例 5-8】　Java 应用开发与实践\Java 源码\第 5 章\lesson5_8 \Demo5_8.java。

```
import java.util.*;
public class Demo5_8 {
```

```java
        public static void main(String[] args) {
                Student s1 = new Student("001", "张三");

                ArrayList list = new ArrayList();    // 创建一个 ArrayList 对象(不使用泛型)
                list.add(s1);

                Employee temp = (Employee) list.get(0); // 取出数据时出现类型转换错误
                System.out.println(temp);
        }
}
class Student {
    private String id;
    private String name;

    Student(String id, String name) {
            this.id = id;
            this.name = name;
    }

    @Override
    public String toString() {
            return "学号：" + id + "姓名：" + name;
    }
}


class Employee {
    private String id;
    private String name;

    Employee(String id, String name) {
            this.id = id;
            this.name = name;
    }

    @Override
    public String toString() {
            return "员工号：" + id + "员工姓名：" + name;
    }
}
```

输出结果为

Exception in thread "main" java.lang.ClassCastException: lesson5_8.Student cannot be cast to lesson5_8.Employee

       at lesson5_8.Demo5_8.main(Demo5_8.java:12)

通过例 5-8 可以看出，向 ArrayList 集合中添加对象后，取出的数据却是 Object 的，所以应该进行强制类型转换(Student)，转换成对象的类型。这就要求程序员对每个元素的类型都了解，否则很可能在运行时出现类型转换的异常。但有时候程序员不一定对每个元素的类型都了解，可能使用了另一个类型(Employee)去转换，编译时类型检查也没有发现问题，但在运行的时候出现了类型转换异常。此时可以使用泛型来解决这个问题，如例 5-9 所示。

【例 5-9】 Java 应用开发与实践\Java 源码\第 5 章\lesson5_9 \Demo5_9.java。

```java
import java.util.*;
public class Demo5_9 {
public static void main(String[] args) {
        Student s1 = new Student("001", "张三");

        ArrayList<Student> list = new ArrayList<Student>();    // 使用泛型
            list.add(s1);

        Student temp = list.get(0); // 取出 get 数据时不需要类型转换
        System.out.println(temp);
    }
}
```

输出结果为

学号：001 姓名：张三

泛型 ArrayList<Student>list，这里指出 ArrayList 的对象是<Student>。如果使用 Employee 对象，比如 Employee temp = (Employee) list.get(0)，在编译时(类型检查)就能发现问题。所以更改成 Student temp = list.get(0)，而且不需要强制转换就能解决问题。

5.2.2 泛型在类中的应用

Java 中的泛型主要使用在类、方法与接口中。通常在定义类时，在类的名称后，用尖括号括起来，用大写字母(T、E、K、V 等)表示一种未知类型。虽然是未知类型，但可以把它作为已知类型使用，直到产生这个类的对象时，才指出是哪种类型。

泛型在类上应用的语法如下：

```java
class Question<T>
{
    T o;                        // 某个类型的变量作为其成员变量 o
    public Question(T t)        // 构造方法，某类型的对象传递到形参 t
```

```
            {
                o = t ;
            }
        public void showClassName() {
            // 输出成员变量 o 的类型名称
            System.out.println("此类型是: "+o.getClass().getName());
        }
    }
```

例 5-10 中定义 Student 类时采用了泛型<E>，在 main 方法中的 Student 后面添加需要的类型，如 Teacher，这样就可以直接使用这种类型了。Student<Teacher> s1 表明，程序里会使用到相应的类型。这就是泛型的好处。

【例 5-10】 Java 应用开发与实践\Java 源码\第 5 章\lesson5_10 \Demo5_10.java。

```
import java.util.*;
public class Demo5_10 {
public static void main(String[] args) {
Student<Teacher> s1 = new Student<Teacher>("s0001", "张三", new Teacher("t006",
                                        "计算机办公室"));
        System.out.println(s1);
    }
}

class Student<E> {
    private String id;
    private String name;
    E e;

    public Student(String id, String name, E e) {
        this.id = id;
        this.name = name;
        this.e = e;
    }

    @Override
    public String toString() {
        return "学号: " + id + " 姓名: " + name + ", " + e;
    }

    public E getE() {
        return e;
```

```
        }

    public String getId() {
            return this.id;
    }

    public String getName() {
            return this.name;
    }
}

class Teacher {
    private String id;
    private String office;

    Teacher(String id, String office) {
            this.id = id;
            this.office = office;
    }

    @Override
    public String toString() {
            return " 教师编号：" + id + " 教师办公室：" + office;
    }
}
```

输出结果为

　　学号：s0001 姓名：张三，教师编号：t006 教师办公室：计算机办公室

5.2.3　泛型在接口中的应用

Java 中的泛型也被广泛使用在接口中，泛型接口与泛型类的定义及使用基本相同。泛型接口通常被用在各种类的生产器中。其语法如下：

　　interface 接口名称<接口标示>{ }

例如：

```
interface interfo<T>
{
    public T getInterfo ();
}
```

通常的方式是，定义该接口的子类，在子类上也声明泛型类型，如例 5-11 所示。

【例 5-11】 Java 应用开发与实践\Java 源码\第 5 章\lesson5_11 \Demo5_11.java。

```java
import java.util.*;
public class Demo5_11 {
public static void main(String[] args) {
    Fly<Integer> f = null;                    // 声明接口对象 f
        f = new FlyImpl<Integer>(9000) ;    // 通过子类 FlyImpl 实例化对象 f
        System.out.println("飞机飞行的高度是" + f.getHeight()+"米") ;
    }
}

interface Fly<T>{                           //在接口上定义泛型
    public T getHeight() ;                  //定义抽象方法，抽象方法的返回值就是泛型类型
}

class FlyImpl<T> implements Fly<T>{        //定义泛型接口的子类
    private T height ;                      //定义属性
    public FlyImpl(T height){               //通过构造方法设置属性内容
        this.setHeight(height) ;
    }
    public T getHeight() {
        return height;
    }
    public void setHeight(T height) {
        this.height = height;
    }
};
```

输出结果为

飞机飞行的高度是 9000 米

5.3 实训 集合实现类的基础练习

任务 1 使用集合实现类 ArrayList 存储对象

要求：创建一个商品类 Product，在该类中定义三个属性和 toString()方法，分别实现 set 和 get 功能；创建一个测试类 Demo5_12，调用 Product 类的构造函数实例化三个对象，并将 Product 对象保存至 ArrayList 集合中。最后遍历该集合，输出商品信息。程序代码如例 5-12 所示。

【例 5-12】　Java 应用开发与实践\Java 源码\第 5 章\lesson5_12 \Demo5_12.java。

```java
import java.util.*;

public class Demo5_12 {
    public static void main(String[] args) {
        Product product1 = new Product(1, "矿泉水", 2);
        Product product2 = new Product(2, "饼干", 6.5f);
        Product product3 = new Product(3, "水果", 24.8f);
        List list = new ArrayList();
        list.add(product1);
        list.add(product2);
        list.add(product3);
        System.out.println("商品信息如下：");
        for (int i = 0; i < list.size(); i++) {
            // 循环遍历集合，输出集合元素
            Product temp = (Product) list.get(i);
            System.out.println(temp);
        }
    }
}

class Product { // 商品类

    private int id;              // 商品编号
    private String name;      // 商品名称
    private float price;       // 商品价格

    public Product(int id, String name, float price) {
        this.name = name;
        this.id = id;
        this.price = price;
    }

    public int getId() {
        return id;
    }

    public void setId(int id) {
        this.id = id;
```

```
        }

        public String getName() {
            return name;
        }

        public void setName(String name) {
            this.name = name;
        }

        public float getPrice() {
            return price;
        }

        public void setPrice(float price) {
            this.price = price;
        }

        public String toString() {
            return "商品编号：" + id + "，商品名称：" + name + "，商品价格：" + price + " 元";
        }
    }
```

输出结果为

商品信息如下：

商品编号：1，商品名称：矿泉水，商品价格：2.0 元

商品编号：2，商品名称：饼干，商品价格：6.5 元

商品编号：3，商品名称：水果，商品价格：24.8 元

任务 2　使用集合实现类 HashMap 存储对象

要求：定义一个 Teacher 类及其子类 CollegeTeacher 类，Teacher 类具有 id、name、subject 等属性，CollegeTeacher 类具有 scientificResearch 属性。程序代码如例 5-13 所示。

【例 5-13】　Java 应用开发与实践\Java 源码\第 5 章\lesson5_13 \Demo5_13.java。

```java
import java.io.*;
import java.util.*;

public class Demo5_13 {
    public static void main(String[] args) throws IOException {
```

```
                InputStreamReader isr = new InputStreamReader(System.in);
                BufferedReader br = new BufferedReader(isr);
                Dictionary dt1 = new Dictionary("[ɔrəndʒ]", "n", "橙子",
                                "the orange is very big.");
                Dictionary dt2 = new Dictionary("[haʊs]", "n", "房子",
                                "the house is white.");
                Dictionary dt3 = new Dictionary("[æpəl]", "n", "苹果",
                                "John is eating an apple.");
                Dictionary dt4 = new Dictionary("[rən]", "v", "奔跑",
                                "a dog is running on the road.");
                Map map = new HashMap();
                map.put("orange", dt1);
                map.put("house", dt2);
                map.put("apple", dt3);
                map.put("run", dt4);
                while (true) {
                        System.out.print("请输入单词：");
                        String str = br.readLine();
                        if (map.containsKey(str)) {
                                Dictionary temp = (Dictionary) map.get(str);
                                System.out.print(temp.getEng()+ " ");
                                System.out.println(temp.getType() + " " + temp.getChi()
                                                + ". 例句: " + temp.getExam());
                        } else{
                                System.out.println("退出系统！");
                                System.exit(0);
                        }
                }
        }
}

class Dictionary {
    String eng;
    String type;
    String chi;
    String example;

    Dictionary(String eng, String type, String chi, String example) {
        this.eng = eng;
        this.type = type;
```

```
                this.chi = chi;

                this.example = example;

        }

        public String getEng() {

                return this.eng;

        }

        public String getType() {

                return this.type;

        }

        public String getChi() {

                return this.chi;

        }

        public String getExam() {

                return this.example;

        }

        public void putEng(String eng) {

                this.eng = eng;

        }

        public void putType(String type) {

                this.type = type;

        }

        public void putChi(String chi) {

                this.chi = chi;

        }

        public void putExam(String example) {

                this.example = example;

        }

}
```

输出结果为

请输入单词：<u>orange</u>

[ɔrənʒ] n 橙子. 例句: the orange is very big.

请输入单词：<u>house</u>

[haʊs] n 房子. 例句: the house is white.

请输入单词：apple

[æpəl] n 苹果. 例句: John is eating an apple.

请输入单词：

5.4 小 结

Collection 接口是所有单列集合的根接口。

集合本质上是一个容器，这个容器可以存放很多数据。数组也是一个容器。不同的是，数组长度固定，可以存放任何数据类型的数据；集合长度可变，只能存放引用类型，即对象。

泛型是一种未知的、不确定的数据类型。

如果在类上面定义泛型，那么这个泛型在整个类中都可以使用，并且只有在需要使用这个类的时候，才能确定这个泛型真正表示的是什么数据类型。

习 题 5

一、选择题

1. 集合 API 中 Set 接口的特点是( )。

    A. 不允许重复元素，元素有顺序   B. 允许重复元素，元素无顺序

    C. 允许重复元素，元素有顺序   D. 不允许重复元素，元素无顺序

2. 表示键值对概念的接口是( )。

    A. Collection   B. List   C. Set   D. Map

3. 创建一个只能存放 String 的泛型 ArrayList 类的语句正确的是( )。

    A. ArrayList<int> al=new ArrayList<int>();

    B. ArrayList<String> al=new ArrayList<String>();

    C. ArrayList al=new ArrayList<String>();

    D. ArrayList<String> al =new List<String>();

4. 以下不属于 ArrayList 类的方法的是( )。

    A. add()   B. addFirst ()   C. size ()   D. addAll ()

5. 下列声明语句错误的是( )。

    A. List list=new ArrayList()

    B. List<String> list=new LinkedList<String> ();

    C. ArrayList al= new List();

    D. Set set=(Set)new ArrayList()

二、判断题

1. 数组与集合可以相互转换，它们没有什么区别。   ( )

2．由"List list = new ArrayList();"可以知道，List 是 Java 提供的类。　　　　（　　）

3．泛型的本质是参数化类型，也就是说所操作的数据类型被指定为一个参数，这种参数类型可以用在类、接口和方法的创建中，分别称为泛型类、泛型接口、泛型方法。

（　　）

4．Iterator 是对 Collection 进行迭代输出的迭代器，它可以遍历并选择序列中的对象。

（　　）

5．Vector 与 ArrayList 一样，Vector 本身也属于 List 接口的子类，所以使用 Vector 和使用 ArrayList 都一样，适用于同样的场合。　　　　（　　）

三、编程题

1．从控制台输入若干个字符串(输入回车结束)放入集合 Stack 中，并将它们输出到控制台，要求最先放进来的最后输出，最后放进来的最先输出。

2．在 ArrayList 中存储以下元素：yeric、bob、muss、Shirley、nishi binai，将集合中的元素排序，并将排序后的结果输出。

3．从键盘上输入一个字符串，要求去除重复字符后输出。

4．生成 10 个 1～20 之间的不重复的随机数，要求使用 HashSet 和 Iterator。

5．不用循环语句，把 List<String>集合中的重复元素去除。

第 6 章

异 常 处 理

程序设计的要求之一就是程序的健壮性强，希望程序在运行时能够不出或者少出问题。但是，在程序的实际运行时，总会有一些因素导致程序不能正常运行。

在设计算法时，往往对算法的正常逻辑处理流程设计得比较准确，对异常情况的处理反而不容易设计全面，导致程序在出现异常情况时崩溃。如果软件出现这种情况会给用户带来极不好的体验。

异常处理(Exception Handling)是编程语言或计算机硬件里的一种机制，用于处理软件或信息系统中出现的异常状况(即超出程序正常执行流程的某些特殊条件)。通过异常处理，我们可以对用户在程序中的非法输入进行控制和提示，以防程序崩溃。

6.1 异常的概述

6.1.1 异常的概念和分类

在 Java 中使用一种异常处理的错误捕获机制，当程序运行过程中发生了一些异常情况时，程序有可能被中断或导致错误的结果出现。例如：想打开的文件不存在、网络连接中断、接受了不符合逻辑的操作数、系统资源不足等。在这些情况下，程序不会返回任何值，而是抛出封装了错误信息的对象。Java 提供了专门的异常处理机制去处理这些异常。

举一个简单的例子：试设计一个程序，运行后提示用户输入两个整数，两个整数用空格隔开，用户输入后，程序显示出两个数字的和。这个程序正常的逻辑处理非常简单，但如果用户输入的两个字符串不是整数，就应该给出提示，否则程序有可能会崩溃。因此针对异常情况的处理也是非常重要的，当然有时这种处理会比较复杂。

Java 规范将派生于 RuntimeException 类的所有异常都称为非检查异常，除非检查异常以外的所有异常都称为检查异常。检查异常对方法调用者来说属于必须处理的异常，当一个应用系统定义了大量或者容易产生很多检查异常的方法调用时，程序中会有很多的异常处理代码。图 6-1 所示为 Java 异常体系结构。

由图 6-1 我们可以看到，Throwable 类是 Java 中所有错误或异常的超类。Throwable 包含了导致其发生的执行过程(可以理解为方法调用顺序)的快照，通过此信息可以追根溯源到问题出现的原始位置。它还包含了给出有关错误更多信息的消息字符串。

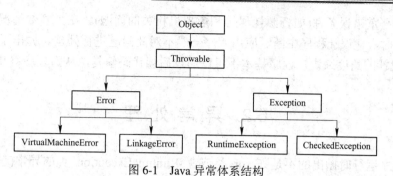

图 6-1　Java 异常体系结构

Throwable 类分两大类型：Error 类代表了编译和系统的错误，不允许捕获，在大多数情况下，当遇到这样的错误时，建议让程序中断，应用程序一般不对此问题进行处理；Exception 类代表了标准 Java 库方法所激发的异常，需处理它们，然后继续程序执行。它是分层把关，因此，错误情况不会介入到程序的正常流程中。所以一般讨论 Exception 类这类异常。Exception 类包含运行时异常 RuntimeException 和编译异常(非运行时异常) checkedException 两大类别。

6.1.2　编译异常

编译异常又叫非运行时异常，是 RuntimeException 以外的异常，类型上都属于 Exception 类及其子类。Java 编译器利用分析方法或构造方法中可能产生的结果来检测 Java 程序中是否含有检测异常的处理程序，对于每个可能的检测异常，方法或构造方法的 throws 子句必须列出该异常对应的类。在 Java 的标准包 java.lang、java.util 和 java.net 中定义的异常都是非运行时异常。编译异常从程序语法角度讲是必须进行处理的异常，如果不处理，程序就不能编译通过。

6.1.3　运行时异常

运行时异常类对应于编译错误，它是指 Java 程序在运行时产生的由解释器引发的各种异常，都是 RuntimeException 类及其子类异常。运行时异常可能出现在任何地方，且出现频率很高，为了避免巨大的系统资源开销，编译器不对异常进行检查，所以 Java 中的运行时异常不一定被捕获。出现运行错误往往表示代码有错误，如算数异常(如被 0 除)、下标异常(如数组越界)等。一般比较常见的运行时异常有：NullPointerException(空指针异常)、IndexOutOfBoundsException(下标越界异常)、ClassCastException(类转换异常)、ArrayStoreException(数据存储异常，操作数组时类型不一致)等。

一般说来，运行时异常表示虚拟机通常操作中可能遇到的异常，是一种常见运行错误。Java 编译器要求方法必须声明抛出可能发生的编译异常，但是并不要求必须声明抛出未被捕获的运行时异常。

6.1.4　错误

Error 类和 Exception 类都是类 Throwable 的子类，在 Java 中，错误类(Error)被认为是

不能恢复的严重错误条件(如资源耗尽等和虚拟机相关的问题)。在大多数情况下，当遇到这样的错误时，建议让程序中断，应用程序一般不对此问题进行处理。抛出了 Error 的程序从 Java 设计的角度来讲，程序基本不可以通过后续代码修复，从而理应终止。

6.2 异 常 处 理

如果程序运行时抛出的不是 Error 类或者 RuntimeException 类的异常(包含它们的子类)，则开发者必须处理该异常，处理方法一般有两种。

(1) 捕获异常：将可能发生异常的语句包含在一个 try/catch 块中进行捕获处理。

(2) 抛出异常：在方法声明时，声明该方法抛出异常，由调用该方法的代码接收处理，而方法本身不必处理。

6.2.1 捕获异常

最常见的异常捕获方式就是 try{}catch 方式，利用 try 程序块放置可能出现异常的代码，利用 catch 块来捕获异常，打印出详细的信息，通常使用 printStackTrace()方法来显示是什么原因导致的异常并且做出相应的处理。例 6-1 是正常运行的代码。

【例 6-1】 Java 应用开发与实践\Java 源码\第 6 章\lesson6_1 \Demo6_1.java。

```java
public class Demo6_1 {

    public static void main(String[] args) {
        System.out.println("除法计算开始");
        int result = 5 / 1;
        System.out.println("除法计算结果：" + result);
        System.out.println("除法计算结束");
    }
}
```

输出结果为

除法计算开始

除法计算结果：5

除法计算结束

如果在除法中，被除数除 0，则会出现异常。一旦产生异常，我们会发现产生异常的语句以及以后的语句将不再执行，默认情况下进行异常信息输出，而后自动结束程序的执行。

【例 6-2】 Java 应用开发与实践\Java 源码\第 6 章\lesson6_2 \Demo6_2.java。

```java
public class Demo6_2 {

    public static void main(String[] args) {
```

```
        System.out.println("除法计算开始");
        int result = 5 / 0;
        System.out.println("除法计算结果：" + result);
        System.out.println("除法计算结束");
    }

}
```

输出结果为

Exception in thread "main" 除法计算开始

java.lang.ArithmeticException: / by zero

    at lesson6_2.Demo6_2.main (Demo6_2.java:7)

例 6-3 所示的程序代码是通过异常捕获使用 try/catch 格式的一个例子。该程序正常运行，所以执行了 try 里的所有语句，而不会去执行 catch 里的语句。接着执行了最后的输出语句，直至输出"除法计算结束"。

【例 6-3】 Java 应用开发与实践\Java 源码\第 6 章\lesson6_3 \Demo6_3.java。

```java
public class Demo6_3 {

    public static void main(String[] args) {
        System.out.println("除法计算开始");
        try {
            int result = 5 / 1;
            System.out.println("除法计算结果：" + result);
        } catch (ArithmeticException e) {
            e.printStackTrace();
        }
        System.out.println("除法计算结束");
    }

}
```

输出结果为

    除法计算开始

    除法计算结果：5

    除法计算结束

如果出现异常，则程序至 catch 处执行输出，进行异常捕获处理。程序中即使有了异常，也可以正常地执行完毕，为了让错误的信息更加完整，一般都会调用 printStackTrace()方法进行异常信息的打印，如例 6-4 所示。

【例 6-4】 Java 应用开发与实践\Java 源码\第 6 章\lesson6_4 \Demo6_4.java。

```java
public class Demo6_4 {
```

```
    public static void main(String[] args) {
        System.out.println("除法计算开始");
        try {
            int result = 5 / 0;
            System.out.println("除法计算结果：" + result);
        } catch (ArithmeticException e) {
            e.printStackTrace();
        }
        System.out.println("除法计算结束");
    }

}
```

输出结果为

除法计算开始

除法计算结束

java.lang.ArithmeticException: / by zero

at lesson6_4.Demo6_4.main(Demo6_4.java:8)

可以使用 try/catch/finally 语句处理异常，就是在 try/catch 的语句块中加入 finally 语句块作为统一的出口操作(不管是否有异常、是否处理了异常都会执行)。例 6-5 说明了finally 语句的使用。

【例6-5】 Java 应用开发与实践\Java 源码\第 6 章\lesson6_5\Demo6_5.java。

```
public class Demo6_5 {

    public static void main(String[] args) {
        System.out.println("除法计算开始");
        try {
            int result = 5 / 1;
            System.out.println("除法计算结果：" + result);
        } catch (ArithmeticException e) {
            e.printStackTrace();
        } finally {
            System.out.println("不管是否出现异常都执行");
        }
        System.out.println("除法计算结束");
    }

}
```

输出结果为

除法计算开始

除法计算结果：5

不管是否出现异常都执行

除法计算结束

通常，对于没有垃圾回收机制和析构函数自动调用机制(析构函数：当对象不再被使用时会被调用的函数)的语言来说，finally 语句非常重要，它能保证无论 try 块里发生了什么，内存总能得到释放。但是 Java 有垃圾回收机制，所以内存释放不再是问题，另外，Java 也没有析构函数可供其调用。那么在什么情况下才能用到 finally 语句呢？当然是要把除内存之外的资源恢复到出事状态时。这种需要清理的资源包括已打开的资源或者网络连接、在屏幕上画的图形，甚至可以是外部的某个开关。

6.2.2 抛出异常

抛出异常是处理异常的另一种方式。通常，为了明确指出一个方法不捕获某类异常，而让调用该方法的其他方法捕获该异常，可以在定义方法的时候，使用 throws 关键字，用以抛出该类异常。所以，throws 关键字作用于方法的声明上，表示一个方法不处理异常，而交由调用处进行处理。

【例6-6】 Java 应用开发与实践\Java 源码\第 6 章\lesson6_6 \Demo6_6.java。

```java
public class Demo6_6 {

    public static void main(String[] args) {
        System.out.println("除法计算开始");
        int result = 2147483647;
        try {
            result = new Calculation().division(5,0);
        } catch (Exception e) {
            e.printStackTrace();
        }
        if(result==2147483647){
            System.out.println("除法计算结果无效");
        }else{
            System.out.println("除法计算结果: "+result);
        }
        System.out.println("除法计算结束");
    }
}

class    Calculation{
    public int division(int n1, int n2) throws Exception {
        return n1/n2;
```

```
        }
    }
```

输出结果为

> 除法计算开始
>
> 除法计算结果无效
>
> 除法计算结束
>
> <u>java.lang.ArithmeticException</u>: / by zero
>
>   at lesson6_6.Calculation.division(<u>Demo6_6.java:28</u>)
>
>   at lesson6_6.Demo6_6.main(<u>Demo6_6.java:11</u>)

throws 关键字不仅可以在普通方法上使用，也可以在 main 方法上使用。即 main 方法不对异常进行处理，而向它的上级抛出，即由 JVM 进行处理。

6.3 自定义异常

如果 Java 提供的内置异常类型不能满足程序设计的需求，可以设计自己的异常类型。自定义异常类必须继承现有的 Exception 类或 Exception 的子类才能进行创建。

自定义异常语法形式为

> \<class\>\<自定义异常名\>\<extends\>\<Exception\>

在编码规范上，一般将自定义异常类命名为 **XXXException**，其中 **XXX** 用来代表该异常的作用。

自定义异常类一般包含两个构造方法：一个是无参的默认构造方法，另一个是以字符串的形式接收一个定制的异常消息，并将该消息传递给超类的构造方法。

例 6-7 是一个名为 NegativeNumber 的自定义异常类。

【例 6-7】 Java 应用开发与实践\Java 源码\第 6 章\lesson6_7 \Demo6_7.java。

```
public class Demo6_7 {

    public static void main(String[] args) {
        Calculation cal = new Calculation();
        try {
            int x = cal.division(5, -1);
            System.out.println("除法的商是:" + x);
        } catch (NegativeNumberException e) {
            System.out.println(e.toString());
            System.out.println("出错的除数是： " + e.getValue());
        }
        System.out.println("除法计算结束");
    }
```

```
}

class NegativeNumberException extends Exception {
    private int value;

    public NegativeNumberException() {
        super();
    }

    public NegativeNumberException(String msg, int value) {
        super(msg);
        this.value = value;
    }

    public int getValue() {
        return value;
    }
}

class Calculation {
    int division(int n1, int n2) throws NegativeNumberException {
        if (n2 < 0) {
            // 手动通过 throw 关键字抛出一个自定义异常对象
            throw new NegativeNumberException("除数是负数的异常", n2);
        }
        return n1 / n2;
    }
}
```

输出结果为

lesson6_7.NegativeNumberException: 除数是负数的异常

出错的除数是：−1

除法计算结束

6.4　实训　异常处理基础练习

任务 1　利用 try/catch 和 throws 处理小于 0 或不是数字的情况

要求：将已知一个数的平方根输出。如果该数小于 0 或不是数字，则进行异常处理。

程序代码如例 6-8 所示。

【例 6-8】 Java 应用开发与实践\Java 源码\第 6 章\lesson6_8 \Demo6_8.java。

```java
public class Demo6_8 {
    public static double sqrt(String str) throws Exception {
        if (str == null) {
            // 用 throw 关键字抛出异常，当异常被抛出时，程序会跳出该方法
            throw new Exception("输入的字符串不能为空！ ");
        }
        double number = 0;
        try {
            number = Double.parseDouble(str);
        } catch (NumberFormatException e) {
            /*
             * 如果输入的字符串不能转化成数字，将 parseDouble 方法可能抛出的
             * 异常 NumberFormatException 捕获，然后将捕获的异常重新封装并输出
             */
            throw new Exception("输入的字符串必须能够转化成数字！ ", e);
        }
        if (number < 0) {
            // 如果输入的字符串转化成的数字小于 0，将捕获的异常重新封装并输出
            throw new Exception("输入的字符串转化成的数字必须大于 0！ ");
        }
        return Math.sqrt(number);
    }

    public static void main(String[] args) throws Exception {
        try {
            System.out.println("该数的平方根是： "+Demo6_8.sqrt("abc"));
        } catch (Exception e) {
            // 将 sqrt 方法声明的可能抛出的 Exception 异常捕获
            // 打印捕获的异常的信息
            System.out.println("异常信息提示： " + e.getMessage());
            e.printStackTrace();
            throw e; // 不做进一步处理，将异常向外抛出
        }
    }
}
```

输出结果为

异常信息提示：输入的字符串必须能够转化成数字！

java.lang.Exception: 输入的字符串必须能够转化成数字!

    at lesson6_8.Demo6_8.sqrt(Demo6_8.java:17)

    at lesson6_8.Demo6_8.main(Demo6_8.java:29)

Caused by: java.lang.NumberFormatException: For input string: "abc"

    at sun.misc.FloatingDecimal.readJavaFormatString(Unknown Source)

    at sun.misc.FloatingDecimal.parseDouble(Unknown Source)

    at java.lang.Double.parseDouble(Unknown Source)

    at lesson6_8.Demo6_8.sqrt(Demo6_8.java:11)

    ... 1 more

Exception in thread "main" java.lang.Exception: 输入的字符串必须能够转化成数字!

    at lesson6_8.Demo6_8.sqrt(Demo6_8.java:17)

    at lesson6_8.Demo6_8.main(Demo6_8.java:29)

Caused by: java.lang.NumberFormatException: For input string: "abc"

    at sun.misc.FloatingDecimal.readJavaFormatString(Unknown Source)

    at sun.misc.FloatingDecimal.parseDouble(Unknown Source)

    at java.lang.Double.parseDouble(Unknown Source)

    at lesson6_8.Demo6_8.sqrt(Demo6_8.java:11)

    ... 1 more

任务2　利用 try/catch 和 throws 处理年龄不能超过 35 岁的情况

要求：测试输入年龄的合格情况，如果年龄超过 35 岁，则进行异常处理。程序代码如例 6-9 所示。

【例 6-9】 Java 应用开发与实践\Java 源码\第 6 章\lesson6_1 \Demo6_9.java。

```java
public class Demo6_9 {
    public void test2(int age) {
        if (age > 35) {
            try {
                test1();
            } catch (AgeRestrictions e) {
                RuntimeException exception = new RuntimeException(e);
                throw exception;
            }
        }else{
            System.out.println("可以报名！");
        }
    }

    public void test1() throws AgeRestrictions {
```

```
                throw new AgeRestrictions("年龄不能超过 35 岁！");
        }

        public static void main(String[] args) {
                Demo6_9 demo = new Demo6_9();
                try {
                        demo.test2(36);
                } catch (Exception e) {
                        e.printStackTrace();
                }
                System.out.println("请重新填写年龄！");
        }
}

class AgeRestrictions extends Exception {

        // 无参构造方法
        public AgeRestrictions() {
                super();
        }

        // 有参的构造方法
        public AgeRestrictions(String message) {
                super(message);
        }

        // 用指定的详细信息和原因构造一个新的异常
        public AgeRestrictions(String message, Throwable cause) {
                super(message, cause);
        }

        // 用指定原因构造一个新的异常
        public AgeRestrictions(Throwable cause) {
                super(cause);
        }
}
```

输出结果为

java.lang.RuntimeException: lesson6_9.AgeRestrictions: 年龄不能超过 35 岁！

  at lesson6_9.Demo6_9.test2(Demo6_9.java:10)

  at lesson6_9.Demo6_9.main(Demo6_9.java:26)

Caused by: lesson6_9.AgeRestrictions: 年龄不能超过 35 岁！

    at lesson6_9.Demo6_9.test1(<u>Demo6_9.java:20</u>)

    at lesson6_9.Demo6_9.test2(<u>Demo6_9.java:8</u>)

    ... 1 more

请重新填写年龄！

6.5 实践 定义酒店管理系统的异常及处理

在酒店管理系统中，很多类都有异常，这些类放在文件夹"Java 应用开发与实践\Java 源码\第 12 章\HotelSystem\src\com\db"以及"Java 应用开发与实践\Java 源码\第 12 章 \HotelSystem\src\com\model"等其他文件夹中。

DbDemo 类是连接数据库的类，下面以 DbDemo 类和 QueryAllGuest 类为例说明异常处理的使用。

DbDemo 类：

```java
package com.hotelmanage.db;

public class DbDemo {
    String URL = "jdbc:mysql://localhost:3306/hotelManageSystemDB";
    String name = "root";
    String passwd = "1234";
    Connection connection = null;
    PreparedStatement statement = null;
    ResultSet result = null;

    // 加载驱动，使用 mysql 的用户名和密码建立连接 connection
    public void connect() {
        try {
            Class.forName("com.mysql.jdbc.Driver");
            connection = DriverManager.getConnection(URL, name, passwd);

        } catch (ClassNotFoundException e) {
            e.printStackTrace();
        } catch (SQLException e) {
            e.printStackTrace();
        }
    }
}

...
```

QueryAllGuest 类：

```
package com.hotelmanage.model;

import java.awt.*;
import java.awt.event.*;
import java.sql.ResultSet;
import java.sql.SQLException;

import javax.swing.*;
import javax.swing.border.Border;
import javax.swing.table.*;
import javax.swing.text.*;

import com.hotelmanage.db.DbDemo;
import com.hotelmanage.entity.GuestInfo;
import com.hotelmanage.entity.UserInfo;

//查询所有客人信息
public class QueryAllGuest extends JFrame implements ActionListener{
    Font font;
    int width, height;
    JLabel jLabel;
    JButton jButtonClose;
    JPanel jPanelNorth,jPanelSouth;

    public QueryAllGuest() {
        font = new Font("宋体", Font.PLAIN, 20);
        width = Toolkit.getDefaultToolkit().getScreenSize().width; // 屏幕宽度
        height = Toolkit.getDefaultToolkit().getScreenSize().height;// 屏幕高度

        jLabel = new JLabel("查询所有客人信息");
        jLabel.setFont(font);
        jButtonClose=new JButton("关闭查询窗口");
        jButtonClose.setFont(font);
        jButtonClose.addActionListener(this);
        jPanelNorth = new JPanel();
        jPanelNorth.setBackground(Color.MAGENTA);
        jPanelSouth = new JPanel();
        jPanelSouth.setBackground(Color.CYAN);
        jPanelNorth.add(jLabel);
```

```
        jPanelSouth.add(jButtonClose);

        this.add(jPanelNorth,BorderLayout.NORTH);
        this.add(jPanelSouth,BorderLayout.SOUTH);
        this.setTitle("查询所有客人信息 ");
        this.setSize(1500, 500);
        this.setLocation(width / 2 - 700, height / 2 - 200);
        this.setVisible(true);


    }


public void query() {
        ResultSet result = new DbDemo().qureyAllGuest();
        int rownumber;
        try {
                result.last(); // 将光标移动到此 ResultSet 对象的最后一行
                rownumber = result.getRow(); // 获取当前行编号。第一行为 1 号，
                                            // 第二行为 2 号，以此类推
                result.beforeFirst(); // 将光标移动到此 ResultSet
                                    // 对象的开头，正好位于第一行之前。如果结果集中不
                                    // 包含任何行，则此方法无效
                String[] columnName = {"客人编号","客人身份证号","客人姓名","客人性别",
                                    "客人年龄","客人电话","客人是否 VIP" };
                Object[][] data = new Object[rownumber][7];
                int row = 0;
                while (result.next()) {
                        data[row][0] = result.getString(1);
                        data[row][1] = result.getString(2);
                        data[row][2] = result.getString(3);
                        data[row][3] = result.getString(4);
                        data[row][4] = result.getInt(5);
                        data[row][5] = result.getString(6);
                        data[row][6] = result.getString(7);
                        row++;
                }
                final JTable table = new JTable(data, columnName);
                table.setFont(font);
                table.setRowHeight(30);
                DefaultTableCellRenderer tcr = new DefaultTableCellRenderer();
                tcr.setHorizontalAlignment(SwingConstants.CENTER); // 设置 table 内容居中
```

```
            table.setDefaultRenderer(Object.class, tcr);
            // 设置此表窗口的首选大小
            table.setPreferredScrollableViewportSize(new Dimension(1500, 500));
            JScrollPane scrollPane = new JScrollPane(table);

            table.setEnabled(false); // 禁止响应用户输入
            table.setAutoCreateColumnsFromModel(true); // JTable 应该自动创建列

            this.add(scrollPane);
            this.pack();

            table.print(); // 允许快速简单地向应用程序添加打印支持

        } catch (Exception es) {
            es.printStackTrace();
        } finally {
            try {
                if ( result != null) {
                    result.close();
                }
                new DbDemo().close();
            } catch (SQLException e) {
                e.printStackTrace();
            }
        }
    }

    public void actionPerformed(ActionEvent e) {
        if(e.getSource().equals(jButtonClose)){
            this.dispose();
        }
    }
}
```

6.6 小　结

Java 异常处理通过 5 个关键字(即 try、catch、throw、throws、finally)进行管理。

异常处理通常是用 try 语句块包住要监视的语句。

如果在 try 语句块内出现异常，则异常会被抛出，在 catch 语句块中可以捕获到这个异常并做处理。也可以通过 throws 关键字在方法上声明该方法要抛出异常，然后在方法内部通过 throw 抛出异常对象。

子类重写父类方法时，子类的方法必须抛出相同的异常或者父类异常的子类。

习 题 6

一、选择题

1. 下列关于异常的说法正确的是(　　)。

    A. 异常是运行时出现的错误　　　　　　　B. 异常是编译时的错误

    C. 异常就是程序错误，程序错误就是异常　　D. 以上都不对

2. 在 Java 的一个异常处理中，可以有多个语句块的是(　　)。

    A. try　　　　B. catch　　　　C. finally　　　　D. throws

3. 所有异常类的父类是(　　)。

    A. Error　　　B. Exception　　　C. Throwable　　　D. IOException

4. 使用 catch(Exception e)的好处是(　　)。

    A. 执行一些程序

    B. 忽略一些异常

    C. 只会捕获个别类型的异常

    D. 捕获 try 语句块中产生的所有类型的异常

5. 下面这段程序，正确的结果是(　　)。

```
public class Demo {
    public static void main(String args[]) {
        try {
            System.out.print("我在 try 块里");
        } finally {
            System.out.println("我在 finally 块里");
        }
    }
}
```

    A. 无法编译，因为没有指定异常　　　　B. 无法编译，因为没有 catch 子句

    C. 我在 try 块里　　　　　　　　　　　D. 我在 try 块里我在 finally 块里

二、判断题

1. 捕获异常，使用关键字 catch。　　　　　　　　　　　　　　　　　　(　　)

2. finally 语句是指没有异常出现时要执行的语句。　　　　　　　　　　　(　　)

3. 逻辑错可以由编译器发现。　　　　　　　　　　　　　　　　　　　　(　　)

4. 若父类中的方法声明了 throws 异常，则子类 Override 时一定也要 throws 异常。　　　　　　　　　　　　　　　　　　　　　　　　　　　　　　　(　　)

5. catch 多个异常时，子类异常要排在父类异常的后面。　　　　　　　　(　　)

三、编程题

1．输出一个数组的所有元素，捕获数组下标越界异常。

2．一个方法，接收两个数并做除法，并捕获除数为 0 异常。

3．判断一个方法的参数是不是数字，并捕获可能出现的异常。

4．从控制台输入 5 个整数，并输出。如果输入的不是整数，需要捕获异常并显示"请输入整数"。

5．编写一个方法，它有三个参数：a、b、c，判断这三个参数能否构成三角形，如果不能则抛出异常。如果可以构成三角形，则计算此三角形的周长。

第 7 章

图形用户界面设计

一直以来，用户乐于接受直观的图形界面，传统的命令行界面只适合有一定专业基础的用户使用。GUI(图形用户界面)设计的广泛应用是当今计算机发展的重大成就之一，它极大地方便了非专业用户的使用，用户从此不再需要死记硬背大量的命令，取而代之的是通过窗口、菜单、按键等方便地进行操作。本章介绍 Java 的图形用户界面和支持 GUI 的两个包 awt、swing，还描述常用的三大布局管理器以及容器、组件、绘图等常用类的使用。

7.1 图形用户界面简介

7.1.1 认识图形用户界面

图形用户界面又称图形用户接口(Graphical User Interface，GUI)，是指采用图形方式显示的计算机操作环境用户接口。与早期计算机使用的命令行界面相比，图形界面对于用户来说更为简便易用。在图形用户界面中，计算机画面上显示窗口、图标、按钮等图形表示不同目的的动作，用户通过鼠标等指针设备进行选择。GUI 包括视窗、表格、文本框、文件界面、标签、菜单、图标和按钮等元素，如图 7-1 所示。

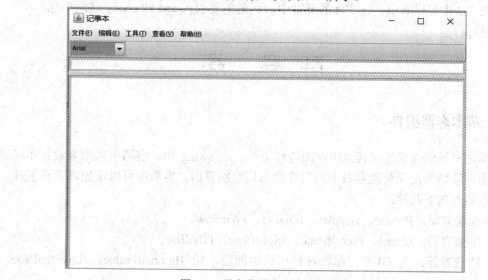

图 7-1 具有菜单和文本框的 GUI

7.1.2 awt 与 swing 简介

Java 中 java.awt 包和 javax.swing 包是 Java 设计 GUI 的基础。与 awt 的重量级组件不同，swing 中大部分是轻量级组件。正是这个原因，swing 几乎无所不能，不但有各式各样先进的组件，而且更为美观易用。所以一开始使用 awt 的程序员很快就转向使用 swing 了。那为什么 awt 组件没有消亡呢？因为 swing 是架构在 awt 之上的，没有 awt 就没有 swing。我们可以根据自己的习惯选择使用 awt 或 swing。

java.awt 包即 Abstract Window ToolKit (抽象窗口工具包)，需要调用本地系统方法实现功能，属重量级控件，主要提供字体/布局管理器；javax.swing 包(商业开发常用)在 awt 的基础上，建立了一套图形界面系统，其中提供了更多的组件，而且完全由 Java 实现，增强了移植性，属轻量级控件，主要提供各种组件(窗口/按钮/文本框)。图 7-2 显示了 awt 和 swing 包与 GUI 各个类之间的包含关系。

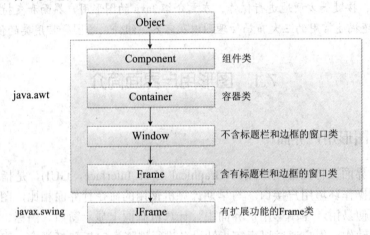

图 7-2 GUI 各个类之间的包含关系

从图 7-2 中可以看出，在实际的开发中，代码需要引入 awt 和 swing 这两个包。

7.2 容　　器

7.2.1 基本容器组件

容器是一种保存和组织其他组件的特殊组件。在 swing 中，容器可以用来设置布局管理器，布局管理器用于管理容器中的组件及布局组织界面，容器中可以添加容器和组件。常用的容器有如下几种：

(1) 顶层容器：JFrame、JApplet、JDialog、JWindow。

(2) 中间容器：JPanel、JScrollPane、JSplitPane、JToolBar。

(3) 特殊容器：在 GUI 上起特殊作用的中间层，如 JInternalFrame、JLayeredPane、JRootPane。

其中，顶级容器可独立存在，而中间容器(如 JPanel、JscrollPane)不能独立存在，必须放在其他容器中。

7.3.2　JFrame 窗体

JFrame 窗体是一种容器，窗体显示为具有标题栏的独立窗口，窗体可以用鼠标来改变大小，用 JFrame 类来定义。JFrame 类允许程序员把其他组件添加到它里面，把它们组织起来，并呈现给用户。JFrame 表面上显得很简单，实际上它是 swing 包中最复杂的组件。为了最大限度地简化组件，在独立于操作系统的 swing 组件与实际运行这些组件的操作系统之间，JFrame 起着桥梁的作用。JFrame 在本机操作系统中是以窗口的形式注册的，这样就可以得到许多熟悉的操作系统窗口的特性：最小化/最大化、改变大小、移动等。

下面介绍一个简单的窗体创建过程。

【例 7-1】　Java 应用开发与实践\Java 源码\第 7 章\lesson7_1 \Demo7_1.java。

```java
import javax.swing.JFrame;


public class Demo7_1 {
    public static void main(String[] args) {
        JFrame jf = new JFrame("my java window");    //创建窗体并直接设置标题
        jf.setSize(300,400);        //设置窗体大小
        jf.setBounds(300,200,500,400);            //设置窗体的位置和大小(x,y,width,height)
        jf.setVisible(true);        //设置窗体可见

    }
}
```

输出结果如图 7-3 所示。

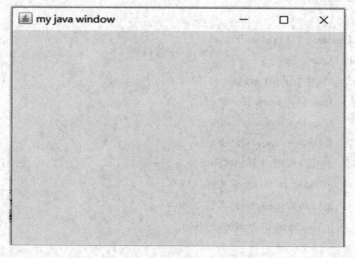

图 7-3　一个空的 JFrame 窗体

7.2.3 面板

面板是一种 swing 的非顶层容器，因为它也继承了 java.awt.Container 类，它可以作为容器容纳其他组件，但面板不能独立显示，必须被添加到其他容器中才能显示运行。swing 组件中常用的面板包括 JPane 面板和 JScrollPane 面板。

JPanel 面板是最常用的一种面板，它可以聚集其他的组件来布局。通常，一个界面只能有一个 JFrame 窗体组件，但是可以有多个 JPanel 面板组件，而且在 JPanel 上也可以用 FlowLayOut、BorderLayOut、GirdLayOut 等各种布局管理器，这样组合使用，可以达到较为复杂的布局效果。JPanel 的默认布局为 FlowLayout。

创建及使用 JPanel 的步骤如下：

(1) 声明并创建 JPanel 对象。

(2) 将其他组件加入到 JPanel 对象。

(3) 将 JPanel 对象加入到某个容器。

JPanel 类的常用构造方法如下：

• JPanel()：创建一个 JPanel 对象。

• JPanel(LayoutManager layout)：创建 JPanel 对象时指定布局 layout。

JPanel 对象添加组件的方法如下：

• add(组件)：添加组件。

• add(字符串，组件)：当 JPanel 采用 GardLayout 布局时，字符串是引用添加组件的代号。

例 7-2 创建了 3 个 JPanel 对象，每个 JPanel 对象放置一个按钮，更改 JPanel 的布局方式为网格布局。

【例 7-2】 Java 应用开发与实践\Java 源码\第 7 章\lesson7_2 \Demo7_2.java。

```java
import java.awt.*;
import javax.swing.*;

public class Demo7_2 extends JFrame {
    public Demo7_2() {
        //创建面板 jp1,jp2,jp3
        JPanel jp1 = new JPanel();
        JPanel jp2 = new JPanel();
        JPanel jp3 = new JPanel();
        //往面板对象中添加按钮组件
        jp1.add(new JButton("按钮 1"));
        jp2.add(new JButton("按钮 2"));
        jp3.add(new JButton("按钮 3"));

        //在面板中添加完按钮后，要把面板放在容器中，首先要创建容器
```

```
        Container jpcon = getContentPane();

        //容器创建好了之后就可以将面板放进去
        jpcon.add(jp1);
        jpcon.add(jp2);
        jpcon.add(jp3);
        //设置 JFrame 为 3 行 1 列网格布局管理器
        this.getContentPane().setLayout(new GridLayout(3,1,3,3));
                this.setTitle("my java window");
        this.setSize(300, 400);        //设置窗体大小
        this.setBounds(300, 200, 500, 400);    //设置窗体的位置和大小
        this.setVisible(true);         //设置窗体可见
        this.setDefaultCloseOperation(JFrame.EXIT_ON_CLOSE);
    }


    public static void main(String[] args) {
        Demo7_2 jf = new Demo7_2();     //创建窗体
    }
}
```

输出结果如图 7-4 所示。

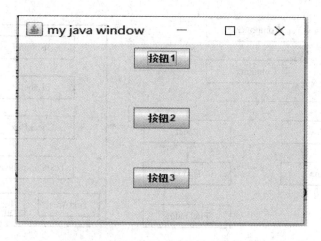

图 7-4 使用网格布局放置按钮的窗口

7.3 组　　件

　　以图形化的方式显示在用户屏幕上，和用户进行交互的对象就叫作组件。组件通常分成两类：一类是我们经常用到的按钮、文本框、文本域、菜单、标签、滚动条、复选按

钮、单选按钮等；另一类是我们经常说到的容器，比如窗体、Panel 等，其作用主要是组织界面上的组件或者单元。

awt 组件是重量级组件，它依赖于本地操作系统的 GUI，缺乏平台独立性。但是 awt 组件简单稳定，兼容于任何一个 JDK 版本。awt 组件所涉及的类一般在 java.awt 的包及其子包中。java.awt 中的类负责与本地操作系统进行交互，让本地操作系统显示和操作组件。

awt 中的两个核心类是 Container 和 Component 类。

• Component 类：Java 图形用户界面最基本的组成部分是 Component。Component 类及其子类的对象用来描述以图形化的方式显示在屏幕上并能够与用户进行交互的 GUI 元素(标签、按钮)。

• Container 类：用来组织界面上的组件或者单元。有两种常用的 Container：一种是 Window，Window 对象表示自由停泊的顶级窗口；另一种是 Panel 对象，它可作为容器容纳其他 Component 对象，但不能够独立存在，必须被添加到其他 Container 中，比如说 Window 或者 Applet 中。Container 有一定的范围和大小，一般都是矩形。它也有一定的位置，这个位置可分为相对位置和绝对位置。一个 Container 中可以包含其他 Container，Container 中可以嵌套 Container。当 Container 显示时，它里面的元素也被显示出来。当 Container 隐藏或者关闭时，它包含的元素也被隐藏。

Component 类与 Container 类的关系：Component 对象不能独立显示出来，必须放在某一 Container 对象中才可以显示出来。Container 是 Component 的子类，Container 子类对象可以容纳别的 Component 对象。Container 对象也可以被当作 Component 对象添加到其他 Container 对象中。Component 类和 Container 类及其子类如图 7-5 所示。

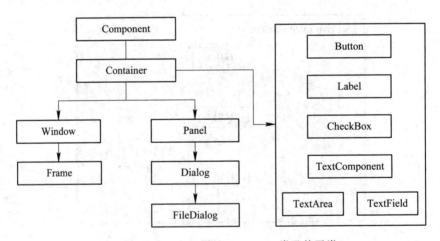

图 7-5　Component 类和 Container 类及其子类

7.3.1　按钮

按钮是图形界面上常见的元素，在前面已经多次使用过它。在 swing 中按钮是 JButton 类的对象。例 7-3 创建了 4 个 JButton 按钮，每个按钮有不同的属性。

【例 7-3】　Java 应用开发与实践\Java 源码\第 7 章\lesson7_3 \Demo7_3.java。

```java
import java.awt.*;
import javax.swing.*;

public class Demo7_3 extends JFrame {
    public Demo7_3() {
        JPanel jp=new JPanel();          //创建 JPanel 对象 jp
        JButton btn1=new JButton("普通按钮");      //创建 JButton 对象 btn1
        JButton btn2=new JButton("带背景颜色按钮");
        btn2.setBackground(Color.pink);                 //设置按钮背景色
        JButton btn3=new JButton("不可用按钮");
        btn3.setEnabled(false);          //设置按钮不可用
        JButton btn4=new JButton("底部对齐按钮");
        Dimension preferredSize=new Dimension(180,80);
                 //设置尺寸，Dimension 类封装了单个对象组件的高度和宽度，多用于表示
                 GUI 控件的大小
        btn4.setPreferredSize(preferredSize);          //设置按钮大小
        //设置按钮垂直对齐方式
        btn4.setVerticalAlignment(SwingConstants.BOTTOM);
        jp.add(btn1);
        jp.add(btn2);
        jp.add(btn3);
        jp.add(btn4);
        this.add(jp);

        this.setTitle("my java window");
        this.setSize(300, 400);          //设置窗体大小
        //设置窗体的位置和大小(x,y,width,height)
        this.setBounds(300, 200, 500, 400);
        this.setVisible(true);           //设置窗体可见
        this.setDefaultCloseOperation(JFrame.EXIT_ON_CLOSE);
    }

    public static void main(String[] args) {
        Demo7_3 jf = new Demo7_3();      //创建窗体
    }
}
```

输出结果如图 7-6 所示。

图 7-6　具有不同属性按钮的窗口

7.3.2　标签和文本框

标签 JLabel 组件显示用户不能修改的信息，这种信息可以是文本、图形或两者的组合。这些组件常用于标识界面中的其他组件，因此而得名。它们常用于标识文本框。

文本框 JTextField 组件是用户可以输入单行文本的区域。创建文本框时，可以设置其宽度。

【例 7-4】　Java 应用开发与实践\Java 源码\第 7 章\lesson7_4 \Demo7_4.java。

```java
import java.awt.*;
import javax.swing.*;

public class Demo7_4 extends JFrame {
    public Demo7_4() {
        JPanel jp=new JPanel();        //创建 JPanel 对象 jp
        JLabel pageLabel = new JLabel("请输入编号", JLabel.RIGHT);    //标签
        JTextField jtfId = new JTextField(20);    //文本框
        FlowLayout flowLayout = new FlowLayout();

        jp.add(pageLabel);
        jp.add(jtfId);
        this.add(jp);
        this.setLayout(flowLayout);
        this.setTitle("my java window");
        this.setSize(300, 400);        //设置窗体大小
        //设置窗体的位置和大小(x,y,width,height)
        this.setBounds(300, 200, 500, 400);
        //this.pack();
        this.setVisible(true);        //设置窗体可见
        this.setDefaultCloseOperation(JFrame.EXIT_ON_CLOSE);
```

```
        }

        public static void main(String[] args) {
            Demo7_4 jf = new Demo7_4();
        }
    }
```

输出结果如图 7-7 所示。

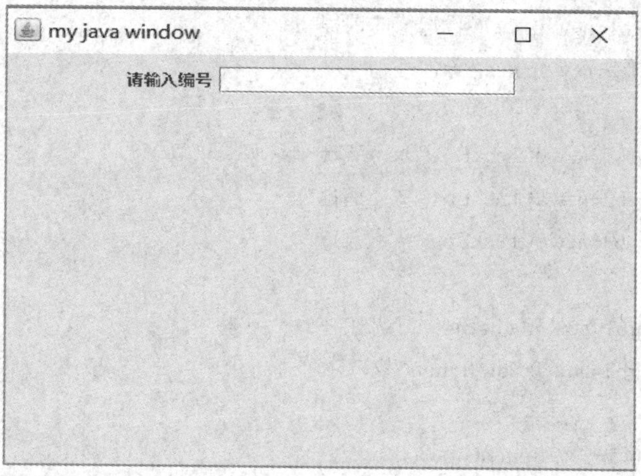

图 7-7　具有标签和文本框的窗口

7.3.3　复选框和单选按钮

复选框(JCheckBox)和单选按钮(JradioButton)都是选择组件，选择组件有两种状态，一种是选中(on)，另一种是未选中(off)，它们提供一种简单的"on/off"选择功能，让用户在一组选择项目中做选择。复选框的形状是一个小方框，被选中则在框中打钩。当在一个容器中有多个选择框时，同时可以有多个选择框被选中。

当在一个容器中放入多个选择框，且没有 ButtonGroup 对象将它们分组时，可以同时选中多个选择框。如果使用 ButtonGroup 对象将选择框分组，同一时刻组内的多个选择框只允许有一个被选中，称同一组内的选择框为单选框。单选框分组的方法是先创建 ButtonGroup 对象，然后将希望为同组的选择框添加到同一个 ButtonGroup 对象中。

【例 7-5】　Java 应用开发与实践\Java 源码\第 7 章\lesson7_5 \Demo7_5.java。

```
    import javax.swing.*;
    import java.awt.*;
    public class Demo7_5 extends JFrame{
        JPanel jp1,jp2,jp3;
        JLabel jlb1,jlb2;
        JCheckBox jcb1,jcb2,jcb3;
        JRadioButton jrb1,jrb2;
        ButtonGroup bg1;
```

```
JButton jb1,jb2;
Demo7_5()
{
        jp1=new JPanel();
        jp2=new JPanel();
        jp3=new JPanel();

        jlb1=new JLabel("你选修的课程");
        jlb2=new JLabel("你的性别");

        jcb1=new JCheckBox("Java Web 项目实战");
        jcb2=new JCheckBox("人工智能");
        jcb3=new JCheckBox("大数据");

        jrb1=new JRadioButton("男");
        jrb2=new JRadioButton("女");

        bg1=new ButtonGroup();

        jb1=new JButton("确定");
        jb2=new JButton("取消");
        //同一组单选按钮必须先创建 ButtonGroup
        //再把单选框组件加入到 ButtonGroup
        bg1.add(jrb1);     //单选框组件 jrb1、jrb2 加入到 ButtonGroup
        bg1.add(jrb2);

        jp1.add(jlb1);
        jp1.add(jcb1);
        jp1.add(jcb2);
        jp1.add(jcb3);

        jp2.add(jlb2);
        jp2.add(jrb1);     //jrb1 和 jrb2 加入到 jp2 中，而不是 bg1 加入到 jp2 中
        jp2.add(jrb2);

        jp3.add(jb1);
        jp3.add(jb2);

        this.add(jp1);
```

```
            this.add(jp2);
            this.add(jp3);

            this.setLayout(new GridLayout(3,1));
            this.setTitle("选修课");
            this.setLocation(250,200);
            this.setSize(450,230);
            this.setDefaultCloseOperation(JFrame.EXIT_ON_CLOSE);
            this.setResizable(false);

            this.setVisible(true);
        }
        public static void main(String[] args) {
            Demo7_5 d=new Demo7_5();
        }
    }
```

输出结果如图 7-8 所示。

图 7-8　具有复选框和单选框的窗口

7.3.4 列表框和组合框、滚动窗格

列表框和组合框是又一类供用户选择的界面组件,用于在一组选择项目中进行选择,组合框还可以输入新的选择。

列表框(JList)是 JList 类或它的子类的对象,程序可以在列表框中加入多个文本选择项目。一般只能按列表形式显示并选择其中的内容,不带文本框。

组合框(JComboBox)是文本框和列表的组合,用户可以在文本框中输入选项,也可以单击下拉按钮从显示的列表中进行选择,仅仅选择一个,也称为下拉列表。组合框与一组单选按钮的功能类似,但组合框这样的方法比单选按钮更加紧凑,并且在不会使用户感到迷惑的前提下,更加容易改变下拉列表中的内容。

滚动窗格(ScrollPane)和组合框一起使用,可以选择在窗口中显示组合框需要的行数。

【例7-6】　Java 应用开发与实践\Java 源码\第 7 章\lesson7_6 \Demo7_6.java。

```java
import javax.swing.*;
import java.awt.*;
public class Demo7_6 extends JFrame{
    JPanel jp1,jp2,jp3;
    JLabel jlb1,jlb2;
    JComboBox jcb;          //组合框
    JList jlst;             //列表框
    JScrollPane jsp;        //滚动窗格
    JButton jb1,jb2;

    Demo7_6()
    {
        jp1=new JPanel();
        jp2=new JPanel();
        jp3=new JPanel();

        jlb1=new JLabel("你选择的课题是");
        jlb2=new JLabel("你的爱好");

        String[] arr1={"购物网站设计","旅游网站设计","聊天室","电子商城设计"};
        jcb=new JComboBox(arr1);

        String[] arr2={"游泳","绘画","演讲","舞蹈"};
        jlst=new JList(arr2);
        jlst.setVisibleRowCount(2);     //设置你要显示的选项的个数
        jsp=new JScrollPane(jlst);

        jb1=new JButton("确认");
        jb2=new JButton("取消");

        jp1.add(jlb1);
        jp1.add(jcb);

        jp2.add(jlb2);
        jp2.add(jsp); //这里写的是加入的 jsp,不是 jlst

        jp3.add(jb1);
```

```
        jp3.add(jb2);

        this.add(jp1);
        this.add(jp2);
        this.add(jp3);

        this.setLayout(new GridLayout(3,1));
        this.setTitle("注册界面");
        this.setLocation(250,200);
        this.setSize(450,230);
        this.setDefaultCloseOperation(JFrame.EXIT_ON_CLOSE);
        this.setResizable(false);

        this.setVisible(true);
    }
    public static void main(String[] args) {
        Demo7_6 d=new Demo7_6();
    }
}
```

输出结果如图 7-9 所示。

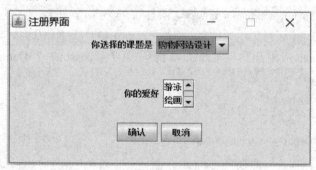

图 7-9　具有列表框和组合框的窗口

7.3.5　菜单

下拉式菜单通过出现在菜单条上的名字可视化表示。菜单条(JMenuBar)通常出现在 JFrame 的顶部，一个菜单条显示多个下拉式菜单的名字。一般可以采用两种方式来激活下拉式菜单：一种方式是当光标位于菜单条中的菜单名上时点击鼠标，菜单会展开，且高亮度显示菜单项；另一种方式是按下鼠标的按钮，并保持按下状态，移动鼠标，直至释放鼠标完成选择，高亮度显示的菜单项即为所选择的菜单。

一个菜单条可以放多个菜单(JMenu)，每个菜单又可以有许多菜单项(JMenuItem)。例如：MyEclipse 环境的菜单条有 File、Edit、Source、Refactor 等菜单，每个菜单又有许多菜单项，如 File 菜单有 New、Open File、Close、Close All 等菜单项。

向窗口增设菜单的方法是：先创建一个菜单条对象，然后再创建若干菜单对象，把这些菜单对象放在菜单条里，最后按要求为每个菜单对象添加菜单项。

菜单中的菜单项也可以是一个完整的菜单。由于菜单项又可以是另一个完整菜单，因此可以构造一个层次状菜单结构。

1．菜单条

菜单条也叫菜单栏，菜单条对象由类 JmenuBar 创建。菜单条通常增设在窗口，作用是把菜单加入到窗口中供用户使用，菜单条本身并不显示在窗口中。例如下面的代码创建菜单条对象 jmb：

```
JMenuBar jmb = new JMenuBar();
```

在窗口中增设菜单条，必须使用 JFrame 类中的 setJMenuBar()方法。代码如下：

```
this.setJMenuBar(jmb);
```

2．菜单

由类 JMenu 创建的对象就是菜单。它只有添加在菜单条中才能显示在窗口中，供用户使用。类 JMenu 的常用方法如下：

```
JMenu jm = new JMenu("菜单名称");      //创建菜单对象
jmb.add(jm);                          //将菜单对象添加到菜单条对象中
```

3．菜单项

类 JMenuItem 的实例就是菜单项。类 JMenuItem 的常用方法如下：

```
JMenuItem jmi = new JMenuItem("菜单项名称"); //创建菜单项对象
jm.add(jmi);                                  //将菜单项对象添加到菜单对象中
```

【例 7-7】 Java 应用开发与实践\Java 源码\第 7 章\lesson7_7 \Demo7_7.java。

```
import java.awt.*;
import javax.swing.*;

public class Demo7_7 extends JFrame {

    public Demo7_7() {
        JMenuBar jmb = new JMenuBar();    //创建菜单项
        JMenu menu, submenu;
        JMenuItem jmi1, jmi2;
        menu = new JMenu("菜单 1");
        submenu = new JMenu("菜单 3");
        jmi1 = new JMenuItem("菜单项 1");
        jmi2 = new JMenuItem("菜单项 2");
        menu.add(jmi1);
        menu.addSeparator();    //添加分割符
        menu.add(jmi2);
```

```
                menu.addSeparator();
                menu.add(submenu);
                submenu.add(new JMenuItem("小一级菜单项"));
                jmb.add(menu);
                this.setJMenuBar(jmb);


                this.setTitle("my java window");
                this.setSize(300, 400);    //设置窗体大小
                this.setBounds(300, 200, 500, 400);    //设置窗体的位置和大小
                this.setVisible(true);        //设置窗体可见
                this.setDefaultCloseOperation(JFrame.EXIT_ON_CLOSE);
        }


        public static void main(String[] args) {
                Demo7_7 jf = new Demo7_7();
        }
    }
```

输出结果如图 7-10 所示。

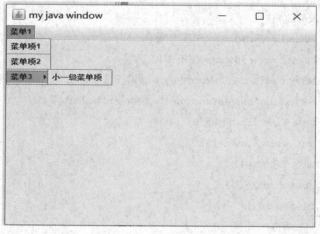

图 7-10　具有菜单的窗口

7.3.6　对话框

对话框是一种比较特殊的窗口，它是人机对话时提供交互模式的一种工具。当需要弹出独立的小窗口来显示信息或从用户那里收集信息时，对话框是很好的选择。对话框是向用户显示信息并获取程序继续运行所需要的数据的窗口，能与用户很好地进行交互。对话框有边框、标题、按钮，它不仅独立存在，还要求不能被其他容器包容。通常对话框没有菜单及最大、最小按钮。

Java 提供多种对话框类来支持多种形式的对话框。常用的对话框类有两个，即

JDialog 类和 JOptionPane 类。JDialog 类提供构造并管理通用对话框；JOptionPane 类给一些常见的对话框提供许多便于使用的选项，如简单的 "yes-no" 对话框等。

1．JDialog 类

JDialog 类用作对话框的父类。对话框与一般窗口不同，对话框依赖于其他窗口，当它所依赖的窗口消失或最小化时，对话框也将消失；窗口还原时，对话框又会自动恢复。JDialog 对象也是一种容器，因此也可以给 JDialog 对话框指派布局管理器，对话框的默认布局为 BoarderLayout 布局。但组件不能直接加到对话框中，对话框也包含一个内容面板，应当把组件加到 JDialog 对象的内容面板中。由于对话框依赖窗口，因此要建立对话框，必须要先创建一个窗口。

【例 7-8】 Java 应用开发与实践\Java 源码\第 7 章\lesson7_8 \Demo7_8.java。

```java
import java.awt.*;
import java.awt.event.*;
import javax.swing.*;
public class Demo7_8 extends JFrame implements ActionListener {
    JButton button1, button2;
    static int flag = 0;                 //标志 flag 指示在哪个文本框设置文本
    static JTextField text1, text2;      //两个文本框

    public Demo7_8() {
        button1 = new JButton("按钮 1");
        button2 = new JButton("按钮 2");
        button1.addActionListener(this);  //给按钮 button1 添加一个监听者 Demo7_8 对象
        button2.addActionListener(this);  //给按钮 button2 添加一个监听者 Demo7_8 对象
        text1 = new JTextField(20);
        text2 = new JTextField(20);
        this.add(button1);
        this.add(button2);
        this.add(text1);
        this.add(text2);
        this.setLayout(new GridLayout(2, 2));
        this.setTitle("my java window");
        this.setSize(300, 400);      //设置窗体大小
        this.setBounds(300, 200, 500, 200);
        this.setVisible(true);       //设置窗体可见
        this.setDefaultCloseOperation(JFrame.EXIT_ON_CLOSE);
    }

    public static void returnName(String s) { //通过标志 flag 判断在哪个文本框设置文本
```

```
                if (flag == 1)
                        text1.setText("文本框 1: " + s);
                else if (flag == 2)
                        text2.setText("文本框 2: " + s);
        }


        public void actionPerformed(ActionEvent e) {
                MyDialog dialog;                        //声明对话框 dialog
                if (e.getSource() == button1) {         //判断如果按下按钮 1
                        dialog = new MyDialog(this, "对话框 1");   //创建对话框 1 对象
                        dialog.setVisible(true);        //设置对话框可见
                        flag = 1;
                } else if (e.getSource() == button2) {  //判断如果按下按钮 2
                        dialog = new MyDialog(this, "对话框 2");   //创建对话框 2 对象
                        dialog.setVisible(true);
                        flag = 2;
                }
        }


        public static void main(String[] args) {
                Demo7_8 jf = new Demo7_8();
        }
}


class MyDialog extends JDialog implements ActionListener {
        JLabel dialogTitle;
        JTextField dialogTextField;
        JButton sendButton;


        public MyDialog(JFrame f, String s) {
                super(f, s, true);      //构造一个标题为 s, 初始化不可见的对话框, 参数 f 设置对话框
                                        //所依赖的窗口
                dialogTitle = new JLabel("向主窗口的文本框发送信息");
                dialogTextField = new JTextField(20);
                dialogTextField.setEditable(true);      //设置文本框可编辑
                sendButton = new JButton("发送信息");
                sendButton.addActionListener(this);     //给按钮 sendButton 添加一个监听者 MyDialog 对象
                this.add(dialogTitle);
                this.add(dialogTextField);
                this.add(sendButton);
```

```
            this.setLayout(new FlowLayout());
            this.setBounds(850, 500, 300, 200);
            setModal(false);
            this.setVisible(true);
        }

        public void actionPerformed(ActionEvent e) {
            Demo7_8.returnName(dialogTextField.getText());
            setVisible(false);      //设置 MyDialog 对象不可见
            dispose();              //销毁 MyDialog 对象
        }
    }
```

输出结果如图 7-11 所示。

图 7-11　用户窗口类和对话框类

　　例 7-8 的程序声明了一个用户窗口类和对话框类，用户窗口有两个按钮和两个文本框，当点击某个按钮时，对应的对话框被激活。在对话框中输入相应信息，按对话框的"发送消息"按钮，将对话框中输入的信息传送给用户窗口，并在用户窗口的相应文本框中显示发送信息。

2．JOptionPane 类

Java 中几种常见的消息对话框如表 7-1 所示。

表 7-1　Java 中几种常见的消息对话框

消息对话框类型	图标	说　　明
JOptionPane.ERROR_MESSAGE	✖	显示向用户表明错误的对话框
JOptionPane.INFORMATION_MESSAGE	ⓘ	显示向用户传达指示性信息的对话框；用户可以仅取消该对话框
JOptionPane.WARNING_MESSAGE	⚠	显示警告的对话框，说明某个潜在的问题
JOptionPane.QUESTION_MESSAGE	❓	显示向用户提出问题的对话框。该对话框通常要求用户响应，诸如单击 Yes 或者 No 按钮

1) 显示错误对话框

【例 7-9】 Java 应用开发与实践\Java 源码\第 7 章\lesson7_9 \Demo7_9.java。

```java
import java.awt.*;
import javax.swing.*;

public class Demo7_9 extends JFrame {

    public static void main(String[] args) {
        //显示错误对话框
        JOptionPane.showMessageDialog ( null, "输入有误!!", "出错啦",
                                        JOptionPane.ERROR_MESSAGE);

        System.exit(0);
    }
}
```

输出结果如图 7-12 所示。

图 7-12 显示错误对话框

2) 警告对话框

【例 7-10】 Java 应用开发与实践\Java 源码\第 7 章\lesson7_10 \Demo7_10.java。

```java
import java.awt.*;
import javax.swing.*;

public class Demo7_10 extends JFrame {

    public static void main(String[] args) {
        // 警告对话框
        JOptionPane.showMessageDialog ( null, "非法输入!! ", "警告",
                                        JOptionPane.WARNING_MESSAGE);

        System.exit(0);
    }
}
```

输出结果如图 7-13 所示。

图 7-13 警告对话框

3) 传达信息对话框

【例 7-11】 Java 应用开发与实践\Java 源码\第 7 章\lesson7_11 \Demo7_11.java。

```java
import java.awt.*;
import javax.swing.*;

public class Demo7_11 extends JFrame {

    public static void main(String[] args) {
        //传达信息对话框
        JOptionPane.showMessageDialog(null, "这是一个\nJava web\n 的世界！!!");
        System.exit(0);
    }
}
```

输出结果如图 7-14 所示。

图 7-14 传达信息对话框

4) 提出问题对话框

【例 7-12】 Java 应用开发与实践\Java 源码\第 7 章\lesson7_12 \Demo7_12.java。

```java
import java.awt.*;
import javax.swing.*;

public class Demo7_12 extends JFrame {

    public static void main(String[] args) {
        //提出问题对话框
        JOptionPane.showMessageDialog ( null, "是否退出程序？", "退出",
                                        JOptionPane.QUESTION_MESSAGE);
        System.exit(0);
    }
}
```

输出结果如图 7-15 所示。

图 7-15 提出问题对话框

以上是常用对话框，功能较单一，可拓展性不强，但是代码非常简洁，适合大多数的应用场景。

7.4 三大布局管理器

我们都知道，Java 的 GUI 定义是由 awt 类包和 swing 类包来完成的，它在布局管理上采用了容器和布局管理分离的方案。也就是说，容器只管将其他组件放入其中，而不管这些组件是如何放置的。对于布局的管理交给专门的布局管理器类(LayoutManager)来完成。

现在我们来看 Java 中布局管理器的具体实现。我们前面说过，Java 中的容器类(Container)只管加入组件(Component)，也就是说，它只使用自己的 add()方法向自己内部加入组件。同时它记录这些加入其内部的组件的个数，可以通过 container.get-ComponentCount()方法类获得组件的数目，通过 container.getComponent(i)获得相应组件的句柄。然后 LayoutManager 类就可以通过这些信息实际布局其中的组件了。

Java 提供了几个常用的布局管理器类，如 BorderLayout、FlowLayout、GridLayout、GridBagLayout 等。下面分别说明它们的布局特点。

7.4.1 边界布局 BorderLayout

边界布局把整个窗口分成了 5 个部分：上北、下南、左西、右东，剩下的是中部。其中，北和南是整行，而中、西、东都不是整列。一般只会出现两个或三个部分，组件放入时需要指定放在哪个区域，默认放在中部。每个部分只能存放一个组件，如果存放多个就会覆盖先前放置的组件。如果想放多个组件，就必须借助面板(JPanel)。组件在边界布局中不保持原始大小，而是会充满整个区域。JFrame 的默认布局就是边界布局。如果某个部分不出现，这个区域会被出现的部分挤占。边界布局如图 7-16 所示。

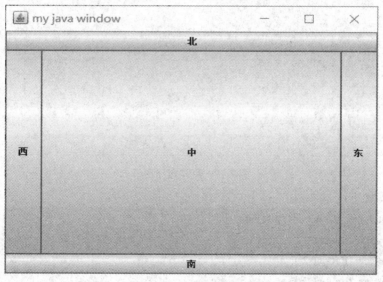

图 7-16　边界布局窗口

相关代码如下：

```
JButton jb1,jb2,jb3,jb4,jb5,jb6;      //定义组件
jb1=new JButton("中");                  //创建组件
jb2=new JButton("东");
jb3=new JButton("西");
jb4=new JButton("南");
jb5=new JButton("北");
jb6=new JButton("不知道");

this.add(jb1,BorderLayout.CENTER);    //添加组件
this.add(jb2,BorderLayout.EAST);
this.add(jb3,BorderLayout.WEST);
this.add(jb4,BorderLayout.SOUTH);
this.add(jb5,BorderLayout.NORTH);
```

7.4.2 流式布局 FlowLayout

流式布局像在书本上的字一样从左向右排列，流式布局中的组件也是从左向右排列的，一行排满后自动换下一行。组件默认居中对齐，可以设置为左/右对齐。流式布局会维持组件的原始大小。流式布局是 JPanel 的默认布局。

容器可以使用 setLayout()方法改变布局。流式布局窗口如图 7-17 所示。

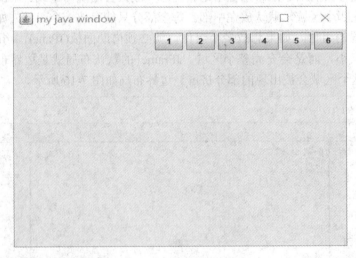

图 7-17 流式布局窗口

相关代码如下：

```
JButton jb1, jb2, jb3, jb4, jb5, jb6;
jb1 = new JButton("1");
jb2 = new JButton("2");
jb3 = new JButton("3");
```

```
        jb4 = new JButton("4");

        jb5 = new JButton("5");

        jb6 = new JButton("6");


        this.add(jb1);

        this.add(jb2);

        this.add(jb3);

        this.add(jb4);

        this.add(jb5);

        this.add(jb6);


        // 设置流式布局管理器(左右对齐/居中对齐)
        this.setLayout(new FlowLayout(FlowLayout.RIGHT));
```

7.4.3　网格布局 GridLayout

　　网格布局就是把窗口分成几行几列的表格，构造时需要指定行数和列数。组件在网格布局中不保持原始大小，而是会充满整个区域。在网格布局中，一个格子只放一个组件，按照先后顺序自动向后排列。网格布局窗口如图 7-18 所示。

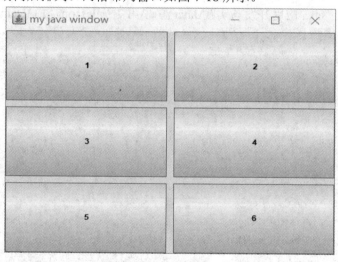

图 7-18　网格布局窗口

相关代码如下：

```
        JButton jb1, jb2, jb3, jb4, jb5, jb6;
        jb1 = new JButton("1");
        jb2 = new JButton("2");
        jb3 = new JButton("3");
        jb4 = new JButton("4");
        jb5 = new JButton("5");
```

```
    jb6 = new JButton("6");

    this.add(jb1);
    this.add(jb2);
    this.add(jb3);
    this.add(jb4);
    this.add(jb5);
    this.add(jb6);

    this.setLayout(new GridLayout(3,3,10,10));    //设置网格布局管理器
```

7.5 实训 图形用户界面设计基础练习

任务 1 三种布局器的混合使用

要求：把 6 个 JButton 类放在主窗口上，利用 JPanel 中间容器生成如图 7-19 所示的布局。程序代码如例 7-13 所示。

【例 7-13】 Java 应用开发与实践\Java 源码\第 7 章\lesson7_13 \Demo7_13.java。

```java
import java.awt.*;
import javax.swing.*;

public class Demo7_13 extends JFrame {
    JPanel jp1, jp2;
    JButton jb1, jb2, jb3, jb4, jb5, jb6;

    public Demo7_13() {

        jp1 = new JPanel();
        jp2 = new JPanel();

        jb1 = new JButton("语文");
        jb2 = new JButton("数学");
        jb3 = new JButton("思维");
        jb4 = new JButton("画画");
        jb5 = new JButton("活动");
        jb6 = new JButton("吃饭");

        jp1.add(jb1);    //添加按钮到 JPanel，JPanel 默认是 FlowLayout
```

```
        jp1.add(jb2);
        jp2.add(jb4);
        jp2.add(jb5);
        jp2.add(jb6);

        this.add(jp1, BorderLayout.NORTH);
        this.add(jp2, BorderLayout.SOUTH);
        this.add(jb3, BorderLayout.CENTER);

        this.setTitle("课表");
        this.setSize(300, 400);
        this.setBounds(300, 200, 500, 400);
        this.setVisible(true);
        this.setDefaultCloseOperation(JFrame.EXIT_ON_CLOSE);

    }


    public static void main(String[] args) {
        new Demo7_13();
    }

}
```

输出结果如图 7-19 所示。

图 7-19 三种布局器混合使用的窗口

三种布局器的混合使用中，可能会有多个 JPanel，因此要注意理清组件的顺序：先定义所有组件，再创建所有组件，按顺序进行，然后添加按钮到 JPanel，最后添加 JPanel 到 JFrame 对象即 this 对象就可以了。

任务2 利用下拉列表框 ComboBox 选择列表项

要求：把 ComboBox 类、JTextField 类放在主窗口上，利用 JPanel 中间容器生成如图 7-20 所示的布局。程序代码如例 7-14 所示。

【例 7-14】 Java 应用开发与实践\Java 源码\第 7 章\lesson7_14 \Demo7_14.java。

```java
import java.awt.*;
import javax.swing.*;

public class Demo7_14 extends JFrame {
    private String[] weekdays = { "星期一", "星期二", "星期三", "星期四", "星期五", "星期六",
                                  "星期日" };
    private JTextField jtf = new JTextField(10);
    private JComboBox jcb = new JComboBox();
    private JButton jbt = new JButton("添加项目");
    private int count = 0;
    private JPanel jp = new JPanel();

    public Demo7_14() {

        for (int i = 0; i < 3; i++)
                jcb.addItem(weekdays[count++]);
        jtf.setEditable(false);
        jcb.setEditable(true);
        jp.add(jbt);
        jp.add(jcb);
        jp.add(jtf);

        this.add(jp);
        this.setTitle("my java window");
        this.setSize(300, 400);
        this.setBounds(300, 200, 500, 400);
        this.setVisible(true);
        this.setDefaultCloseOperation(JFrame.EXIT_ON_CLOSE);

    }

    public static void main(String[] args) {
        new Demo7_14();
    }
}
```

输出结果如图 7-20 所示。

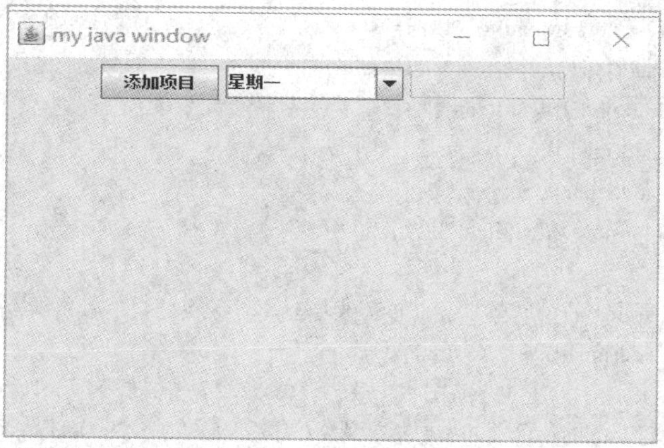

图 7-20　具有 ComboBox 类和 JTextField 类的窗口

任务 3　利用多行文本框、菜单、下拉框等制作记事本 GUI

要求：利用多行文本框、多级菜单、下拉框的组合创建记事本的图形用户界面，记事本的边界美化。程序代码如例 7-15 所示。

【例 7-15】　Java 应用开发与实践\Java 源码\第 7 章\lesson7_15 \Demo7_15.java。

```java
import java.awt.*;
import javax.swing.*;
import javax.swing.border.*;

public class Demo7_15 extends JFrame {
    JMenuBar jmb;
    JMenu jm1, jm11, jm2, jm3, jm4, jm5;    //菜单
    JMenuItem, jmi11, jmi12, jmi13, jmi14, jmi21, jmi22, jmi23;    //菜单项
    JTextArea textArea;
    JTextArea outText;
    JComboBox comBox;
    JToolBar toolbar;
    Border etched = BorderFactory.createEtchedBorder(EtchedBorder.RAISED);
                            //设置边框特性是立体的边界：突起

    public Demo7_15() {
        jm1 = new JMenu("文件(F)");
        jm2 = new JMenu("编辑(E)");
        jm3 = new JMenu("工具(T)");
        jm4 = new JMenu("查看(V)");
        jm5 = new JMenu("帮助(H)");
        jmi11 = new JMenuItem("新建");
```

```
jm1.add(jmi11);
jmi12 = new JMenuItem("打开");
jm1.add(jmi12);
jmi13 = new JMenuItem("保存");
jm1.add(jmi13);
jm1.addSeparator();
jmi14 = new JMenuItem("退出");

//创建 jm1 的菜单项并添加菜单到菜单中
jm1.add(jmi14);

//创建 jm2 的菜单项并添加菜单到菜单中
jmi21 = new JMenuItem("复制");
jm2.add(jmi21);
jmi22 = new JMenuItem("剪切");
jm2.add(jmi22);
jm1.addSeparator();
jmi23 = new JMenuItem("粘贴");
jm2.add(jmi23);

//创建菜单条
jmb = new JMenuBar();
// 添加菜单到菜单条中
jmb.add(jm1);
jmb.add(jm2);
jmb.add(jm3);
jmb.add(jm4);
jmb.add(jm5);

//添加菜单条到窗口
setJMenuBar(jmb);
textArea = new JTextArea();
textArea.setBorder(etched);

JScrollPane pane = new JScrollPane(textArea);
pane.setBorder(etched);

//用来显示提示信息
outText = new JTextArea();
outText.setBorder(etched);
JScrollPane pane1 = new JScrollPane(outText);
pane1.setBorder(etched);
```

```
//把工作区分割为上下两部分
JSplitPane splitPane = new JSplitPane(JSplitPane.VERTICAL_SPLIT);
splitPane.setTopComponent(pane);
splitPane.setBottomComponent(pane1);
getContentPane().add("Center", splitPane);

String[] fontNames =
    GraphicsEnvironment.getLocal GraphicsEnvironment().getAvailableFontFamilyNames();
//用组合按钮选择字体
comBox = new JComboBox(fontNames);
comBox.setMaximumSize(new Dimension(110, 35));
comBox.setBorder(etched);
toolbar = new JToolBar();
toolbar.add(comBox);
toolbar.setBorder(etched);
add(toolbar, BorderLayout.NORTH);

this.setTitle("记事本");
this.setBounds(350, 350, 800, 600);
this.setVisible(true);
this.setDefaultCloseOperation(JFrame.EXIT_ON_CLOSE);
}

public static void main(String[] args) {
    new Demo7_15();
}
}
```

输出结果如图 7-21 所示。

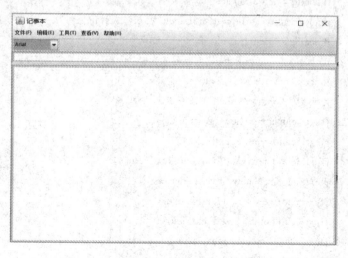

图 7-21　记事本窗口

7.6 实践 酒店管理系统的界面设计与实现

在酒店管理系统中，定义了若干窗口界面类，这些类放在文件夹"Java 应用开发与实践\Java 源码\第 12 章\HotelSystem\src\com\view"以及"Java 应用开发与实践\Java 源码\第 12 章\HotelSystem\src\com\model"中。

AddGuest 类是添加用户信息的窗口类，它包含录入客人姓名、编号、身份证号、性别、年龄、电话等信息。

AddGuest 类：

```java
package com.hotelmanage.model;
//添加客人信息
public class AddGuest extends JFrame {
    Font font;
    JLabel jLabelName,jLabelId, jLabelIdentityCardId, jLabelSex, jLabelAge, jLabelPhone,
                jLabelVIP;
    JTextField jTextFieldName, jTextFieldId,jTextFieldIdentityCardId, jTextFieldSex, jTextFieldAge,
                jTextFieldPhone, jTextFieldVIP;
    JButton jButtonYes, jButtonNo;
    JPanel jPanelLabel, jPanelField, jPanelNorth, jPanelBorder;
    Border etched, border;
    int width, height;

    public AddGuest() {
        font = new Font("宋体", Font.PLAIN, 20);
        jLabelName = new JLabel("录入客人姓名");
        jLabelId = new JLabel("录入客人编号");
        jLabelIdentityCardId = new JLabel("录入客人身份证号");
        jLabelSex = new JLabel("录入客人性别");
        jLabelAge = new JLabel("录入客人年龄");
        jLabelPhone = new JLabel("录入客人电话");
        jLabelVIP = new JLabel("VIP 信息：是或否");
        jTextFieldName = new JTextField();
        jTextFieldId= new JTextField();
        jTextFieldIdentityCardId = new JTextField();
        jTextFieldSex = new JTextField();
        jTextFieldAge = new JTextField();
        jTextFieldPhone = new JTextField();
        jTextFieldVIP = new JTextField();
        jLabelName.setFont(font);
```

```
jLabelId.setFont(font);
jLabelIdentityCardId.setFont(font);
jLabelSex.setFont(font);

jLabelAge.setFont(font);
jLabelPhone.setFont(font);
jLabelVIP.setFont(font);
jTextFieldName.setFont(font);
jTextFieldId.setFont(font);
jTextFieldIdentityCardId.setFont(font);
jTextFieldSex.setFont(font);
jTextFieldAge.setFont(font);
jTextFieldPhone.setFont(font);
jTextFieldVIP.setFont(font);

jButtonYes = new JButton("添加");
jButtonNo = new JButton("重置");
jButtonYes.setFont(font);
jButtonNo.setFont(font);
//面板 labelPanel 放标签
jPanelLabel = new JPanel();
jPanelLabel.setLayout(new GridLayout(7, 1));
jPanelLabel.add(jLabelName);
jPanelLabel.add(jLabelId);
jPanelLabel.add(jLabelIdentityCardId);
jPanelLabel.add(jLabelSex);
jPanelLabel.add(jLabelAge);
jPanelLabel.add(jLabelPhone);
jPanelLabel.add(jLabelVIP);
// 面板 fieldPanel 放文本框
jPanelField = new JPanel();
jPanelField.setLayout(new GridLayout(7, 1));
jPanelField.add(jTextFieldName);
jPanelField.add(jTextFieldId);
jPanelField.add(jTextFieldIdentityCardId);
jPanelField.add(jTextFieldSex);
jPanelField.add(jTextFieldAge);
jPanelField.add(jTextFieldPhone);
jPanelField.add(jTextFieldVIP);
```

```
//面板 northPanel、lanelPanel 和 fieldPanel
jPanelNorth = new JPanel();
jPanelNorth.setLayout(new GridLayout(1, 2));
jPanelNorth.add(jPanelLabel);
jPanelNorth.add(jPanelField);

jPanelBorder = new JPanel();
jPanelBorder.add(jButtonYes);
jPanelBorder.add(jButtonNo);
jPanelBorder.setLayout(new GridLayout(2, 1));
etched = BorderFactory.createEtchedBorder();
border = BorderFactory.createTitledBorder(etched, "是否添加客人信息");
jPanelBorder.setBorder(border);

width = Toolkit.getDefaultToolkit().getScreenSize().width;     //屏幕宽度
height = Toolkit.getDefaultToolkit().getScreenSize().height;   //屏幕高度

this.setTitle("客人注册 ");
this.add(jPanelNorth, BorderLayout.NORTH);      //northPanel 放在 north 中
this.add(jPanelBorder, BorderLayout.SOUTH);
this.setSize(450, 370);
this.setLocation(width / 2 - 300, height / 2 - 200);
this.setVisible(true);
listener();         //调用 listener()方法
    }
```

Help 类：

```
package com.hotelmanage.view;

public class Help extends JFrame implements ActionListener {

    JButton jButtonYes;
    JPanel jPanelImage, jPanelSouth;

    public Help() {

        jButtonYes = new JButton("确    定");                          //设置确定按钮
        jButtonYes.setPreferredSize(new Dimension(280, 70));          //设置大小
        jButtonYes.setBackground(Color.ORANGE);                       //设置背景色
        jButtonYes.setForeground(Color.BLUE);                         //设置前景色
        jButtonYes.setFont(new java.awt.Font("微软雅黑", 1, 35));     //设置字体样式
```

```
        jButtonYes.addActionListener(this);
        jPanelSouth = new ImagePanel();
        jPanelImage = new ImagePanel();
        jPanelSouth.add(jButtonYes);
        this.add(jPanelImage);
        this.add(jPanelSouth, BorderLayout.SOUTH);

        //不显示窗口的上下边框
        this.setUndecorated(true);

        //设置窗口居中
        this.setSize(520, 660);
        int width = Toolkit.getDefaultToolkit().getScreenSize().width;
        int height = Toolkit.getDefaultToolkit().getScreenSize().height;
        this.setLocation(width / 2 - 250, height / 2 - 350);
        this.setVisible(true);
    }

class ImagePanel extends JPanel {
    Image icon;

    public ImagePanel() {
        try {
            icon = ImageIO.read(new File("image/helpimg.gif"));
        } catch (IOException e) {
            e.printStackTrace();
        }
    }

    public void paintComponent(Graphics g) {
        g.drawImage(icon, 0, 0, 520, 590, this);
    }
}
}
```

7.8 小 结

在 swing 编程中，有一些经常要使用的组件，其中包括 JFrame(窗体，框架)、JPanel(面板，容器)、JButton(按钮)、JLabel(标签)、JTextField(文本框)和 JTextArea(文本域)。

创建 GUI 的步骤如下：

① 分析并定义 GUI 中需要使用的组件。

② 将 GUI 分成几个部分，每个部分使用 JPanel 布局。每个 JPanel 可以根据情况使用不同的布局管理器。

③ 将多个 JPanel 布局到一个 Jframe 中。

习 题 7

一、选择题

1. java.awt 包提供了基本的 Java 程序的 GUI 设计工具，包含控件、容器和(　　)。

 A. 布局管理器   B. 数据传送器

 C. 图形和图像工具   D. 用户界面构建

2. 下面说法正确的是(　　)。

 A. BorderLayout 是 JPanel 面板的缺省布局管理器

 B. FlowLayout 是 JPanel 面板的缺省布局管理器

 C. 一个面板不能被加入到另一个面板中

 D. 在 BorderLayout 中，添加到 North 区的两个按钮将并排显示

3. Java 组件(　　)可以作为容器组件。

 A. JList 列表框   B. JButton 按钮

 C. JMenuItem 菜单项   D. JPanel 面板

4. 下列方法中，可以改变容器布局的方法是(　　)。

 A. setLayout(layoutManager)

 B. addLayout(layoutManager)

 C. setLayoutManager (layoutManager)

 D. addLayoutManager (layoutManager)

5. 下列叙述中，正确的是(　　)。

 A. 类 JTextComponent 继承了类 JTextArea

 B. 类 JTextArea 继承了 JTextField

 C. 类 JTextField 继承了类 JTextComponent

 D. 类 JTextComponent 继承了类 JTextField

二、判断题

1. JFrame 是 Frame 的子类。   (　)

2. JFrame 的默认布局是 BorderLayout。   (　)

3. 在使用 BorderLayout 时，最多可以放入 5 个组件。 (　)

4. JOptionPane 能实现弹出消息对话框的功能。   (　)

5. 容器是用来组织其他界面成分和元素的单元，它不能嵌套其他容器。 (　)

三、编程题

1．编写程序，创建一个窗口，在窗口底部设置两个并排的按钮，按钮上分别标注"1""2"字样。

2．编写程序，创建一个窗口，在窗口中部有三个组件：第一个是标签，写着"请输入正整数"；第二个是文本框；第三个是"确定"按钮。要求使用网格布局把这三个组件设置为3行1列布局。

3．编写程序，创建一个简洁的计算器界面。

4．编写程序，创建一个窗口，在窗口中部创建一个下拉菜单项，菜单项包括"添加"和"删除"按钮，窗口上部设置一个文本框，在窗口底部设置两个并排的按钮，两个按钮分别标注"添加"和"删除"。

5．编写程序，利用标签、文本框、复选框和单选按钮等制作一个填写学生信息的表单，表单包括学生学号、学生姓名、学生年龄、学生性别、兴趣爱好等内容。

第 8 章

GUI 事件处理机制

前一章我们编写了一些 GUI 例子，但是这些例子并不能与用户进行交互，用户之所以对图形界面感兴趣，就是因为图形界面与用户交互能力强。没有交互能力的界面是没有使用价值的，要使图形界面能与用户交流，必须使用 Java 的事件处理机制。本章介绍 GUI 事件处理过程、事件处理机制中的各个构成要素以及常用的事件类，最后说明内部类在事件处理中的应用。

8.1 概　述

事件处理机制是一种事件处理框架，其设计目的是把 GUI 交互动作(如单击或移动鼠标、菜单选择、点击按钮、键盘按下键、关闭窗口等)转变为调用相关的事件处理程序进行处理。JDK 1.1 以后 Java 采取了授权处理机制(Delegation-based Model)，事件源可以把在其自身所有可能发生的事件分别授权给不同的事件处理者来处理。

通常在建立 GUI 之后，就需要增加事件处理，编写相应的事件监听器类，以及在事件源上注册事件监听器对象。事件处理机制的整个过程如图 8-1 所示，通常在图形界面由事件源产生事件对象并传递此对象，对象被传递到一个监听器对象，监听器接收事件对象，激活事件处理器，运行处理器里面的处理代码，实现代码里的功能。

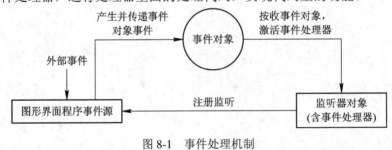

图 8-1　事件处理机制

8.2　事件处理与事件监听

在理解事件处理与事件监听的时候，一些基本的概念如事件、事件源、事件处理器、事件监听器、注册事件监听器等也都需要去理解。

1．事件

事件是用户在图形用户界面上的一个操作(通常使用各种输入设备如鼠标、键盘等来完成)。常用的事件列举如下：

- 鼠标事件：单击、双击、滚轮等。
- 键盘事件：按下键盘、松开按键等。
- 焦点事件：焦点获得、焦点失去等。
- 窗口事件：窗口打开、窗口关闭等。

当一个事件发生时，该事件用一个事件对象来表示。事件对象有对应的事件类，不同的事件类描述各种不同类型的用户动作，事件类包含在 java.awt.event 和 javax.swing.event 包中。

2．事件源

产生事件的组件叫事件源。例如：在一个按钮上单击鼠标时，该按钮就是事件源，会产生以这个按钮为源的一个 ActionEvent 类型的事件，这个 ActionEvent 实例是一个对象，它包含关于刚才所发生的那个事件的信息的对象。如果文本框获得焦点，那么事件源就是文本框，会产生一个 FocusEvent 类型的事件；如果窗口被关闭，那么事件源就是窗口，会产生一个 WindowEvent 类型的事件。

3．事件处理器(事件处理方法)

事件处理器是一个接收事件对象并进行相应处理的方法。事件处理器包含在一个类中，这个类的对象负责检查事件是否发生，若发生就激活事件处理器进行处理。因此，把事件处理器所在的这个类叫作事件监听器类。

在开发 Swing 程序一般遵循以下步骤：

(1) 根据需要创建不同的界面类。

(2) 添加合适的组件到对应的界面类中。

(3) 为界面和界面中的组件添加必要的事件监听器，对诸如菜单选择、点击按钮以及文本输入之类的事件进行响应。

8.2.1 事件处理

当用户在用户界面层执行了一个动作(比如作为事件源的鼠标点击或按下键等)时，事件被送往产生这个事件的组件中。然而，注册一个或多个称为监听者的类取决于每一个组件，这些类包含事件处理器，用来接收和处理这个事件。采用这种方法，事件处理器可以安排在与源组件分离的对象中。监听者就是实现了 Listener 接口的类。按钮事件处理如图8-2所示。

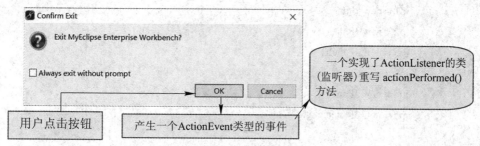

图 8-2　按钮事件处理

8.2.2 事件监听

事件是指向注册的监听者报告的对象。每个事件都有一个对应的监听者接口,规定哪些方法必须在适合接收哪种类型的事件的类中定义,实现了定义哪些方法的接口的类可以注册为一个监听者。表 8-1 就是常用的事件及监听器和监听器对象必须重写的方法。

表 8-1 部分事件及监听器

事件类型	事件源组件类型	监听器接口	必须实现的方法
ActionEvent	JButton、JCheckBox、JMenuItem、JMenu、JCheckBoxMenuItem、JTextField 等	ActionListener	actionPerformed()
KeyEvent	JTextArea,JFrame 等	KeyListener	KeyPressed()等
MouseEvent	JFrame、JPanel、JButton 等容器类	MouseListener MouseMotionListener MouseWheelListener	mouseClicked() mousePressed() mouseReleased() mouseDragged() mouseMoved mouseWheelMoved

例 8-1 说明了按钮事件处理的过程,当按钮按下后,产生相应的 ActionEvent 对象并传递给 ActionListener 监听器,这个例子里的监听器是 JFrame 窗口,它收到 ActionEvent 对象并交给了 actionPerformed()进行处理,最终使窗口中的 JPanel 背景色发生改变。

【例 8-1】 Java 应用开发与实践\Java 源码\第 8 章\lesson8_1 \Demo8_1.java。

```
import java.awt.*;
import javax.swing.*;
import java.awt.event.*;

public class Demo8_1 extends JFrame implements ActionListener {
    JPanel jp1, jp2, jp3, jp4, jp5, jp6;
    JButton jb1, jb2, jb3, jb4;

    Demo8_1() {
        jp1 = new JPanel();
        jp2 = new JPanel();
        jp3 = new JPanel();
        jp4 = new JPanel();
        jp5 = new JPanel();
        jp6 = new JPanel();

        jb1 = new JButton("黑色");      //事件源
```

```
        jb2 = new JButton("红色");
        jb3 = new JButton("蓝色");
        jb4 = new JButton("黄色");
        jb1.addActionListener(this);        //注册监听(增加行为监听者)
        jb2.addActionListener(this);
        jb3.addActionListener(this);
        jb4.addActionListener(this);

        jp1.add(jp2);
        jp1.add(jp3);
        jp1.add(jp4);
        jp1.add(jp5);
        jp1.setLayout(new GridLayout(1, 4, 10, 10));
        jp6.add(jb1);
        jp6.add(jb2);
        jp6.add(jb3);
        jp6.add(jb4);

        this.add(jp1);
        this.add(jp6, BorderLayout.SOUTH);
        this.setTitle("通过按钮设置颜色");
        this.setSize(500, 200);
        this.setVisible(true);
        this.setLocation(250, 150);
        this.setDefaultCloseOperation(JFrame.EXIT_ON_CLOSE);
}

public static void main(String[] args) {
        new Demo8_1();
}

public void actionPerformed(ActionEvent arg0) { //事件处理方法
        if (arg0.getSource().equals(jb1))
                jp2.setBackground(Color.black);
        if (arg0.getSource().equals(jb2))
                jp3.setBackground(Color.red);
        if (arg0.getSource().equals(jb3))
                jp4.setBackground(Color.blue);
        if (arg0.getSource().equals(jb4))
```

```
                    jp5.setBackground(Color.yellow);
        }
    }
```

输出结果如图 8-3 所示。

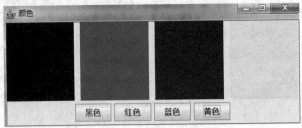

图 8-3　按钮事件设置颜色

另外，同一个事件可以被多个对象监听，例 8-2 中，不仅监听器有 JFrame 窗口，还有另一个实现了 ActionListener 接口的类 Person，它也收到 ActionEvent 对象并交给了 actionPerformed()进行处理，所以两个监听对象调用了自己的 actionPerformed()，完成各自不同的功能。

【例 8-2】　Java 应用开发与实践\Java 源码\第 8 章\lesson8_2 \Demo8_2.java。

```java
import java.awt.*;
import javax.swing.*;
import java.awt.event.*;

public class Demo8_2 extends JFrame implements ActionListener {
    JPanel jp1, jp2, jp3, jp4, jp5, jp6;
    Person p;
    JButton jb1, jb2, jb3, jb4;

    Demo8_2() {
        p = new Person();
        jp1 = new JPanel();
        jp2 = new JPanel();
        jp3 = new JPanel();
        jp4 = new JPanel();
        jp5 = new JPanel();
        jp6 = new JPanel();

        jb1 = new JButton("黑色");
        jb2 = new JButton("红色");
        jb3 = new JButton("蓝色");
        jb4 = new JButton("黄色");
```

```
        jb1.addActionListener(this);          //先注册了 this，this 成了监听者
        jb1.addActionListener(p);             //又注册了 p，p 也成了监听者
        jb2.addActionListener(this);
        jb2.addActionListener(p);
        jb3.addActionListener(this);
        jb4.addActionListener(this);
        jb1.setActionCommand("a");            //设置按钮 jb1 的动作命令
        jb2.setActionCommand("b");
        jb3.setActionCommand("c");
        jb4.setActionCommand("d");

        jp1.add(jp2);
        jp1.add(jp3);
        jp1.add(jp4);
        jp1.add(jp5);
        jp1.setLayout(new GridLayout(1, 4, 10, 10));
        jp6.add(jb1);
        jp6.add(jb2);
        jp6.add(jb3);
        jp6.add(jb4);

        this.add(jp1);
        this.add(jp6, BorderLayout.SOUTH);
        this.setTitle("颜色");
        this.setSize(500, 200);
        this.setVisible(true);
        this.setLocation(250, 150);
        this.setDefaultCloseOperation(JFrame.EXIT_ON_CLOSE);
    }

public static void main(String[] args) {
        // TODO Auto-generated method stub
        new Demo8_2();
    }

public void actionPerformed(ActionEvent arg0) { //事件处理器(事件处理方法)

        if (arg0.getActionCommand().equals("a")) //获得此动作相关的命令字符串
            jp2.setBackground(Color.black);
```

```
              if (arg0.getActionCommand().equals("b"))
                   jp3.setBackground(Color.red);
              if (arg0.getActionCommand().equals("c"))
                   jp4.setBackground(Color.blue);
              if (arg0.getActionCommand().equals("d"))
                   jp5.setBackground(Color.yellow);
         }
    }


    //监听者可以是非 JFrame 类，比如下面的 Person 类
    class Person implements ActionListener { //另一个监听者实现了 ActionListener 接口
    public void actionPerformed(ActionEvent arg0) {
         // TODO Auto-generated method stub
         if (arg0.getActionCommand().equals("a"))
              System.out.println("这个人也看见你按了黑色按钮");
         if (arg0.getActionCommand().equals("b"))
              System.out.println("这个人也看见你按了红色按钮");
         }
    }
```

输出结果如图 8-4 所示。

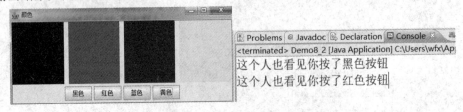

图 8-4　按钮事件设置颜色以及控制台输出

8.2.3　事件适配器

　　Java 中提供了大部分监听器接口的适配器类，比如接收鼠标事件的抽象适配器类 MouseAdapter、接收窗口事件的抽象适配器类 WindowAdapter、接收键盘事件的抽象适配器类 KeyAdapter、接收组件事件的抽象适配器类 ComponentAdapter 等，其目的是简化事件监听器类的编写。监听器适配器类是对事件监听器接口的简单实现(方法体为空)，这样用户可以把自己的监听器类声明为适配器类的子类，从而可以不管其他方法，只重写需要的方法。对应于监听器接口 XxxListener 的适配器接口的类名为 XxxAdapter。接收窗口事件的抽象适配器类中的方法为空，其存在的目的是方便创建监听器对象，扩展此类可创建 WindowEvent 监听器并为所需事件重写该方法。(如果要实现 WindowListener 接口，则必须定义该接口内的所有方法。此抽象类将所有方法都定义为 null，所以只需针对关心的事件定义方法。)

使用扩展的类可以创建监听器对象，然后使用窗口的 addWindowListener 方法向该窗口注册监听器。当通过打开、关闭、激活或停用、图标化或取消图标化而改变了窗口状态时，将调用该监听器对象中的相关方法，并将 WindowEvent 传递给该方法。

例 8-3 说明了接收窗口事件的抽象适配器类 WindowAdapter 的用法。

【例 8-3】　Java 应用开发与实践\Java 源码\第 8 章\lesson8_3 \Demo8_3.java。

```java
import java.awt.*;
import javax.swing.*;
import java.awt.event.*;

public class Demo8_3 extends JFrame    {
    Font font; // 字体
    JLabel jLabel1,jLabel2;
    JPanel jpanel;
    Demo8_3() {
            font = new Font("宋体", Font.PLAIN, 30);
            jLabel1 = new JLabel("一个使用 WindowAdapter 的窗口");
            jLabel1.setFont(font);
            jLabel2 = new JLabel("该窗口关闭时出现对话框提示");
            jLabel2.setFont(font);
            jpanel = new JPanel();
            jpanel.setBackground(Color.PINK);

            jpanel.setLayout(new GridLayout(2,1));
            jpanel.add(jLabel1);
            jpanel.add(jLabel2);
            this.add(jpanel);

            this.setTitle("使用 WindowAdapter 的窗口");
            this.setSize(800, 400);
            this.setVisible(true);
            this.setLocation(550, 550);
    //设置点击关闭时不要直接关闭窗口
            this.setDefaultCloseOperation(JFrame.DO_NOTHING_ON_CLOSE);
            this.addWindowListener(new WindowAdapter() { // WindowAdapter 适配器,
                                            此处是匿名内部类
                    @Override
                    public void windowClosing(WindowEvent e) { //重写关闭窗口方法
                            int n = JOptionPane.showConfirmDialog(Demo8_3.this,
                            "关闭退出系统？", "确定退出", JOptionPane.YES_NO_OPTION);
                            if (n == 0) {
```

```
                                    if (e.getWindow() == Demo8_3.this) {
                                        System.exit(0);      //退出系统
                                    } else {
                                        return;
                                    }
                            }
                    }
            });                      //匿名内部类结束
        }

        public static void main(String[] args) {
            new Demo8_3();
        }
    }
```

输出结果如图 8-5 所示。

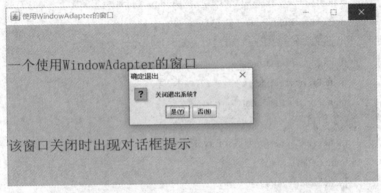

图 8-5　抽象适配器类 WindowAdapter 设置窗口关闭方法

　　另外，如例 8-3 所示，我们在程序中经常要用一个简单的标准对话框来提示用户发生了什么事情，或者要求用户确认或取消一个动作。在 awt 中，我们必须完全由自己来实现这样的对话框界面及处理相关事件。swing 为我们提供了一个 JOptionPane 类，JOptionPane 提供了若干个 showXxxDialog 静态方法，来帮我们实现这些功能。譬如，在程序开始启动时，弹出一个对话框提示用户，在用户关闭窗口时，询问用户是否真的要结束程序。这是很常用的方法。

8.3　常用事件类

8.3.1　动作事件

　　ActionEvent 事件是很常用的一类事件。对于发出 ActionEvent 事件的组件，我们可以调用 setActionCommand 方法为其关联一个字符串，用于指示这个动作想执行的命令。如果程序没有使用 setActionCommand 方法为组件关联一个命令字符串，则其命令字符串为组件的标题文本。ActionEvent 的 getActionCommand 方法就是用于返回这个命令字符串的。

使用命令字符串，我们可以用同一菜单来发出连接和断开的命令，在要发出的命令未连接前，我们用 MenuItem. setActionCommand 指定命令字符串为"connect"，在要发出的命令未断开前，我们指定命令字符串为"disconnect"，事件处理程序通过判断这个命令字符串，就知道该采取哪种动作了。如果程序中的菜单要针对不同的国家，用不同语言文字显示，那么不管菜单项标题上显示的是什么文字，只要用 setActionCommand 方法为这个菜单项指定一个命令字符串，就可以用同样的事件处理程序去处理这个用不同语言文字显示的菜单项的事件。所以程序不用处理菜单条和菜单的事件，但需要对菜单项的动作进行响应，单击一个菜单项会发生 ActionEvent 事件。

其实，其他一些组件也可以使用 getActionCommand()方法。

【例 8-4】 Java 应用开发与实践\Java 源码\第 8 章\lesson8_4 \Demo8_4.java。

```java
import java.awt.*;

import javax.swing.*;

import java.awt.event.*;


public class Demo8_4 extends JFrame {

    OneJPanel op;

    JPanel jp;

    JButton jbt1;


    Demo8_4() {

        op = new OneJPanel();

        jp = new JPanel();

        jbt1 = new JButton("按钮");

        jbt1.addActionListener(op);     //注册监听，按钮 jbt1 是事件源，op 为监听者

        jbt1.setActionCommand("a"); //setActionCommand 设置按钮 jbt1 的动作命令


        jp.add(jbt1);

        this.add(op);

        this.add(jp, BorderLayout.SOUTH);

        this.setTitle("小球");

        this.setSize(600, 500);

        this.setLocation(100, 150);

        this.setDefaultCloseOperation(JFrame.EXIT_ON_CLOSE);

        this.setVisible(true);

    }


    public static void main(String[] args) {
```

```
                    new Demo8_4();
        }
    }


    //OneJPanel 继承了 JPanel 的所有的属性和方法，可以理解为它就是一个 JPanel
    //OneJPanel 实现按钮等类监听接口 ActionListener
    class OneJPanel extends JPanel implements ActionListener {
        int x = 3;    //小球的初始横坐标
        int y = 3;    //小球的初始纵坐标


        // 重写父类 JPanel 的 paint(绘图)方法
        public void paint(Graphics g) { //此处形参 g 是画笔，可以绘出很多形状
                super.paint(g);    //第一句：先调用父类 JPanel 的 paint 方法
                g.setColor(Color.RED);    //设置画笔颜色为红色
                g.fillOval(x, y, 50, 50);    //设置绘出的图形，此处为填充圆形
        }


        public void actionPerformed(ActionEvent e) { //事件处理器(事件处理方法)
                // TODO Auto-generated method stub
                if (e.getActionCommand().equals("a")) { //使用 getActionCommand 方法
                        x = x + 10;
                        y = y + 5;
                }
                this.repaint();            //重绘图形
        }
    }
```

输出结果如图 8-6 所示。

图 8-6 ActionEvent 动作事件

8.3.2 窗口事件

通常，当用户点击 JFrame 上的关闭窗口按钮时，JFrame 会自动隐藏这个框架窗口，但没有真正关闭这个窗口，这个窗口还在内存中，需要在 windowClosing()事件处理方法中调用这个窗口对象的 dispose()方法来真正关闭这个窗口。还可以调用 JFrame 的 setDefaultCloseOperation 方法，设置 JFrame 对这个事件的处理方式为 JFrame.EXIT_ON_CLOSE，当用户点击 JFrame 上的关闭窗口按钮时，就可以直接关闭这个框架窗口并结束程序的运行。

8.3.3 键盘事件

KeyListener 是用于接收键盘事件(击键)的监听器接口，旨在处理键盘事件的类要么实现此接口(及其包含的所有方法)，要么扩展抽象 KeyAdapter 类(仅重写有用的方法)；然后使用组件的 addKeyListener 方法将从该类所创建的监听器对象向该组件注册；按下、释放或键入键时生成键盘事件，最后调用监听器对象中的相关方法并将该 KeyEvent 传递给 KeyListener。

【例 8-5】 Java 应用开发与实践\Java 源码\第 8 章\lesson8_5 \Demo8_5.java。

```java
import java.awt.*;
import javax.swing.*;
import java.awt.event.*;

public class Demo8_5 extends JFrame {
    OneJPanel op;

    Demo8_5() {
        op = new OneJPanel();
        this.addKeyListener(op);    //注册监听，此处 this 就是 Demo8 是事件源，op 为监听者
        this.add(op);

        this.setTitle("移动的方块");
        this.setSize(400, 300);
        this.setLocation(100, 150);
        this.setDefaultCloseOperation(JFrame.EXIT_ON_CLOSE);
        this.setVisible(true);
    }

    public static void main(String[] args) {
        new Demo8_5();
    }
```

```
}

//OneJPanel 继承了 JPanel 的所有属性和方法，可以理解为它就是一个 JPanel
//实现键盘类监听接口 KeyListener
class OneJPanel extends JPanel implements KeyListener {
    int x = 20;
    int y = 20;

    // 重写父类 JPanel 的 paint(绘图)方法
    public void paint(Graphics g)              //此处形参 g 是画笔，可以绘出很多形状
    {
            super.paint(g);                    //第一句：先调用父类 JPanel 的 paint 方法
            g.setColor(Color.PINK);            //设置画笔颜色
            g.fillRect(x, y, 30, 30);          //设置绘出的图形，此处为填充矩形
    }

    public void keyPressed(KeyEvent e) { //此为实现的方法：键盘按下键
            // TODO Auto-generated method stub

            if (e.getKeyCode() == KeyEvent.VK_DOWN)    //当按向下键时
            {
                    y++; // 方块向下移动
                    this.setBackground(Color.yellow);         //设置面板背景为黄色
                    this.repaint();     //重绘图形(产生移动方块的效果)
            }

            if (e.getKeyCode() == KeyEvent.VK_UP)      //当按向上键时
            {
                    y--;        //方块向上移动
                    this.setBackground(Color.red);
                    this.repaint();
            }
            if (e.getKeyCode() == KeyEvent.VK_LEFT)     /当按向左键时
            {
                    x--;        //方块向左移动
                    this.setBackground(Color.green);
                    this.repaint();
            }
            if (e.getKeyCode() == KeyEvent.VK_RIGHT) {
```

```
                x++;
                this.setBackground(Color.blue);
                this.repaint();
            }
        }


    public void keyReleased(KeyEvent e) {//此为实现的方法：按键后松开键
        }


    public void keyTyped(KeyEvent e)    { //键入某个键时调用此方法
        }
    }
```

输出结果如图 8-7 所示。

图 8-7   KeyLisner 键盘事件控制方块移动

8.4   内部类在事件处理中的应用

Java 内部类是指一个类的定义放在另一个类内部进行定义的类，而匿名类(Anonymous Class)是指没有名字的类。匿名内部类也就是没有名字的内部类。正因为没有名字，所以匿名内部类只能使用一次，它通常用来简化代码编写。可以使用匿名内部类进行事件处理，使用匿名内部类可以非常方便地编写事件处理程序，并使代码更简洁灵活。

语法如下：

```
public class OneClass extends JFrame{
其他代码...        // 声明窗体中的组件
    OneClass(){   // 构造方法
        ...
}
//将事件源注册到监听器，监听器用匿名内部类实现
    someObject.addMouseListener( new MouseAdapter() {
```

```
        public void mouseClicked(MouseEvent e) { //实现 MouseAdapter()的鼠标点击方法
            ... //事件处理器代码  }
        });
    其他代码...
}
```

例 8-6 在窗口中设置了一个点击拖拽鼠标的动作，在文本框中反映出此时鼠标的横纵坐标。MouseMotionAdapter 适配器对象由匿名类产生，此对象的鼠标点击拖拽方法被重写，所以当鼠标被点击拖拽时，调用此方法，如图 8-8 所示。

【例 8-6】 Java 应用开发与实践\Java 源码\第 8 章\lesson8_6 \Demo8_6.java。

```
import java.awt.*;
import javax.swing.*;
import java.awt.event.*;

public class Demo8_6 extends JFrame {
    Font font;        //字体
    JTextField jtf;   //单行文本框
    JLabel jl1,jl2;   //标签
    JPanel jp;

    public Demo8_6() {
        font = new Font("宋体", Font.PLAIN, 30);
        jtf = new JTextField();
        jtf.setFont(font);
        jl1 = new JLabel("在窗口中点击并拖拽鼠标！！ ^@^");
        jl1.setFont(font);
        jl2 = new JLabel("Hello,java");
        jl2.setFont(font);
        jp = new JPanel();
        jp.add(jl2);
        jp.setBackground(Color.PINK);

        this.add(jtf, BorderLayout.NORTH);
        this.add(jl1, BorderLayout.SOUTH);
        this.add(jp);

        //匿名类开始，MouseMotionAdapter 是鼠标移动适配器
        this.addMouseMotionListener(new MouseMotionAdapter() {
            public void mouseDragged(MouseEvent e) { //重写鼠标拖拽方法
                //获取鼠标在窗口中的 x 横坐标和 y 纵坐标
```

```
                    String str = "拖拽鼠标时显示坐标: x=" + e.getX() + " y=" + e.getY();
                    jtf.setText(str);    //设置单行文本框的文本
                    jp.setBackground(Color.YELLOW);

                }
            }); //匿名类结束

            this.setTitle("匿名内部类例子");
            this.setBounds(550, 400, 650, 550);
            this.setVisible(true);
            this.setDefaultCloseOperation(JFrame.EXIT_ON_CLOSE);
        }

        public static void main(String[] args) {
            new Demo8_6();
        }
    }
```

输出结果如图8-8所示。

图 8-8　匿名内部类实现点击拖拽鼠标事件

8.5　实训　GUI 事件处理基础练习

任务 1　利用单选框对窗口颜色进行改变

要求：使用三个单选框对窗口的颜色及窗口里的文字进行改变，需要实现 ActionListener 接口，对于单选框控件，还需要用到 ButtonGroup 类。程序代码如例 8-7 所示。

【例 8-7】　Java 应用开发与实践\Java 源码\第 8 章\lesson8_7 \Demo8_7.java。

```
/**
 * 单选框对窗口颜色进行改变
 */
import java.awt.event.*;
import java.awt.*;
import javax.swing.*;

public class Demo8_7 extends JFrame implements ActionListener {
    JLabel jla;
    JPanel jp1, jp2;
    JRadioButton jrb1, jrb2, jrb3;
    ButtonGroup bg;

    public Demo8_7() {
        jla = new JLabel("我是会变色的窗口");
//Dimension 类将组件的宽度和高度封装在一个单个对象中
        jla.setPreferredSize(new Dimension(400, 200));
        //设置字体
        jla.setFont(new java.awt.Font("黑体", 3, 35));
        jla.setForeground(Color.blue);
        jp1 = new JPanel();
        jp2 = new JPanel();
        bg = new ButtonGroup();
        jrb1 = new JRadioButton("粉色");      //事件源
        jrb2 = new JRadioButton("黄色");
        jrb3 = new JRadioButton("橙色");

        bg = new ButtonGroup();
        bg.add(jrb1);
        bg.add(jrb2);
        bg.add(jrb3);
        jrb1.addActionListener(this);
        jrb2.addActionListener(this);
        jrb3.addActionListener(this);

        jp1.add(jrb1);
        jp1.add(jrb2);
        jp1.add(jrb3);
        jp2.add(jla);
        this.add(jp2);
```

```
        this.add(jp1, BorderLayout.SOUTH);
        this.setTitle("单选框的应用");
        this.setBounds(650, 400, 500, 450);
        this.setVisible(true);
        this.setDefaultCloseOperation(JFrame.EXIT_ON_CLOSE);
    }

    public static void main(String[] args) {
        new Demo8_7();
    }

    public void actionPerformed(ActionEvent e) {    //事件处理方法
        if (e.getSource().equals(jrb1)) {
            jp2.setBackground(Color.pink);
            jla.setText("我变成了粉色");
        }
        if (e.getSource().equals(jrb2)) {
            jp2.setBackground(Color.yellow);
            jla.setText("现在变成了黄色");
        }
        if (e.getSource().equals(jrb3)) {
            jp2.setBackground(Color.orange);
            jla.setText("看我又变成橙色的了");
        }
    }
}
```

输出结果如图 8-9 所示。

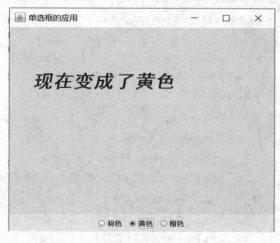

图 8-9　单选框改变窗口的颜色及文字

任务2 利用 KeyListener 设计键盘事件

要求：在键盘上按下任意键，在控制台都有相应的键输出提示，另外需要把按下的键显示在文本框中，如图 8-10 所示。程序代码如例 8-8 所示。

【例 8-8】 Java 应用开发与实践\Java 源码\第 8 章\lesson8_8 \Demo8_8.java。

```java
import java.awt.*;
import java.awt.event.*;
import javax.swing.*;

public class Demo8_8 extends JFrame {
    Font font;    //字体
    JTextArea textArea;
    JLabel label;
    JScrollPane scrollPane;

    public Demo8_8() {
        font = new Font("宋体", Font.PLAIN, 30);
        textArea = new JTextArea();
        textArea.setFont(font);
        label = new JLabel();
        label.setFont(font);
        label.setText("按下任意键，输入到框中");
        scrollPane = new JScrollPane();
        scrollPane.setViewportView(textArea);

        textArea.addKeyListener(new KeyListener() {
            public void keyPressed(KeyEvent e) { //按键被按下时被触发
                String keyText = KeyEvent.getKeyText(e.getKeyCode());
                                    //获得描述 keyCode 的标签
                if (e.isActionKey()) { //判断按下的是否为动作键
                    System.out.println("功能键" + keyText);
                } else {
                    System.out.print("非功能键" + keyText);
                    int keyCode = e.getKeyCode();    //获得与此事件中的键相关联的字符
                    switch (keyCode) {
                    case KeyEvent.VK_CONTROL://判断按下的是否为 Ctrl 键
                        System.out.print("，Ctrl 键被按下");
                        break;
                    case KeyEvent.VK_ALT:        //判断按下的是否为 Alt 键
                        System.out.print("，Alt 键被按下");
```

```
                              break;
                    case KeyEvent.VK_SHIFT:    //判断按下的是否为 Shift 键
                              System.out.print("，Shift 键被按下");
                              break;
                    }
                    System.out.println();
              }
        }

        public void keyTyped(KeyEvent e) { //发生击键事件时被触发
            System.out.println("输入的是" + e.getKeyChar());   //获得输入的字符
        }

        public void keyReleased(KeyEvent e) { //按键被释放时被触发
            String keyText = KeyEvent.getKeyText(e.getKeyCode());
                                        //获得描述 keyCode 的标签
            System.out.println("释放的是" + keyText + "键");
            System.out.println();
        }
    };


    this.add(scrollPane, BorderLayout.CENTER);
    this.add(label, BorderLayout.NORTH);
    this.setTitle("键盘按键");
    this.setBounds(550, 400, 650, 550);
    this.setVisible(true);
    this.setDefaultCloseOperation(JFrame.EXIT_ON_CLOSE);
    }

    public static void main(String[] args) {
        new Demo8_8();
    }
}
```

输出结果如图 8-10 所示。

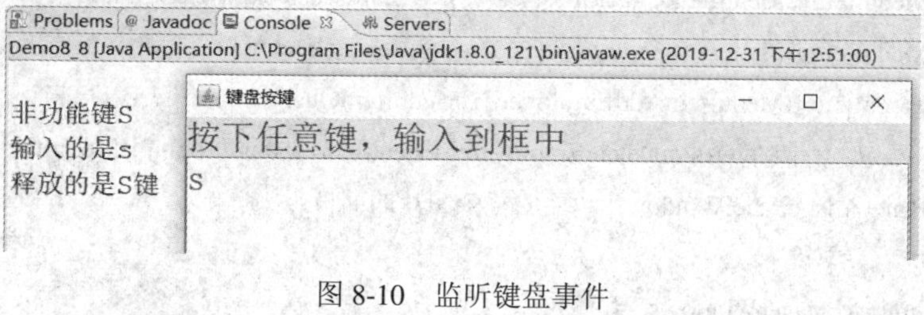

图 8-10 监听键盘事件

8.6 实践 酒店管理系统事件处理的实现

在酒店管理系统中，若干窗口界面类都设置了事件处理，这些类放在文件夹"Java 应用开发与实践\Java 源码\第 12 章\HotelSystem\src\com\view"以及"Java 应用开发与实践\Java 源码\第 12 章\HotelSystem\src\com\model"等文件夹中。

管理员等权限高的用户登录后进入的窗口，类文件是 ManagerWindows.java，在此窗口中，和用户交互的是菜单，所以主要使用了 ActionListener 接口并实现了相应的事件处理方法。事件处理方法判断是点击了哪一个二级菜单，并创建相应的子窗口对象，打开子窗口。另外，使用了窗口适配器类 WindowAdapter 调用了 windowClosing()方法，对关闭窗口方法进行设置。

ManagerWindows 类：

```java
import javax.swing.*;

import java.awt.*;
import java.awt.event.*;

import javax.imageio.*;

import java.io.*;

public class ManagerWindows extends JFrame implements ActionListener {
    Font font;      //字体
    JMenuBar jMenuBar;   //菜单条
    //定义一级菜单
    JMenu jMenuGuestManage, jMenuCateringManage, jMenuCheckInManage,
                jMenuOrdersManage, jMenuCheckOutManage, jMenuReportStatistics,
                jMenuEmployeeManage, jMenuHelp, jMenuExit;   //定义菜单选项
    //定义二级菜单
    JMenuItem jJMenuItemAddGuest, jJMenuItemQueryGuest, jJMenuItemDeleteGuest;
    JMenuItem jJMenuItemCateringReserve, jJMenuItemCateringConsume;
    JMenuItem jJMenuItemCheckInReserve, jJMenuItemcheckInRegistration;
    JMenuItem jJMenuItemQueryOrders, jJMenuItemDeleteOrders, jJMenuItemcheckOut;
    JMenuItem jJMenuItemAddEmployee, jJMenuItemQueryEmployee,
            jJMenuItemDeleteEmployee, jJMenuItemChangeLogin, jJMenuItemExit;
    JPanel imagePanelWindow;   //存放背景图片的面板

    public ManagerWindows() {
```

```
font = new Font("宋体", Font.PLAIN, 20);
//创建菜单条
jMenuBar = new JMenuBar();
//创建一级菜单
jMenuGuestManage = new JMenu("客人管理　");
jMenuGuestManage.setFont(font);
jMenuCateringManage = new JMenu("餐饮管理　");
jMenuCateringManage.setFont(font);
jMenuCheckInManage = new JMenu("入住管理　");
jMenuCheckInManage.setFont(font);
jMenuOrdersManage = new JMenu("订单管理　");
jMenuOrdersManage.setFont(font);
jMenuCheckOutManage = new JMenu("退房系统　");
jMenuCheckOutManage.setFont(font);
jMenuReportStatistics = new JMenu("报表统计　");
jMenuReportStatistics.setFont(font);
jMenuEmployeeManage = new JMenu("员工管理　");
jMenuEmployeeManage.setFont(font);
jMenuHelp = new JMenu("帮助　");
jMenuHelp.setFont(font);
jMenuExit = new JMenu("退出　");
jMenuExit.setFont(font);


//创建二级菜单并设置监听
jJMenuItemAddGuest = new JMenuItem("增加客人信息");
jJMenuItemAddGuest.setFont(font);
jJMenuItemAddGuest.addActionListener(this);
jJMenuItemQueryGuest = new JMenuItem("查询客人信息");
jJMenuItemQueryGuest.setFont(font);
jJMenuItemQueryGuest.addActionListener(this);
jJMenuItemDeleteGuest = new JMenuItem("删除客人信息");
jJMenuItemDeleteGuest.setFont(font);
jJMenuItemDeleteGuest.addActionListener(this);


jJMenuItemCateringReserve = new JMenuItem("餐饮预订");
jJMenuItemCateringReserve.setFont(font);
jJMenuItemCateringReserve.addActionListener(this);
jJMenuItemCateringConsume = new JMenuItem("餐饮消费");
jJMenuItemCateringConsume.setFont(font);
```

```
            jJMenuItemCateringConsume.addActionListener(this);

            jJMenuItemCheckInReserve = new JMenuItem("入住预订");
            jJMenuItemCheckInReserve.setFont(font);
            jJMenuItemCheckInReserve.addActionListener(this);
            jJMenuItemcheckInRegistration = new JMenuItem("入住登记");
            jJMenuItemcheckInRegistration.setFont(font);
            jJMenuItemcheckInRegistration.addActionListener(this);

            jJMenuItemQueryOrders = new JMenuItem("查看订单");
            jJMenuItemQueryOrders.setFont(font);
            jJMenuItemQueryOrders.addActionListener(this);
            jJMenuItemDeleteOrders = new JMenuItem("删除订单");
            jJMenuItemDeleteOrders.setFont(font);
            jJMenuItemDeleteOrders.addActionListener(this);

            jJMenuItemcheckOut = new JMenuItem("退房登记");
            jJMenuItemcheckOut.setFont(font);
            jJMenuItemcheckOut.addActionListener(this);

            jJMenuItemAddEmployee = new JMenuItem("增加员工");
            jJMenuItemAddEmployee.setFont(font);
            jJMenuItemAddEmployee.addActionListener(this);
            jJMenuItemQueryEmployee = new JMenuItem("查询员工");
            jJMenuItemQueryEmployee.setFont(font);
            jJMenuItemQueryEmployee.addActionListener(this);
            jJMenuItemDeleteEmployee = new JMenuItem("删除员工");
            jJMenuItemDeleteEmployee.setFont(font);
            jJMenuItemDeleteEmployee.addActionListener(this);
            jJMenuItemChangeLogin = new JMenuItem("切换普通登录");
            jJMenuItemChangeLogin.setFont(font);
            jJMenuItemChangeLogin.addActionListener(this);
            jJMenuItemExit = new JMenuItem("退出系统");
            jJMenuItemExit.setFont(font);
            jJMenuItemExit.addActionListener(this);

            //把二级菜单加入到一级菜单
            jMenuGuestManage.add(jJMenuItemAddGuest);
            jMenuGuestManage.add(jJMenuItemQueryGuest);
```

```
        jMenuGuestManage.add(jJMenuItemDeleteGuest);
        jMenuCateringManage.add(jJMenuItemCateringReserve);
        jMenuCateringManage.add(jJMenuItemCateringConsume);
        jMenuCheckInManage.add(jJMenuItemCheckInReserve);
        jMenuCheckInManage.add(jJMenuItemcheckInRegistration);
        jMenuOrdersManage.add(jJMenuItemQueryOrders);
        jMenuOrdersManage.add(jJMenuItemDeleteOrders);
        jMenuCheckOutManage.add(jJMenuItemcheckOut);
        jMenuEmployeeManage.add(jJMenuItemAddEmployee);
        jMenuEmployeeManage.add(jJMenuItemQueryEmployee);
        jMenuEmployeeManage.add(jJMenuItemDeleteEmployee);
        jMenuEmployeeManage.add(jJMenuItemChangeLogin);
        jMenuExit.add(jJMenuItemExit);

        //把一级菜单加入到菜单条 JMenuBar
        jMenuBar.add(jMenuGuestManage);
        jMenuBar.add(jMenuCateringManage);
        jMenuBar.add(jMenuCheckInManage);
        jMenuBar.add(jMenuOrdersManage);
        jMenuBar.add(jMenuCheckOutManage);
        jMenuBar.add(jMenuReportStatistics);
        jMenuBar.add(jMenuEmployeeManage);
        jMenuBar.add(jMenuHelp);
        jMenuBar.add(jMenuExit);

        imagePanelWindow = new ImagePanelWindow();

        this.setJMenuBar(jMenuBar);   //把 JMenuBar 添加到 JFrame 中
        this.add(imagePanelWindow);   //设置窗口的图片

        int w = Toolkit.getDefaultToolkit().getScreenSize().width;
        int h = Toolkit.getDefaultToolkit().getScreenSize().height;
        this.setTitle("酒店管理系统");
        this.setSize(w, h);     //设置主窗口大小
        this.setVisible(true);
        this.setDefaultCloseOperation(JFrame.DO_NOTHING_ON_CLOSE);
        this.addWindowListener(new WindowAdapter() {
            @Override
            public void windowClosing(WindowEvent e) {
```

```
                    int n = JOptionPane.showConfirmDialog(ManagerWindows.this,
                            "关闭退出系统？", "确定退出",
                            JOptionPane.YES_NO_OPTION);
                if (n == 0) {
                    if (e.getWindow() == ManagerWindows.this) {
                        System.exit(0);    //退出系统
                    } else {
                        return;
                    }
                }
            }
        };
    }

    public static void main(String[] args) {
        new ManagerWindows();
    }

    public void actionPerformed(ActionEvent e) {    //事件处理方法
        if (e.getSource().equals(jJMenuItemAddGuest)) { //增加客人信息
            new AddGuest();
        }
        if (e.getSource().equals(jJMenuItemQueryGuest)) { //查询客人信息
            new QueryGuestInformation();
        }

        if (e.getSource().equals(jJMenuItemDeleteGuest)) { //删除客人信息
            new DeleteGuest();
        }

        if (e.getSource().equals(jJMenuItemCateringReserve)) { //餐饮预订
            new CateringReserve();
        }

        if (e.getSource().equals(jJMenuItemCateringConsume)) { //餐饮消费
            new CateringConsume();
        }

        if (e.getSource().equals(jJMenuItemCheckInReserve)) { //入住预订
```

```
                new CheckInReserve();
        }

        if (e.getSource().equals(jJMenuItemcheckInRegistration)) { //入住登记
                new CheckInRegistration();
        }

        if (e.getSource().equals(jJMenuItemcheckOut)) { //退房登记
                new CheckOutRoom();
        }
        if (e.getSource().equals(jJMenuItemQueryOrders)) { //查看订单
                new QueryGuestOrders();
        }

        if (e.getSource().equals(jJMenuItemDeleteOrders)) { //删除订单
                // new GuestOrders();
        }

        if (e.getSource().equals(jJMenuItemAddEmployee)) { //增加员工信息
                new AddEmployee();
        }
        if (e.getSource().equals(jJMenuItemQueryEmployee)) { //查询员工信息
                new QueryEmployeeInfoByName();
        }
        if (e.getSource().equals(jJMenuItemDeleteEmployee)) { //删除员工信息
                new DeleteEmployee();
        }
        if (e.getSource().equals(jJMenuItemChangeLogin)) { //切换普通用户登录
                new UserLogin();
                this.dispose();
        }
        if (e.getSource().equals(jJMenuItemExit)) { //关闭窗口
                int n = JOptionPane.showConfirmDialog(null, "关闭退出系统？", "确定退出",
                        JOptionPane.YES_NO_OPTION);
                if (n == 0) {
                        this.dispose();    //点击取消按钮，关闭登录界面
                        System.exit(0);    //退出系统
                }
        }
```

```
        }

    }

class ImagePanelWindow extends JPanel {
    int w = Toolkit.getDefaultToolkit().getScreenSize().width;
    int h = Toolkit.getDefaultToolkit().getScreenSize().height;
    Image image;

    public ImagePanelWindow() {
        try {
            image = ImageIO.read(new File("image/managerWindow.gif"));
        } catch (IOException e) {
            e.printStackTrace();
        }
    }

    public void paintComponent(Graphics g) {
        g.drawImage(image, 0, 0, w, h, this);
    }
}
```

输出结果如图 8-11 所示。

图 8-11　酒店管理系统主管理窗口

8.7 小 结

Java 采用了一种名为"委托事件模型"的事件处理机制，以支持 Java GUI 程序与用户的实时交互。

用户在与组件交互时，遇到特定操作则会触发相应的事件，即自动创建事件类对象并提交给 Java 运行时系统，建立监听和被监听的关系，这一过程称为注册监听。

为简化编程负担，JDK 中针对大多数事件监听器接口提供了相应的实现类(事件适配器 Adapter)，在适配器中，实现了相应监听器接口的所有方法，但不做任何处理，即只是添加了一个空的方法体。在定义监听器类时就可以不再直接实现监听接口，而是继承事件适配器类，并只重写所需要的方法即可。

习 题 8

一、选择题

1. 下面不是 GUI 事件模型的组成元素的是(   )。

    A．事件   B．事件处理器   C．GUI 容器   D．事件源

2. 编写 JButton 组件的事件处理器类时，需实现的接口是(   )。

    A．ItemListener   B．ActionListener

    C．ButtonListener   D．WindowListener

3. 下面不是事件适配器类的作用是(   )。

    A．为编写事件侦听器程序提供简便手段

    B．创建一种全新的事件侦听机制

    C．由相应的事件侦听器接口继承而来

    D．定义在 java.awt.event 中

4. 按下键盘上的按键会产生的事件是(   )。

    A．KeyEvent   B．MouseEvent

    C．ItemEvent   D．ActionEvent

5. 对象 myListener 的类实现了 ActionListener，下面可以使 myListener 对象接受组件 jbutton 产生的 actionEvent 的语句是(   )。

    A．jbutton.add(myListener)

    B．jbutton.addListener (myListener)

    C．jbutton.addActionListener (myListener)

    D．jbutton.setActionListener (myListener)

二、判断题

1. 所有组件都是事件源。   (   )

2. 事件监听者除了得知事件的发生外，还应调用相应的方法处理事件。   (   )

3．事件参数中包含有事件发生的详情。 （ ）

4．在 GUI 的事件处理机制中，每个事件类对应一个事件监听器接口，每一个监听器接口都有相对应的适配器。 （ ）

5．事件监听器是一些接口，其中含有一些方法。 （ ）

三、编程题

1．编写程序实现：一个窗口，窗口底部有两个按钮，点击按钮在窗口中分别出现"1""2"字样。

2．编写程序，向文本框里输入正整数，当输入整数为负数时，显示错误对话框，提示"你输入的是负数"。

3．编写一个计算器，能实现加减功能。

4．编写 GUI 程序实现对下拉菜单项的操作，包括"添加"和"删除"按钮。窗口包括一个下拉菜单、一个文本框和两个按钮"添加"和"删除"，选中下拉菜单的一项后，可以通过"删除"按钮从下拉菜单中删除该项，在文本框中填入字符串后，单击"添加"按钮就可以将该项添加到下拉菜单中。

5．编写 GUI 程序实现对闰年的判定。要求：对于用户输入的年份，点击"判定"按钮，通过打开对话框形式给出结果。

第 9 章

Java 的数据库编程

现在已经有越来越多的行业和技术领域需要数据库系统的支持，如办公自动化系统、校园网、电子商务系统、政府网站、金融行业等都需要使用数据库系统进行数据存储和数据处理，零售、餐饮行业需要数据库系统实现辅助销售决策，各种 IOT 场景需要数据库系统持续聚合和分析时序数据，各大科技公司需要建立数据库系统分析平台。因此，在 Java 编程中经常会访问数据库，数据库作为持久化层，保存了 Java 应用程序中的业务数据。Java 需要通过 JDBC 来连接操作各种数据库。本章以 MySQL 为例，深入介绍 JDBC 的功能和目标、在 MyEclispe 中配置 JDBC 驱动程序的方法以及通过 JDBC 访问 MySQL 的详细步骤。

9.1 JDBC 简介

9.1.1 JDBC 的功能

JDBC(Java Database Connectivity)即 Java 数据库连接，是 Java 中用来规范客户端程序如何来访问数据库的应用程序接口，它提供了查询以及增、删、改等更新数据库中数据的方法。JDBC 也是 Sun Microsystems 的商标，我们通常说的 JDBC 是面向关系型数据库的。JDBC 制定的统一访问各类关系数据库的标准接口，为各个数据库厂商提供标准接口的实现打下了基础。

Java 中的包、类、JDBC 是连接数据库和 Java 程序的桥梁，通过 JDBC API 可以方便地实现对各种主流关系型数据库的操作，它由一组用 Java 编写的类和接口组成。JDBC API 主要位于 JDK 中的 java.sql 包中(之后扩展的内容位于 javax.sql 包中)。

在实际开发中可以直接使用 JDBC 进行各个数据库的连接与操作，而且可以方便地向数据库中发送各种 SQL 语句。在 JDBC 中提供的是一套标准的接口，这样各个支持 Java 的数据库生产商只要按照此接口提供相应的实现，就可以使用 JDBC 进行操作，极大地体现了 Java 的可移植性。JDBC 数据库的驱动模型如图 9-1 所示。

JDBC 最终为了实现以下目标：

(1) 通过使用标准的 SQL 语句甚至是 SQL 扩展，使数据库开发人员能够编写数据库应用程序，同时还遵守 Java 的相关规定。

(2) 数据库供应商和数据工具开发商可以提供底层的驱动程序，因此他们可以不断优化各自数据库产品的驱动程序。

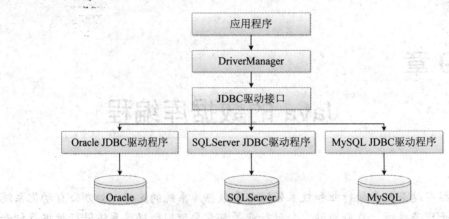

图 9-1　JDBC 数据库的驱动模型

9.1.2　配置 JDBC 驱动程序

每个数据库厂商，比如 Oracle、SQL Server、MySQL，都提供了该数据库的 JDBC 驱动程序，并且都提供了一个实现 java.sql.Driver 接口的类，简称 Driver 类。在 Java 应用开发中，如果要访问数据库，首先应配置数据库的 JDBC 驱动程序(jar 包)build Path 到 Java 应用程序的 Referenced Libraries 目录下，Java 应用程序才能正常地通过 JDBC 接口访问数据库。

首先在网上下载 MySQL 的数据库驱动程序 mysql-connector-java-x.jar(这里的 x 代表数据库驱动程序的版本号)，下面以 mysql-connector-java-5.1.20-bin.jar 为例来说明其配置方法。

(1) 在 MyEclipse 新建一个名为 lesson9 的 Java Project，把下载好的数据库驱动程序 mysql-connector-java-5.1.20-bin.jar 拷贝到项目下，如图 9-2 所示。

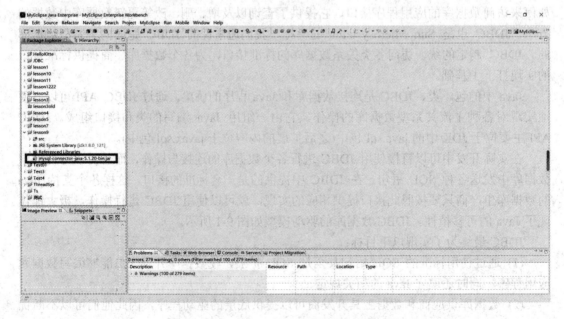

图 9-2　MyEclipse 界面窗口

（2）鼠标右键点击 jar 包 mysql-connector-java-5.1.20-bin.jar，在弹出的菜单中依次点击
"Build Path"、"Add to Build Path"选项，之后会多出一个 Referenced Libraries，表示导入成功，如图 9-3、图 9-4 所示。

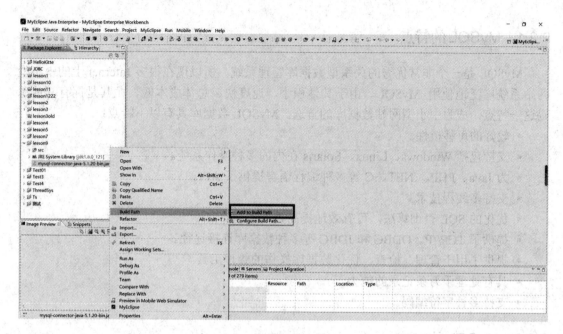

图 9-3　导入 MySQL 驱动包

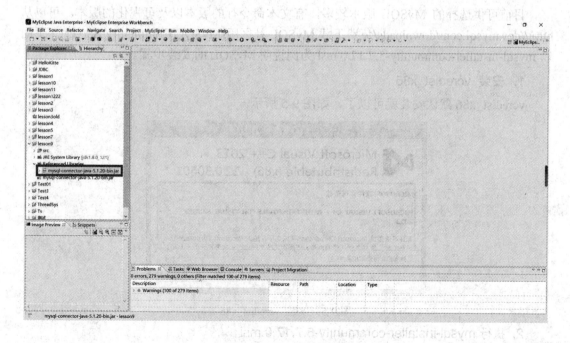

图 9-4　MySQL 驱动包导入后界面

9.2　MySQL 数据库的安装与使用

9.2.1　MySQL 的特点

MySQL 是一个非常优秀的关系型数据库管理系统，所以现在很多 Internet 上的中小型网站系统广泛地使用 MySQL。由于其体积小、速度快、总体成本低，尤其是拥有开放源码这一特点，成为中小型网站数据库的首选。MySQL 数据库具有以下特点：

- 较好的可移植性。
- 支持包括 Windows、Linux、Solaris 在内的多种操作系统。
- 为 Java、PHP、.NET、C 等多种编程语言提供了 API。
- 支持多线程技术。
- 优化的 SQL 查询算法，可有效地提高查询速度。
- 提供了 TCP/IP、ODBC 和 JDBC 等多种数据库连接途径。
- 提供了用于管理、检查、优化数据库操作的管理工具。
- 具有处理千万条记录的能力。
- 支持多种字符编码。

9.2.2　MySQL 的安装

目前可供选择的 MySQL 版本较多，有文本命令行的版本以及可视化的版本。可以从 http://dev.mysql.com/downloads/免费下载 MySQL 社区版(MySQL Community Server)。下面以 mysql-installer-community-5.7.17.0.msi 为例说明 MySQL 的安装步骤。

1. 安装　vcredist_x86

vcredist_x86 默认安装就可以了，如图 9-5 所示。

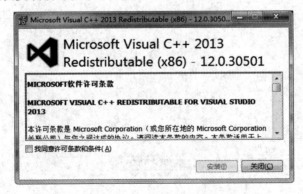

图 9-5　安装　vcredist_x86

2. 执行 mysql-installer-community-5.7.17.0.msi

(1) 双击 mysql-installer-community-5.7.17.0.msi，打开如图 9-6 所示的窗口，点击 "I accept the license terms"。

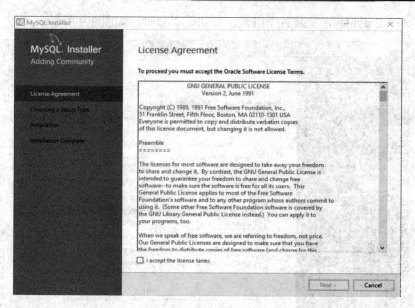

图 9-6　接受协议

(2) 默认安装，点击"next"按钮，如图 9-7 所示。

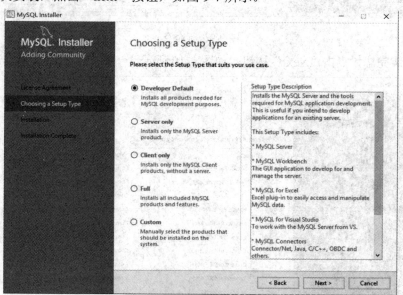

图 9-7　默认类型

(3) 在确认窗口中直接点击"是"按钮即可，如图 9-8 所示。

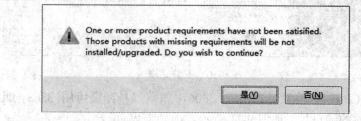

图 9-8　确认窗口

(4) 点击 "Execute"，安装各个组件，大约需 2 分钟，如图 9-9 所示。

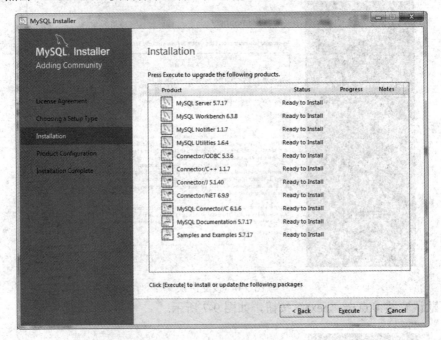

图 9-9　行命令

(5) 安装完毕，点击 "Next" 按钮，如图 9-10 所示。

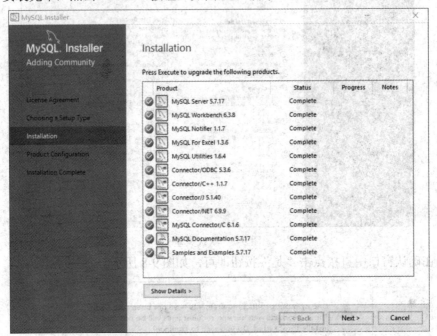

图 9-10　安装完毕

(6) 勾选 "TCP/IP"，注意端口号是 3306，如端口号冲突可用 3308，此端口号就是
Java 代码中连接库的端口号，如图 9-11 所示。

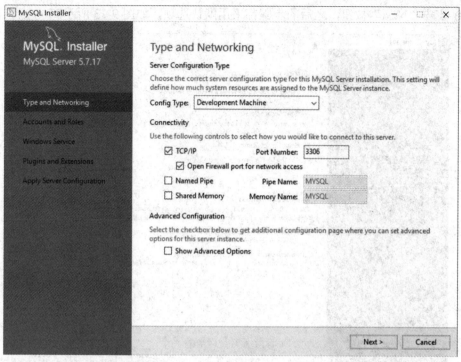

图 9-11 端口号

(7) 设置密码，此密码就是 Java 代码中连接库的密码。这里设置为 1234，如图 9-12 所示。

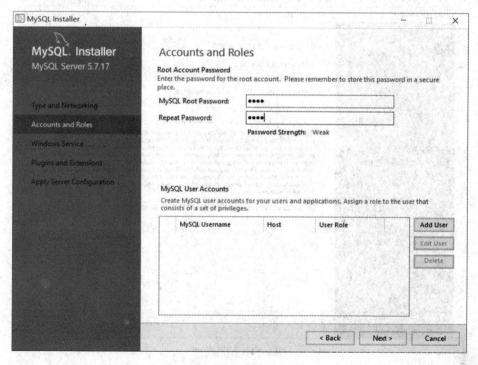

图 9-12 密码设置

(8) 点击"Next"按钮，之后的步骤都采用默认选项，如图 9-13 所示。

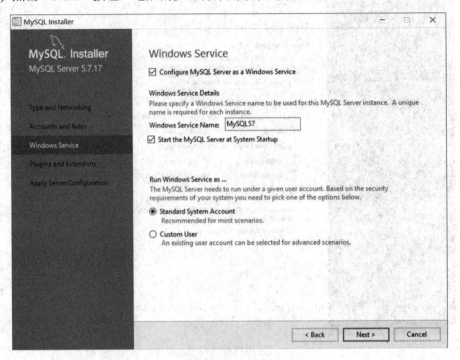

图 9-13　配置 MySQL 服务

(9) 点击"Next"按钮，之后的步骤都采用默认选项，如图 9-14 所示。

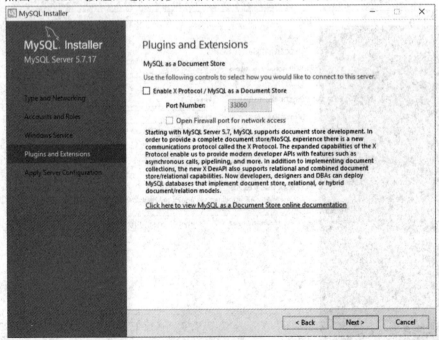

图 9-14　扩展功能

(10) 点击"Finish"按钮，之后的步骤都采用默认选项，如图 9-15 所示。

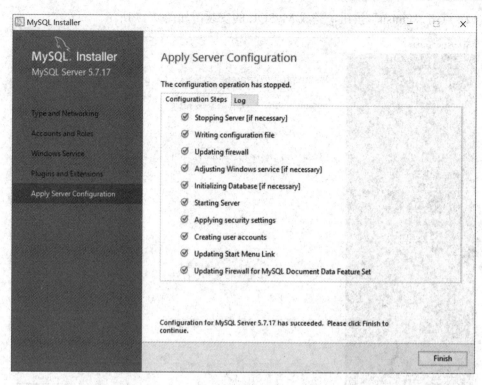

图 9-15　安装完成

(11) 点击"Check"按钮，出现数据库连接成功的提示，如图 9-16 所示。

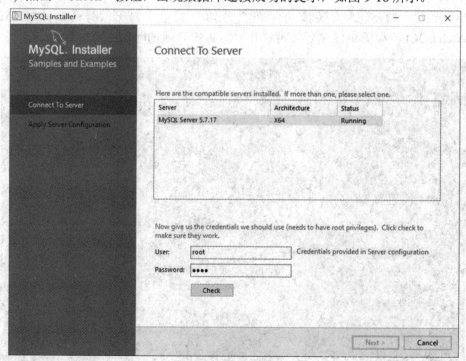

图 9-16　测试完成

(12) 点击"Finish"按钮，完成 MySQL 的安装，如图 9-17 所示。

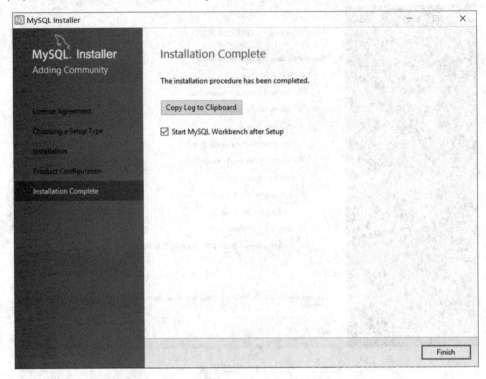

图 9-17 完成安装

(13) 至此，MySQL 安装成功。在"开始"菜单中打开 MySQL 中的 MySQL Workbench 6.3CE，如图 9-18 所示，再打开如图 9-19 所示的输入密码的窗口。

图 9-18 "开始"菜单中的 MySQL 启动程序

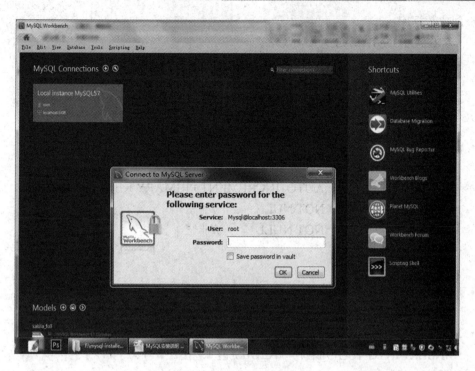

图 9-19 输入密码窗口

(14) 输入密码 1234，打开 MySQL 的可视化界面，如图 9-20 所示。

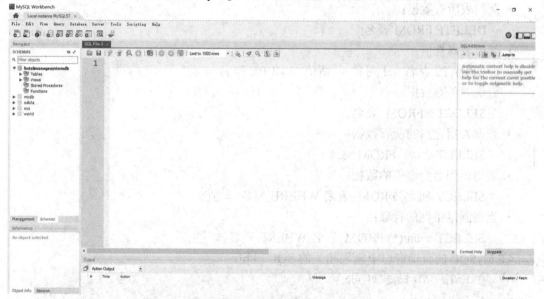

图 9-20 MySQL 的可视化界面

9.2.3 MySQL 的基本 SQL 语法和使用

SQL 是一门结构化查询语言，是关系型数据库管理系统的标准语言，在现在的开发中基本都支持标准的 SQL 语法。常用的 MySQL 中的 SQL 语法有：

- 创建数据库：

  CREATE DATABASE 数据库名;
- 删除数据库：

  DROP DATABASE 数据库名;
- 使用数据库：

  USE 数据库名;
- 创建表：

  CREATE TABLE 表名 (

      列名 1　属性类型　AUTO_INCREMENT PRIMARY KEY,　　//自动增长，主键

      列名 2　属性类型　NOT NULL,　　//非空

      列名 3　属性类型　NOT NULL,　　//非空

      …

) ;
- 删除表：

  DROP TABLE　表名;
- 增加表一行数据：

  INSERT INTO 表名(列名)　VALUES(值 1, 值 2, …) ;
- 删除表一行数据：

  DELETE FROM 表名　WHERE 列名 = '值';
- 删除表所有数据：

  DELETE FROM 表名;
- 修改表属性值：

  UPDATE 表名　set 列名 = '新值' WHERE 列名 = '值';
- 查询表所有数据：

  SELECT * FROM　表名;
- 查询表指定列的所有数据：

  SELECT 列名　FROM　表名;
- 查询该列名为该值的数据：

  SELECT 列名　FROM　表名 WHERE 列名 = '值';
- 查询满足条件的行数：

  SELECT count(*) FROM　表名 WHERE 列名 = '值';

在 MySQL 的查询窗口中输入相关的 SQL 语句：

```
CREATE DATABASE userdb;
USE userdb;
CREATE TABLE userinfo(
    uid varchar(20) PRIMARY KEY,
    uname varchar(50) NOT NULL,
    upass varchar(50) NOT NULL,
    uage int
```

```
);

INSERT INTO userinfo values('001','张三','123',20);
INSERT INTO userinfo values('002','李四','555',21);
INSERT INTO userinfo values('003','王五','abc',30);
INSERT INTO userinfo values('004','赵六','123456',35);

SELECT * FROM userdb.userinfo;
SELECT count(*) from userinfo where uname='张三' and upass='123'
SELECT count(*) from userinfo where uname='李四' and upass='123456'
```

　　点击执行，则生成了数据库 userdb 以及数据库表 userinfo，在表 userinfo 里插入了四条数据，查询后的窗口如图 9-21 所示。

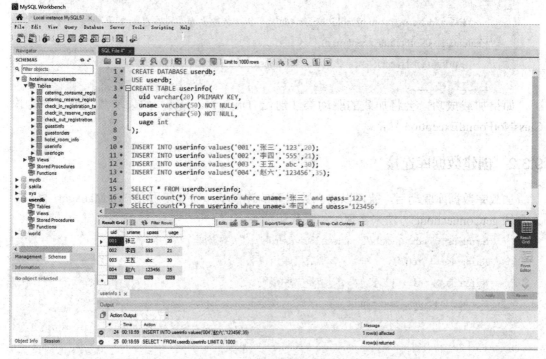

图 9-21　输入 SQL 脚本

9.3　使用 JDBC 访问数据库

　　JDBC 本身是一个固定的标准，所以其操作基本上也是固定的，只需修改很少的一部分代码就可以达到不同数据库之间的连接转换功能。Java 应用程序需要访问数据库时，首先要加载数据库驱动，只需加载一次，然后在每次访问数据库时创建一个 Connection 实例，获取数据库连接，获取连接后，执行需要的 SQL 语句，最后完成数据库操作后释放与数据库间的连接。

使用 JDBC 访问数据库的步骤如下：

(1) 加载数据库驱动。

(2) 创建数据库连接。

(3) 使用 SQL 语句进行数据库操作。

(4) 关闭数据库连接。

9.3.1 加载数据库驱动

Java 加载 JDBC 数据库驱动的方法是调用 Class 类的静态方法 forName()，不同数据库的 JDBC 驱动名称不同。语法格式如下：

Class.forName(String driverManager);

MySQL 的驱动类名为 com.mysql.jdbc.Driver，加载 MySQL 数据库的驱动如下：

```
try {
    Class.forName("com.mysql.jdbc.Driver");        //加载数据库驱动，注册到驱动管理器
} catch(ClassNotFoundException e) {
    e.printStackTrace();
}
```

如果加载成功，会将加载的驱动类注册给 DriverManager；如果加载失败，会抛出 ClassNotFoundException 异常。

9.3.2 创建数据库连接

加载完数据库驱动后，就可以建立数据库的连接了，需要使用 DriverManager 类的静态方法 getConnection()方法来实现。相关代码如下：

```
String url = "jdbc:mysql://localhost:3306/userdb";        //数据库连接字符串
String user = "root";                //数据库用户名
Strign password = "1234"            //数据库密码
Connection connection = null;

try {
    Class.forName("com.mysql.jdbc.Driver");
//创建 Connection 连接
    connection = DriverManager.getConnection(url, user, passwd);
    } catch (ClassNotFoundException e) {
            e.printStackTrace();
    } catch (SQLException e) {
            e.printStackTrace();
    }
}
```

其中 url 是 MySQL 数据库的 url，url 代表数据库的安装位置；mysql 指定数据库为 MySQL 数据库；localhost 是本地计算机，可以换成 IP 地址 127.0.0.1；3306 为 MySQL 数

据库的默认端口号；userdb 是所要连接的数据库名；user 和 password 对应数据库的用户名和密码。最后通过 getConnection 建立连接。

9.3.3　查询数据库操作

建立了数据库的连接之后，就可以使用 Connection 接口的 createStatement()方法来获取 Statement 对象，也可以调用 prepareStatement()方法获得 PrepareStatement 对象，通过 executeQuery()方法来执行查询数据库的 SQL 语句。相关代码如下：

```
Statement statement = conn.createStatement();        //获取 Statement 对象 statement
String sql = "select * from userinfo";               //查询 userinfo 表的 SQL 语句
ResultSet rs = stmt.executeQuery(sql);               //执行查询，返回结果集 rs
while(rs.next()){                                    //光标向后移动，并判断是否有效
    String userId = rs.getString(1);                 //查询并返回表的 uid 属性的值
    String username = rs.getString(2);               //查询并返回表的 uname 属性的值
    String userPass = rs.getString(3);               //查询并返回表的 upass 属性的值
    int userAge =   rs.getInt(4);                    //查询并返回表的 uage 属性的值
}
System.out.println("用户编号是："+ userId );
System.out.println("用户名是："+ username);
System.out.println("用户密码是："+ userPass);
System.out.println("用户年龄是："+ userAge);
```

接口 PreparedStatement 表示预编译的 SQL 语句的对象。SQL 语句被预编译并存储在 PreparedStatement 对象中。然后可以使用此对象多次高效地执行该语句。 PreparedStatement 接口继承 Statement，并与之在两方面有所不同：PreparedStatement 实例包含已编译的 SQL 语句，这就使语句"准备好"。包含于 PreparedStatement 对象中的 SQL 语句可具有一个或多个 IN 参数。IN 参数的值在 SQL 语句创建时未被指定，相反的，该语句为每个 IN 参数保留一个问号（"?"）作为占位符。每个问号的值必须在该语句执行之前通过适当的 setXXX 方法来提供。相关代码如下：

```
PreparedStatement statement = null;
String sql = "select * from userInfo where userName=?";
statement = connection.prepareStatement(sql);
statement.setString(1, user.getUserId());
ResultSet result = statement.executeQuery ();
if (result.next()) {
    user.setUserId(result.getString(1));
    user.setUserName(result.getString(2));
    user.setUserSex(result.getString(3));
    user.setUserAge(result.getInt(4));
}
```

9.3.4 更新数据库操作

建立了数据库的连接之后，就可以使用 Connection 接口的 createStatement()方法来获取 Statement 对象，也可以调用 prepareStatement()方法获得 PrepareStatement 对象，通过 executeUpdate()方法来执行更新数据库的 SQL 语句。相关代码如下：

```
PreparedStatement statement = null;
String sql = "insert into userInfo values(?,?,?,?,?,?)";
statement = connection.prepareStatement(sql);
statement.setString(1, user.getUserId());
statement.setString(2, user.getUserName());
statement.setString(3, user.getUserSex());
statement.setInt(4, user.getUserAge());
int count = statement.executeUpdate();
```

9.3.5 应用程序通过 JDBC 访问 MySQL

创建数据库 mydb 以及表 userinfo，向表里增加数据，相关代码如下：

```
create database mydb;      -- 创建数据库 mydb
create table userinfo(     -- 创建表 userinfo
    uname varchar(50),
    upass varchar(50)
);

insert into userinfo values('zhang','666'); -- 增加数据到表 userinfo
insert into userinfo values('lif','555');
insert into userinfo values('feng','abc');
insert into userinfo values('lisi','123456');
select * from userinfo;   -- 查询表 userinfo
```

例 9-1 连接数据库 mydb 之后，把预编译的 SQL 语句"insert into userinfo values('吴刚', 'abc');"发送到 MySql 中执行，增加这条数据到表 userinfo 中，然后查询表并返回所有表里的信息，显示到控制台，如图 9-22 所示。

【例 9-1】 Java 应用开发与实践\Java 源码\第 9 章\lesson9_1 \Demo9_1.java。

```
import java.sql.*;

public class Demo9_1 {
    PreparedStatement preparedState = null;
    Connection con = null;
    ResultSet rs = null;
```

```java
public Demo9_1() {
    try {
        // 1.加载驱动确保数据库的 jar 包已经在项目的
        //Referenced Libraries 文件夹中
        Class.forName("com.mysql.jdbc.Driver");

        // 2.建立连接,访问数据库 mydb 的用户名是 root,密码是 1234
        con = DriverManager.getConnection(
                "jdbc:mysql://localhost:3306/mydb", "root", "1234");

        // 3. 创建 PreparedStatement(发送预编译 sql 语句到数据库)
        preparedState = con.prepareStatement("insert into userinfo values('吴刚','abc');");
        preparedState.executeUpdate();
        preparedState = con.prepareStatement("select * from userinfo");
        ResultSet rs = preparedState.executeQuery();
        while (rs.next()) {
            String userName = rs.getString(1);
            String userPswd = rs.getString(2);
            System.out.println("用户名: " + userName + "密码: " + userPswd);
        }
    } catch (Exception e) {
        e.printStackTrace();
    } finally {
        try {
            if (rs != null)
                rs.close();
            if (preparedState != null)
                preparedState.close();
            if (con != null)
                con.close();
        } catch (SQLException e) {
            e.printStackTrace();
        }
    }

}

public static void main(String[] args) {
    new Demo9_1();
}
}
```

输出结果如图 9-22 所示。

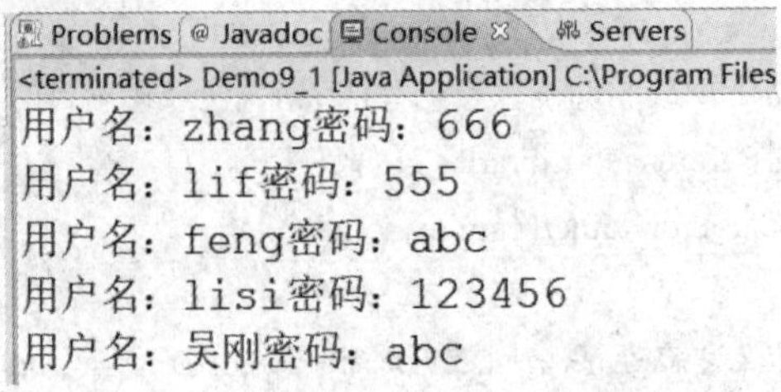

图 9-22　增加数据到表 userinfo

也可以使用 SQL 语句"insert into userinfo values(?,?);"发送到 MySql 中执行，这里使用"?"占位，使用了 setXxx()方法对应问号相应的位置，其中 Xxx 是数据类型，比如"preparedState.setInt(1,20);"表示增加整数 20 这个数据到表 userinfo 中的新增行的第一列，然后查询表并返回所有表里的信息，显示到控制台，如图 9-23 所示。

【例 9-2】　Java 应用开发与实践\Java 源码\第 9 章\lesson9_2 \Demo9_2.java。

```java
import java.sql.*;
public class Demo9_2 {
    PreparedStatement preparedState = null;
    Connection con = null;
    ResultSet rs = null;

    public Demo9_2() {
        try {
            Class.forName("com.mysql.jdbc.Driver");
            con = DriverManager.getConnection(
                "jdbc:mysql://localhost:3306/mydb", "root", "1234");
            //预编译，使用"?"占位
            preparedState = con.prepareStatement("insert into userinfo values(?,?);");
            // setXxx()方法对应问号相应的位置，其中 Xxx 是数据类型
            preparedState.setString(1,"张三");
            preparedState.setString(2,"abc321");
            preparedState.executeUpdate();
            preparedState = con.prepareStatement("select * from userinfo");
            ResultSet rs = preparedState.executeQuery();
            while (rs.next()) {
                String userName = rs.getString(1);
                String userPswd = rs.getString(2);
                System.out.println("用户名：" + userName + "密码：" + userPswd);
            }
        } catch (Exception e) {
```

```
                    e.printStackTrace();
            } finally {
                try {
                        if (rs != null)
                            rs.close();
                        if (preparedState != null)
                            preparedState.close();
                        if (con != null)
                            con.close();
                } catch (SQLException e) {
                        e.printStackTrace();
                }
            }


        }

        public static void main(String[] args) {
            new Demo9_2();
        }
    }
```

输出结果如图 9-23 所示。

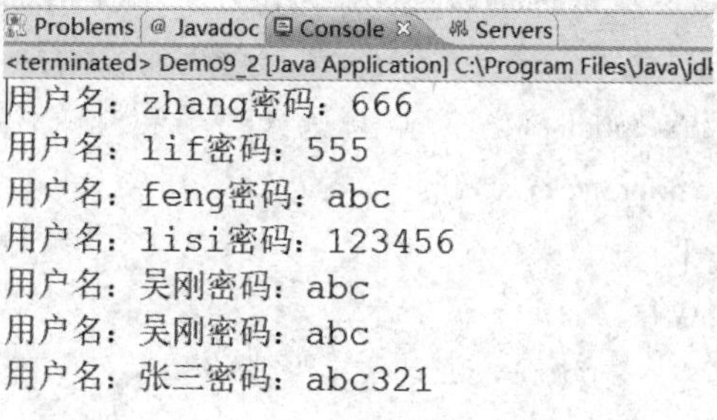

```
Problems  @ Javadoc  Console    Servers
<terminated> Demo9_2 [Java Application] C:\Program Files\Java\jdl
用户名：zhang密码：666
用户名：lif密码：555
用户名：feng密码：abc
用户名：lisi密码：123456
用户名：吴刚密码：abc
用户名：吴刚密码：abc
用户名：张三密码：abc321
```

图 9-23　占位符的使用

9.4　实训　数据库的增删改查

任务 1　删除数据库表中指定行

要求：在 mydb 数据库的 userinfo 表中删除姓名为 "吴刚" 的记录，并把查询结果显示在控制台中。程序代码如例 9-3 所示。

【例 9-3】　Java 应用开发与实践\Java 源码\第 9 章\lesson9_3 \Demo9_3.java。

```java
import java.sql.*;

public class Demo9_3 {
    PreparedStatement preparedState = null;
    Connection con = null;
    ResultSet rs = null;

    public Demo9_3() {
        try {
            Class.forName("com.mysql.jdbc.Driver");
            con = DriverManager.getConnection(
                "jdbc:mysql://localhost:3306/mydb", "root", "1234");
            //删除指定行数据
            preparedState = con.prepareStatement("delete from userinfo where uname=?;");
            preparedState.setString(1, "吴刚");
            preparedState.executeUpdate();
            preparedState = con.prepareStatement("select * from userinfo");
            ResultSet rs = preparedState.executeQuery();
            while (rs.next()) {
                String userName = rs.getString(1);
                String userPswd = rs.getString(2);
                System.out.println("用户名：" + userName + "密码：" + userPswd);
            }
        } catch (Exception e) {
            e.printStackTrace();
        } finally {
            try {
                if (rs != null)
                    rs.close();
                if (preparedState != null)
                    preparedState.close();
                if (con != null)
                    con.close();
            } catch (SQLException e) {
                e.printStackTrace();
            }
        }
    }
```

```
public static void main(String[] args) {
        new Demo9_3();
    }
}
```

输出结果如图 9-24 所示。

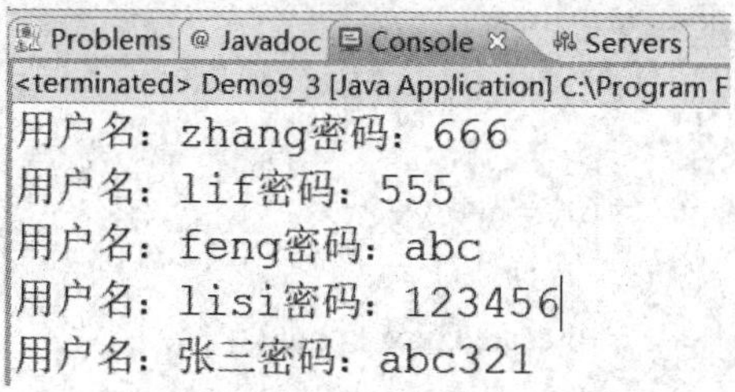

用户名：zhang密码：666
用户名：lif密码：555
用户名：feng密码：abc
用户名：lisi密码：123456
用户名：张三密码：abc321

图 9-24　删除指定记录

任务 2　查询数据库表中满足条件的行

要求：判断一个用户和密码是否在 mydb 数据库 userinfo 表中有记录，如果有记录则在控制台输出 1，如果没有此记录则输出 0。程序代码如例 9-4 所示。

【例 9-4】　Java 应用开发与实践\Java 源码\第 9 章\lesson9_4 \Demo9_4.java。

```
import java.sql.*;

public class Demo9_3 {
    public class Demo9_4 {
    PreparedStatement preparedState = null;
    Connection con = null;
    ResultSet rs = null;

    public Demo9_4() {
        String name = "zhang", pswd = "666";
        try {
            Class.forName("com.mysql.jdbc.Driver");
            con = DriverManager.getConnection(
                "jdbc:mysql://localhost:3306/mydb", "root", "1234");
            //select count(*) from userinfo where 是返回满足条件的行数
            preparedState = con.prepareStatement("select count(*) from userinfo where
                        uname=? and upass=?");
            preparedState.setString(1, name);
            preparedState.setString(2, pswd);
            ResultSet rs = preparedState.executeQuery();
            int i = 0;
```

```
                    if (rs.next()) {
                            i = rs.getInt(1);
                    }
                    System.out.println("返回的值是:" + i);
            } catch (Exception e) {
                    e.printStackTrace();
            } finally {
                    try {
                            if (rs != null)
                                rs.close();
                            if (preparedState != null)
                                preparedState.close();
                            if (con != null)
                                con.close();
                    } catch (SQLException e) {
                        e.printStackTrace();
                    }
            }
    }

    public static void main(String[] args) {
            new Demo9_4();
    }
}
```

输出结果如图 9-25 所示。

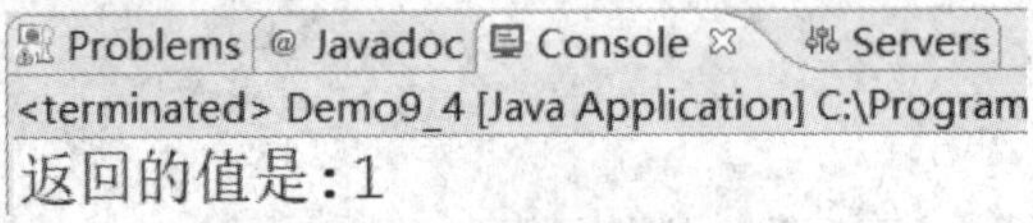

```
Problems  @ Javadoc  Console    Servers
<terminated> Demo9_4 [Java Application] C:\Program
返回的值是:1
```

图 9-25　查询指定记录

9.5　实践　酒店管理系统的数据库设计

9.5.1　酒店管理系统的数据库 SQL 语句

酒店管理系统的运行需要数据库的支撑，先创建数据库 hotelManageSystemDB，在此数据库中创建要使用到的各个表，涉及的 SQL 语句如下：

```
create database hotelManageSystemDB;  -- 创建数据库 hotelManageSystemDB
use hotelManageSystemDB;              -- 选中数据库 hotelManageSystemDB
```

```
set SQL_SAFE_UPDATES = 0;      -- 设置安全更新
create table userInfo              -- 创建登录用户信息表
insert into userInfo values('UI001','赵晓锋','男',37,'13886225967','经理'); -- 表增加一行
delete from userinfo where userId=' UI 007';   -- 表中删除指定的一行
select * from userInfo;            -- 查询表
select count(*) from userLogin where userId = '?" and userPasswd = '?"; -- 查询表中指定行的数量
```

9.5.2　酒店管理系统的数据库表结构

酒店管理系统需要使用的数据库表较多，下面列出相应的表结构。

1. 登录用户信息表

```
create table userInfo
(
    userId varchar(30) primary key, -- 用户编号
    userName varchar(50) not null, -- 用户姓名
    userSex varchar(2), -- 用户性别
    userAge int, -- 用户年龄
    userPhone nvarchar(30)not null, -- 用户电话
     userPosition varchar(30)not null -- 用户职位
);

insert into userInfo values('UI001','赵晓锋','男',37,'13886225967','经理');
insert into userInfo values('UI002','高天','男',40,'13125475843','主管');
insert into userInfo values('UI003','王楠','女',36,'13631258996','管理员');
insert into userInfo values('UI004','任建国','男',32,'13574522323','会计');
insert into userInfo values('UI005','钱盈盈','女',23,'13463323588','收银员');
insert into userInfo values('UI006','吴迪','男',21,'13256656887','服务员');
insert into userInfo values('UI007','范晓云','女',22,'13312569076','服务员');
delete from userinfo where userId='ui007';
select * from userInfo;
```

执行了语句 select * from userInfo 的表的显示如图 9-26 所示。

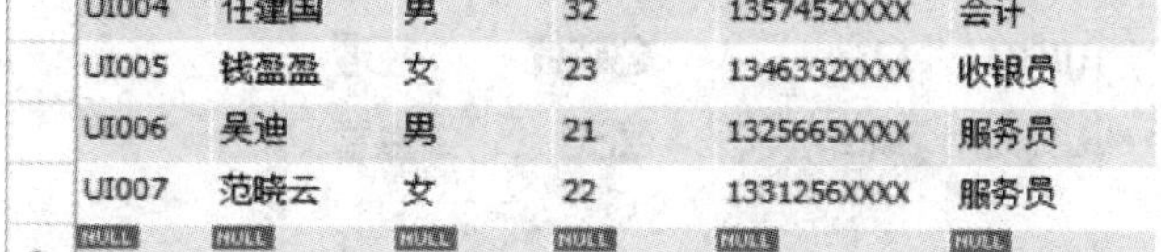

userId	userName	userSex	userAge	userPhone	userPosition
UI001	赵晓锋	男	37	1388622XXXX	经理
UI002	高天	男	40	1312547XXXX	主管
UI003	王楠	女	36	1363125XXXX	管理员
UI004	任建国	男	32	1357452XXXX	会计
UI005	钱盈盈	女	23	1346332XXXX	收银员
UI006	吴迪	男	21	1325665XXXX	服务员
UI007	范晓云	女	22	1331256XXXX	服务员
NULL	NULL	NULL	NULL	NULL	NULL

图 9-26　查询 userInfo 表

2. 用户登录表

```
create table userLogin
(
    userId varchar(30)primary key,           -- 用户编号
    userPasswd nvarchar(30) not null,         -- 用户密码
    foreign key(userId) references userInfo(userId)
);

insert into userLogin values('UI001','123');
insert into userLogin values('UI002','admin');
insert into userLogin values('UI003','abc');
insert into userLogin values('UI005','123456');

select count(*) from userLogin where userId='ui001' AND userPasswd='123';
select count(*) from userLogin where userId='ui002' AND userPasswd='123456';
select * from userLogin;
```

执行了语句 select * from userLogin 的表的显示如图 9-27 所示。

userId	userPasswd
UI001	123
UI002	admin
UI003	abc
UI005	123456
NULL	NULL

图 9-27 查询 userLogin 表

```
select ul.userId,ul.userPasswd,ui.userName,ui.userPosition
from userInfo ui,userLogin ul
where ui.userId=ul.userId
order by ui.userAge;
```

执行了上述 select 语句的表的显示如图 9-28 所示。

userId	userPasswd	userName	userPosition
UI005	123456	钱盈盈	收银员
UI003	abc	王楠	管理员
UI001	123	赵晓锋	经理
UI002	admin	高天	主管

图 9-28 查询两张连接的表

```
select ul.userId,ul.userPasswd,ui.userName,ui.userPosition
from    userInfo ui,userLogin ul
where ui.userId=ul.userId and ul.userId='ui001'    and    ul.userPasswd='123';
```

执行了上述 select 语句的表的显示如图 9-29 所示。

Result Grid | Filter Rows: | Export:

	userId	userPasswd	userName	userPosition
▶	ui001	123	赵晓锋	经理

图 9-29 查询两张连接的表指定的记录

3. 客人信息表

```
create table guestInfo
(
    guestId varchar(30)primary key,          -- 客人编号
    guestIdentityCardId varchar(30),         -- 客人身份证号
    guestName varchar(50) not null,          -- 客人姓名
    guestSex varchar(2),                     -- 客人性别
    guestAge int, -- 客人年龄
    guestPhone nvarchar(30)not null,         -- 客人电话
    VIP varchar(2) -- 客人是否 VIP
);

insert into guestInfo values('GI001','511245197309120892','成蓝','女',45,'13575855623','是');
insert into guestInfo values('GI002','321233198511063396','胡波','男',34,'13885622562','是');
insert into guestInfo values('GI003','511245198105202418','李东亭','男',38,'13548896255','否');
insert into guestInfo values('GI004','511245199001135881','吴梅','女',30,'13786853678','否');
insert into guestInfo values('GI005','470212199209041542','何辉','男',28,'13983112562','是');
insert into guestInfo values('GI006','620233199607103213','陈丽丽','女',25,'13525265849','否');
insert into guestInfo values('GI007','455233197802156657','张婷','女',31,'13545637286','是');
insert into guestInfo values('GI008','337671197012186465','罗翔','男',50,'13593326817','否');
insert into guestInfo values('GI088','337671197012186465','李向','男',21,'13763526829','是');

delete from guestInfo;
select * from guestInfo;
select count(*) from guestInfo where guestId='GI0020';
```

4. 客人入住预定登记表

```
create table checkInReserveRegistration(
    guestId varchar(30) primary key,          -- 客人编号
```

```
        guestName varchar(50) not null,        -- 客人姓名
        guestPhone nvarchar(30)not null,        -- 客人电话
        roomType varchar(50)not null,           -- 房间类型
        checkInreserveDate time,                -- 预定入住时间
        checkOutreserveDate time,               -- 预订退房时间
        foreign key(guestId) references guestInfo(guestId)
    )
```

5. 客人入住登记表

```
    create table checkInRegistration(
        guestId varchar(30) primary key,        -- 客人编号
        guestName varchar(50) not null,         -- 客人姓名
        guestIdentityCardId varchar(30),        -- 客人身份证号
        roomNumber varchar(50) not null,        -- 入住房间号
        checkInDate time,                       -- 入住时间
        purchaseAmount int,                     -- 应付金额
        foreign key(guestId) references checkInReserveRegistration(guestId),
        foreign key(roomNumber) references hotelRoomInfo(roomNumber)
    );
```

6. 客人退房表

```
    create table checkOutRegistration(
        guestId varchar(30) primary key,        -- 客人编号
        guestName varchar(50) not null,         -- 客人姓名
        guestIdentityCardId varchar(30),        -- 客人身份证号
        roomNumber varchar(50) not null,        -- 退房房间号
        checkOutDate time,                      -- 退房时间
        purchaseAmount int,                     -- 应付金额
        foreign key(guestId) references checkInRegistration(guestId),
        foreign key(roomNumber) references hotelRoomInfo(roomNumber)
    );
```

7. 酒店房间信息

```
    create table hotelRoomInfo(
        roomNumber varchar(50) primary key,
        roomDescription varchar(50),
        roomType varchar(50)
    );
```

8. 客人餐饮预订表

```
    create table cateringReserveRegistration(
```

```
        guestId varchar(30) primary key,           -- 客人编号
        guestName varchar(50) not null,             -- 客人姓名
        guestPhone nvarchar(30)not null,            -- 客人电话
        guestRoom varchar(50),                      -- 订餐包间类型
        foodType varchar(50),                       -- 订餐类型
        cateringReserveDate time,                   -- 预订餐饮时间
        foreign key(guestId) references guestInfo(guestId)
    );
    select * from cateringReserveRegistration;
```

9. 客人餐饮消费表

```
    create table cateringConsumeRegistration(
        guestId varchar(30) primary key,            -- 客人编号
        guestName varchar(50) not null,             -- 客人姓名
        guestPhone nvarchar(30)not null,            -- 客人电话
        foodType varchar(50) not null,              -- 餐饮类型
        cateringDate time,                          -- 餐饮时间
        purchaseAmount int,                         -- 消费金额
        foreign key(guestId) references cateringReserveRegistration(guestId)
    );
    select * from cateringConsumeRegistration;
```

10. 客人订单表

```
    create table GuestOrders
    (
        ordersId varchar(30) not null,              -- 订单编号
        guestId varchar(30) not null,               -- 客人编号
        guestName varchar(50) not null,             -- 客人姓名
        guestPhone nvarchar(30)not null,            -- 客人电话
        purchaseType varchar(30),                   -- 消费类型
        purchaseDate time,                          -- 消费时间
        purchaseAmount int,                         -- 消费金额
        userId varchar(30),                         -- 经办人
        primary key(ordersId,guestId),
        foreign key(guestId) references cateringConsumeRegistration(guestId)
    );

    select * from GuestOrders;
```

9.6 小　结

连接数据库的步骤如下：

(1) 在工程的 build path 中添加 MySQL-connector-Java 的 jar 包。

(2) 调用 Class.forName("com.mysql.jdbc.Driver")载入驱动。

(3) 调用 DriverManager 对象的 getConnection(url, username, password)获得一个 connection 对象，连接数据库。

(4) 向数据库发送 SQL 语句，处理结果。

(5) 关闭数据库连接。

习　题　9

一、选择题

1. 提供 Java 存取数据库能力的包是(　　)。

    A. java.sql   B. java.awt

    C. java.lang   D. java.swing

2. Java 中，JDBC 是指(　　)。

    A. Java 程序与数据库连接的一种机制

    B. Java 程序与浏览器交互的一种机制

    C. Java 类库名称

    D. Java 类编译程序

3. 在利用 JDBC 连接数据库时，为建立实际的网络连接，不必传递的参数是(　　)。

    A. URL   B. 数据库用户名

    C. 密码   D. Windows 登录密码

4. JDBC 的模型对开放数据库连接(ODBC)进行了改进，它包含(　　)。

    A. 一套发出 SQL 语句的类和方法

    B. 更新表的类和方法

    C. 调用存储过程的类和方法

    D. 以上全部都是

5. JDBC 中要显式地关闭连接的命令是(　　)。

    A. Connection.release()   B. RecordSet.close()

    C. Connection.close()   D. Connection. stop()

二、判断题

1. 必须首先创建数据库，然后才能连接数据库。 (　　)

2. Java 只能采取 ODBC 驱动连接数据库。 (　　)

3. 实体类一般对应一个数据库表，其属性和数据库表的字段对应。 (　　)

4. DAO 负责执行业务逻辑操作，将业务逻辑和数据访问隔离开来。　　　（　　）

5. 使用数据库表 student 存放学生信息，其中 age 字段存放学生年龄，查询该表中 age 大于 18 岁的学生信息，SQL 语句是 SELECT * FROM student WHERE age >'18'。（　　）

三、编程题

1. 数据库部分：使用 MySQL 建立数据库，创建学生信息表(如表 9-1 所示的 student 表)和成绩表(如表 9-2 所示的 score 表)，建立各表之间的关联关系，并保证数据的一致性、完整性，然后进行数据的录入。

表 9-1　student 表

字段	类型	长度	是否空
学号	char	13	否
姓名	varchar	8	否
性别	char	2	
学历	char	4	
家庭住址	varchar	50	

表 9-2　score 表

字段	类型	长度	是否空
编号	int		否
学号	char	13	否
MySQL 数据库	decimal	4, 2	
Java 程序设计	decimal	4, 2	
软件工程	decimal	4, 2	
大数据概论	decimal	4, 2	

2. 利用 JDBC 完成下面的操作，项目名为 StudentManagerSystem，能创建 JDBC 数据库的正确连接。

(1) 利用 JDBC 向 student 表插入 1 条数据。

(2) 利用 JDBC 在 JTable 上显示所有信息。

(3) 删除和修改功能的实现。

(4) 关闭数据库。

第 10 章

Java 多线程

在本章之前，所有运行的代码都按照一个单一顺序的控制流排下来，从上到下执行，前面的先执行，后面的后执行，这种同一时间只能执行单一控制流的处理方式叫作单线程。很多时候，Java 应用系统需要同时对多个任务加以控制，要求应用程序能够在运行的同时也能处理其他一些问题。多线程能满足这类要求。多线程在同一时间可以完成多项任务，提高了资源使用效率，从而提高了系统效率。本章介绍 Java 中多线程的创建、线程同步、线程调度、线程状态及相应的一些线程函数用法等。

10.1 进程和线程

10.1.1 认识进程和线程

要理解多线程这个概念，就要先理解线程，要理解线程，则要先理解进程。进程是一个在内存中运行的应用程序。每个进程都有独立的代码和数据空间(进程上下文)，有它特定的进程号。它们共享系统的内存资源。进程间的切换会有较大的开销，一个进程包含若干个线程，进程是资源分配的最小单位。比如在 Windows 操作系统中，打开一个浏览器，它是一个进程；打开一个记事本，它是一个进程；打开一个视频播放器，它也是一个进程。

对于每一个进程而言，比如一个视频播放器，它必须同时播放视频和音频，就至少需要同时运行两个"子任务"，进程内的这些子任务就是通过线程来完成的。线程是进程中的一个执行任务(控制单元)，负责当前进程中程序的执行。一个进程至少有一个线程，一个进程可以运行多个线程，多个线程共享进程的堆和方法区资源，同时每个线程有独立的运行栈和程序计数器(PC)。线程切换开销小，因此线程也被称为轻量级进程。线程是 CPU 调度的最小单位。

由于线程是操作系统直接支持的执行单元，因此，高级语言通常都内置多线程的支持，Java 也不例外，并且 Java 的线程是真正的 Thread，而不是模拟出来的线程。

10.1.2 多线程的特点

一个进程至少有一个线程，一个进程可以运行多个线程。当一个程序(一个进程)运行时产生了不止一个线程时，通常就认为运行了多线程。一个进程中并发的多个线程，可以并行执行不同的任务。多线程是多任务的一种特别的形式，但多线程使用了更小的资源开销。多线程可使得程序员在编写高效率程序时充分利用 CPU。

在 Java 中，当我们启动 main()函数时其实就是启动了一个 JVM 进程，而 main()函数所在的线程就是这个进程中的一个线程，也称为主线程。

Java 支持多线程，当 Java 程序执行 main()方法时，就是在执行一个名字叫作 main 的线程。可以在 main()方法执行时开启多个线程 A、B、C，多个线程 main、A、B、C 同时执行，相互抢夺 CPU。

多线程应用程序将程序划分成多个独立的任务。多线程有如下特点：

(1) 使程序的响应速度更快，因为用户界面可以在进行其他工作的同时一直处于活动状态。

(2) 当前没有要进行处理的任务时可以将处理器时间让给其他任务。

(3) 占用大量处理时间的任务可以定期将处理器时间让给其他任务。

(4) 可以随时停止任务。

(5) 可以分别设置各个任务的优先级以优化系统的性能。

以下情况最适合采用多线程处理：

(1) 耗时或大量占用处理器的任务阻塞用户界面操作。

(2) 各个任务必须等待外部资源(如远程文件或 Internet 连接)。

10.1.3　线程的生命周期及五种基本状态

在 Java 中任何对象都有生命周期，线程也不例外，线程的创建即是线程的生命周期的开始，当 run()方法执行完毕或者线程抛出一个未捕获的异常或错误时，线程死亡。因此线程从创建到死亡的过程就是一个动态执行的过程。图 10-1 显示了一个线程完整的生命周期。

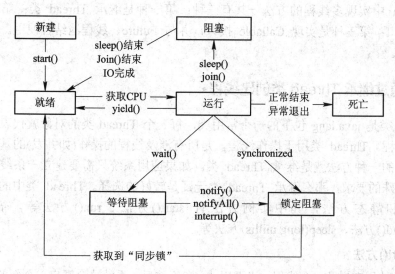

图 10-1　线程的生命周期

图 10-1 中基本囊括了 Java 中多线程的各个重要知识点，主要包括 Java 线程在其生命周期的五种基本状态。

(1) 新建状态(New)：当线程对象创建后，即进入了新建状态。例如：

Thread t = new MyThread();

(2) 就绪状态(Runnable)：当调用了线程对象的 start()方法(t.start();)时，线程即进入就绪状态。处于就绪状态只是说明此线程已经做好了准备，随时等待 CPU 调度执行，并不是说执行了 t.start()此线程立即就会执行。

(3) 运行状态(Running)：当 CPU 开始调度处于就绪状态的线程时，此时线程才得以真正执行，即进入到运行状态。从图 10-1 中可以看出，就绪状态是进入到运行状态的唯一入口。也就是说，线程要想进入运行状态，首先必须处于就绪状态中。

(4) 阻塞状态(Blocked)：处于运行状态中的线程由于某种原因，暂时放弃对 CPU 的使用权，停止执行，此时进入阻塞状态，直到其进入到就绪状态，才有机会再次被 CPU 调用以进入到运行状态。根据阻塞产生的原因不同，阻塞状态又可以分为三种：

① 等待阻塞：运行状态中的线程执行 wait()方法，使本线程进入到等待阻塞状态。

② 同步阻塞：线程在获取 synchronized 同步锁失败(因为锁被其他线程所占用)时，它会进入同步阻塞状态。

③ 其他阻塞：通过调用线程的 sleep()、join()或发出了 I/O 请求，线程会进入到阻塞状态。当 sleep()状态超时、join()等待线程终止或者超时、I/O 处理完毕时，线程重新转入就绪状态。

(5) 死亡状态(Dead)：线程执行完了或者因异常退出了 run()方法，该线程结束生命周期。

10.2　线程的创建

在 Java 中实现多线程的方法一共有三种：第一种是继承 Thread 类；第二种是实现 Runable 接口；第三种是实现 Callable 接口，并与 Future、线程池结合使用。本章讨论前面两种方法。

10.2.1　通过继承 Thread 类创建线程

Thread 类是 java.lang 包下的一个常用类，每一个 Thread 类的对象就代表一个处于某种状态的线程。Thread 类用于操作线程，是所有涉及线程的操作(如并发)的基础。创建线程比较常用的一种方法就是继承 Thread 类。如果应用系统只需要建立一条线程，而没有什么其他特殊的要求，那么继承 Thread 类无疑是较好的选择。Thread 类中的方法可分为实例方法和静态方法，其中实例方法有 start()方法、run()方法等，静态方法有 currentThread()方法、sleep(long millis)方法等。

1. start()方法

start()方法用来启动一个线程，当调用 start()方法后，系统才会开启一个新的线程来执行用户定义的子任务，在这个过程中，会为相应的线程分配需要的资源。注意：调用 start() 方法的顺序不代表线程启动的顺序，也就是说，CPU 执行哪个线程的代码具有不确定性。

2．run()方法

run()方法是线程类调用 start()方法后所执行的方法。如果直接调用 run()方法，那么它和普通方法一样。注意：run()方法是不需要用户来调用的，当通过 start()方法启动一个线程之后，线程即获得了 CPU 执行时间，随之进入 run()方法体去执行具体的任务。需要说明的是，用 start()方法来启动线程，是真正实现了多线程(通过调用 Thread 类的 start()方法来启动一个线程，这时此线程处于就绪(可运行)状态，并没有运行)，一旦得到 CPU 时间片，就开始执行 run()方法，无须等待 run()方法执行完毕，即可继续执行下面的代码。所以说：start()方法是真正实现了多线程，run()方法只是一个普通的方法。

3．interrupt()方法

使用 interrupt()方法不会中断线程。调用 interrupt 的实际作用是在线程受到阻塞时抛出一个中断信号，这样线程就得以退出阻塞状态。

4．join()方法

join()方法会使得调用 join()方法的线程无限阻塞，直到调用 join()方法的线程销毁为止。join()方法内部使用的是 wait()，所以会释放锁。

5．sleep(long millis)方法

sleep()方法是静态方法，它的作用就是在指定的时间(单位为毫秒)让正在执行的线程休眠，不释放锁。

6．yield()方法

yield()方法暂停当前执行的线程对象，并执行其他线程。这个暂停会放弃 CPU 资源，放弃的时间不确定。

继承 Thread 类的步骤如下：

(1) 定义类继承 Thread 类。

(2) 重写 Thread 类中的 run()方法。重写 run()方法的目的是将需要该线程执行的代码存储在 run()方法中。

(3) 调用线程的 start()方法。该方法有两步：启动线程和调用 run()方法。

例 10-1 说明了如何通过继承 Thread 类进行线程的创建。在这个例子中，MyThread 继承 Thread 类，重写了 run()方法，在 run()方法里调用了 Thread 类的 sleep()方法，设置了在 for 循环中每 1 秒钟让正在执行的线程休眠，1 秒钟后在控制台输出当前的线程名。在 main()方法中产生 MyThread 对象 thead1 和 thead2，start()方法调用启动 thead1 和 thead2 这两个线程。

【例 10-1】 Java 应用开发与实践\Java 源码\第 10 章\lesson10_1 \Demo10_1.java。

```java
class MyThread extends Thread {
    public void run() {
        for (int i = 0; i < 10; i++) {
            try {
```

```
                Thread.sleep(1000);
        } catch (InterruptedException e) {
                e.printStackTrace();
        }
        // this.getName()获取当前线程
        System.out.println(this.getName());
    }
  }
}


public class Demo10_1 {

    public static void main(String[] args) {
        MyThread thead1 = new MyThread();
        MyThread thead2 = new MyThread();
        thead1.start();
        thead2.start();
    }
}
```

输出结果为

```
Thread-1
Thread-0
Thread-1
Thread-0
Thread-0
Thread-1
Thread-0
Thread-1
Thread-1
Thread-0
Thread-0
Thread-1
Thread-1
Thread-0
Thread-1
Thread-0
Thread-0
Thread-1
Thread-0
Thread-1
```

10.2.2 通过实现 Runnable 接口创建线程

Runnable 接口应该由那些打算通过某一线程执行其实例的类来实现。类必须实现一个称为 run() 的无参方法。

实现 Runnable 接口的步骤如下：

(1) 定义类实现 Runnable 接口。

(2) 实现 Runnable 接口中的 run() 方法，将线程要运行的代码放在该 run() 方法中。

(3) 通过 Thread 类建立线程对象。

(4) 将 Runnable 接口的子类对象作为实际参数传递给 Thread 类的构造函数。自定义的 run() 方法所属的对象是 Runnable 接口的子类对象。

(5) 调用 Thread 类的 start() 方法开启线程，并调用 Runnable 接口子类的 run() 方法。

【例 10-2】 Java 应用开发与实践\Java 源码\第 10 章\lesson10_2 \Demo10_2.java。

```java
class MyThread implements Runnable {
    public void run() {
        for (int i = 0; i < 10; i++) {
            try {
                Thread.sleep(1000);
            } catch (InterruptedException e) {
                e.printStackTrace();
            }
            // Thread.currentThread()获取当前线程
            System.out.println(Thread.currentThread().getName());
        }
    }
}

public class Demo10_2 {

    public static void main(String[] args) {
        MyThread thread1 = new MyThread();
        MyThread thread2 = new MyThread();
        Thread th1 = new Thread(thread1, "MyThread1");
        Thread th2 = new Thread(thread2, "MyThread2");
        th1.start();
        th2.start();
    }
}
```

输出结果为

MyThread2

MyThread1

MyThread1

MyThread2

MyThread2

MyThread1

MyThread1

MyThread2

MyThread1

MyThread2

MyThread1

MyThread2

MyThread1

MyThread2

MyThread2

MyThread1

MyThread2

MyThread1

MyThread2

MyThread1

10.2.3　继承 Thread 类和实现 Runnable 接口的区别

继承 Thread 类和实现 Runnable 接口都可以创建线程。在继承 Thread 类的方式中，线程代码存放在 Thread 子类 run()方法中，线程对象和线程任务耦合在一起。一旦创建 Thread 类的子类对象，则它就既是线程对象，又有线程任务。这种方式的优点是编写简单，可直接用 this.getname()获取当前线程，不必使用 Thread.currentThread()方法；缺点是继承了 Thread 类后，无法再继承其他类。

实现 Runnable 接口的方式较为常用，也更加符合面向对象的思想。线程分为两部分，一部分为线程对象，另一部分为线程任务。将线程任务单独分离出来封装成对象，存放在接口的子类的 run()方法中，类型就是 Runnable 接口类型。此方式的优点是避免了单继承的局限性，多个线程可以共享一个 target 对象，非常适合多线程处理同一份资源的情形；缺点是比较复杂，访问线程必须使用 Thread.currentThread()方法，且无返回值。

10.3　线 程 同 步

10.3.1　线程同步

在 Java 多线程编程中，一个非常重要的方面就是线程的同步问题。线程同步就是指各个线程协同步调，按预定的先后次序进行运行。这里的"同"字意思就是协同、协助、互相配合，比如 A、B 两个线程同步，可理解为线程 A 和 B 一块配合，线程 A 执行到一定程度时要依靠线程 B 的某个结果，于是停下来，等待线程 B 运行；接着线程 B 执行，再将结果给线程 A；A 再继续执行后面的程序。

可以这样理解同步，它是指多线程通过特定的设置(如互斥量、事件对象、临界区)来控制线程之间的执行顺序(即所谓的同步)，也可以说是在线程之间通过同步建立起执行顺序的关系，如果没有同步，那线程之间是各自运行各自的。因此，线程同步的主要任务是使并发执行的各线程之间能够有效地共享资源和相互合作，从而使程序的执行具有可再现性。

通常，在多线程编程里面，一些敏感的数据不允许被多个线程同时访问，此时就需要使用同步访问技术，保证数据在任何时刻最多被一个线程访问，以保持数据的完整性。

10.3.2 线程互斥

线程互斥是指对于共享的进程系统资源，在各单个线程访问时的排他性。当有若干个线程都要使用某一共享资源时，任何时刻最多只允许一个线程去使用，其他要使用该资源的线程必须等待，直到占用资源者释放该资源。从这个意义上说，线程互斥可以看成是一种特殊的线程同步。所以，可以看出，在多个线程之间都需要访问共享资源(shared resource)的时候就会出现互斥现象。

设有若干线程共享某个变量，而且都对变量有修改，如果它们之间不考虑相互协调工作，就会产生混乱。例如：A、B 两个线程共用变量 x，都对 x 执行增 1 操作。由于 A 和 B 没有协调，两线程对 x 的读取、修改和写入操作相互交叉，可能两个线程读取相同个 x 值，一个线程将修改后的 x 新值写入到 x 后，另一个线程也把自己对 x 修改后的新值写入到 x。这样，x 只记录后一个线程的修改结果。

10.3.3 线程同步机制

线程同步的机制有临界区、互斥量、信号量和事件四种。

1. 临界区

在一段时间内只允许一个线程访问的资源就称为临界资源或独占资源，计算机中大多数物理设备、进程中的共享变量等待都是临界资源，它们要求被互斥地访问。每个进程中访问临界资源的代码称为临界区。在任意时刻只允许一个线程对共享资源进行访问，如果有多个线程试图访问公共资源，那么在有一个线程进入后，其他试图访问公共资源的线程将被挂起，并一直等到进入临界区的线程离开，临界区在被释放后，其他线程才可以抢占公共资源。

2. 互斥量

互斥对象和临界区很像，采用互斥对象机制，只有拥有互斥对象的线程才有访问公共资源的权限。因为互斥对象只有一个，所以能保证公共资源不会同时被多个线程同时访问。当前拥有互斥对象的线程处理完任务后必须将线程交出，以便其他线程访问该资源。

3. 信号量

信号量是维护 0 到指定最大值之间的同步对象。信号量状态在其计数大于 0 时是有信号的, 计数等于 0 时无信号。信号量对象在控制上可以支持有限数量共享资源的访问。

4．事件

事件是指通过通知操作的方式来保持线程的同步, 还可以方便实现对多个线程的优先级比较的操作。

10.4　线程调度

10.4.1　线程优先级的设置

在操作系统中, 线程可以划分优先级, 线程的优先级告诉 CPU 该线程的重要程度有多大。每个线程都具有优先级, Java 虚拟机根据线程的优先级决定线程的执行顺序, 如果有大量程序都被堵塞, 都在等候运行, 程序会尽可能地先运行优先级高的那个程序, 这样可以使多线程合理共享 CPU 资源而不会产生冲突。一般来说, 让优先级高的线程得到较多 CPU 资源, 也是 CPU 优先执行优先级较高的线程对象中的任务。需要注意的是, 程序尽可能运行优先级高的程序, 并不意味着优先级较低的线程绝对不会运行。若程序的优先级较低, 只不过表示它被允许的运行的概率小一些而已。

Java 中的线程优先级分为 1 (Thread.MIN_PRIORITY)～10 (Thread.MAX_PRIORITY), 数字越大, 优先级越高, 10 表示最高优先级, 1 表示最低优先级, 优先级的默认值为 5(NORM_PRIORITY); 如果小于 1 或者大于 10, 则 JDK 报异常。优先级较高的线程会被优先执行, 但是即使如此也不能保证线程在启动时就进入运行状态。如果优先级相同, 那么就采用轮流执行的方式。

当线程的优先级没有指定时, 所有线程都是值为 5 的默认优先级。线程优先级可以使用 Thread 类中的 setPriority()方法进行设置, 语法如下:

　　　　public final void setPriority(int newPriority);

使用常量如 MIN_PRIORITY、MAX_PRIORITY、NORM_PRIORITY 可以设定优先级的级数。如果要获取当前线程的优先级, 可以直接调用 getPriority()方法, 语法如下:

　　　　public final int getPriority();

在例 10-3 中, 设置了两个线程的优先级为 MAX_PRIORITY 和 MIN_PRIORITY, 它们分别对应 10 和 1。

【例 10-3】　Java 应用开发与实践\Java 源码\第 10 章\lesson10_3 \Demo10_3.java。

```
class MyThread implements Runnable {
    public void run() {
        for (int i = 0; i < 5; i++) {
            try {
                Thread.sleep(1000);
            } catch (InterruptedException e) {
                e.printStackTrace();
```

```
                    }
                    System.out.println(Thread.currentThread().getName());
                }
        }
}

public class Demo10_3 {

    public static void main(String[] args) {
        MyThread myThread1 = new MyThread();
        MyThread myThread2 = new MyThread();
        Thread th1 = new Thread(myThread1, "MyThread1");
        Thread th2 = new Thread(myThread2, "MyThread2");

        th1.setPriority(Thread.MAX_PRIORITY);
        th2.setPriority(Thread.MIN_PRIORITY);
        System.out.println("MyThread1 的优先级是    " + th1.getPriority());
        System.out.println("MyThread2 的优先级是    " + th2.getPriority());
        th1.start();
        th2.start();

    }
}
```

输出结果为

MyThread1 的优先级是 10

MyThread2 的优先级是 1

MyThread1

MyThread2

MyThread1

MyThread2

MyThread2

MyThread1

MyThread1

MyThread2

MyThread2

MyThread1

10.4.2　线程休眠

我们都知道，线程都是由 CPU 分给时间片来执行的，很多时候，程序需要主动让当前线程停下来(CPU 可以去做其他线程的事情)，这就涉及线程的休眠。调用 Thread.sleep (毫秒数)方法，让当前运行的线程进入 TIMED_WAITING (sleeping)阻塞状态，从而使当前线程进入休眠状态，直到达到休眠设置的毫秒数后由系统唤醒。sleep 方法上有一个异常，如果打断休眠就会抛出这个异常，语法如下：

> public static void sleep (long mills) throws InterruptedException

因本章诸多例子里都使用了 sleep 方法，所以不再单独举例。需要注意的是，线程与同步锁没有关系，所以不会存在休眠释放同步锁这种说法，sleep 方法可以随意嵌入方法代码的任何地方。

10.4.3　线程同步

前面讨论了多线程的同步问题，Java 允许多线程并发控制，当多个线程同时操作一个可共享资源变量时(如对其进行增删改查操作)，会导致数据不准确，而且相互之间产生冲突。所以要加入同步锁以避免该线程在没有完成操作前被其他线程调用，从而保证该变量的唯一性和准确性。

我们先来讨论如果线程不同步会有什么问题。例 10-4 说明在不同步的情况下，当多个线程操作一个共享资源时可能会发生的错误。这里用的方法是让线程在执行时休眠 1 秒，会导致多个线程去操作同一个资源变量，从而发生数据不一致的问题。

【例 10-4】　Java 应用开发与实践\Java 源码\第 10 章\lesson10_4 \Demo10_4.java。

```java
class MyThread implements Runnable {
    private int i = 10;          //共享资源

    public void run() {
        while (true) {
            if (i > 0) {
                try {
                    Thread.sleep(1000);      //执行中让线程休眠 1 秒
                } catch (InterruptedException e) {
                    e.printStackTrace();
                }
                System.out.println(Thread.currentThread().getName() + " " + i--);
            }
        }
    }
}

public class Demo10_4 {

    public static void main(String[] args) {
```

```
                MyThread myThread1 = new MyThread();

                Thread th1 = new Thread(myThread1, "MyThread1");
                Thread th2 = new Thread(myThread1, "MyThread2");
                Thread th3 = new Thread(myThread1, "MyThread3");
                th1.start();
                th2.start();
                th3.start();
        }
}
```

输出结果为

```
        MyThread3 10
        MyThread2 9
        MyThread1 9
        MyThread1 8
        MyThread2 7
        MyThread3 6
        MyThread2 5
        MyThread1 5
        MyThread3 5
        MyThread3 4
        MyThread2 3
        MyThread1 2
        MyThread1 0
        MyThread3 1
        MyThread2 1
```

在例 10-4 中，如果 i 表示买票系统中的车票，一共有 10 张票，编号分别是 1~10，线程 th1、th2、th3 表示三个买票窗口，那么期望的结果是 10，9，8，…，3，2，1，但因为线程没有同步，所以实际执行的结果是不可能出现的，比如 9 号票卖了两次，不能反映真实的售票情况，这就是数据不一致产生的问题。所以，当多个线程共享相同的数据时，需要确保每个线程看到一致的数据。

从上面的例子可以看出，当多个窗口也就是多个线程同时开始售票时，就会出现对于共享资源的抢夺问题。所以对于这类问题，必须进行线程同步。通常，在程序中需要完成下面两个操作：

(1) 把竞争访问的资源标识为 private。

(2) 同步那些修改变量的代码，使用 synchronized 关键字同步方法或代码。

synchronized 的意思是同步。不同的线程对于 synchronized 修饰的代码的执行是有先后顺序的。如果在共享资源的作用代码范围内加上 synchronized 进行修饰，那么不同的线程在操作共享资源时有先后顺序，这样就保证了代码的正确性和程序的一致性。

从本质上说，synchronized 是一种锁机制，它是为一个对象或者一个类标明一个锁，

```
    }

    class TicketThread extends Thread {
        private Station station;

        public TicketThread(Station station) {
                this.station = station;
        }

        public void run() {
                while (true) {
                        station.getTicket();


                }
        }
    }
```

输出结果为

车票还剩: 19 张 ！

车票还剩: 18 张 ！

车票还剩: 17 张 ！

车票还剩: 16 张 ！

车票还剩: 15 张 ！

车票还剩: 14 张 ！

车票还剩: 13 张 ！

车票还剩: 12 张 ！

车票还剩: 11 张 ！

车票还剩: 10 张 ！

车票还剩: 9 张 ！

车票还剩: 8 张 ！

车票还剩: 7 张 ！

车票还剩: 6 张 ！

车票还剩: 5 张 ！

车票还剩: 4 张 ！

车票还剩: 3 张 ！

车票还剩: 2 张 ！

车票还剩: 1 张 ！

车票还剩: 0 张 ！

同步代码块就是拥有 synchronized 关键字修饰的语句块，被该关键字修饰的语句块会自动被加上内置锁，从而实现同步。没有持有锁的线程即使获取 CPU 的执行权，也进不去，因为没有获取锁。

同步函数的语法如下：

```
synchronized(对象){
        需要被同步的代码
}
```

例 10-6 改写了例 10-5 里的同步函数部分，运行结果一样。

【例 10-6】　Java 应用开发与实践\Java 源码\第 10 章\lesson10_6 \Demo10_6.java。

```java
public class Demo10_6 {

    public static void main(String[] args) {
            Station station = new Station();
            TicketThread t1 = new TicketThread(station);
            TicketThread t2 = new TicketThread(station);
            t1.start();
            t2.start();
    }
}

class Station {
private static int tickets = 20;

    public void getTicket() { //定义一个买票的方法
            synchronized (this) { //同步块：相当于加锁
                if (tickets > 0) {
                        System.out.println("车票还剩: " + (--tickets) + "张 ！ ");
                }
            }
    }
}

class TicketThread extends Thread {
    private Station station;

    public TicketThread(Station station) {
            this.station = station;
    }

    public void run() {
            while (true) {
```

```
                    station.getTicket();

            }
        }
    }
```

输出结果为

车票还剩: 19 张 !

车票还剩: 18 张 !

车票还剩: 17 张 !

车票还剩: 16 张 !

车票还剩: 15 张 !

车票还剩: 14 张 !

车票还剩: 13 张 !

车票还剩: 12 张 !

车票还剩: 11 张 !

车票还剩: 10 张 !

车票还剩: 9 张 !

车票还剩: 8 张 !

车票还剩: 7 张 !

车票还剩: 6 张 !

车票还剩: 5 张 !

车票还剩: 4 张 !

车票还剩: 3 张 !

车票还剩: 2 张 !

车票还剩: 1 张 !

车票还剩: 0 张 !

之前说过，当线程想要执行相应的 synchronized 修饰的代码块时，它需要获得 synchronized 修饰的对象或者类的锁即 CPU 的使用权。只有拿到了锁才可以被 CPU 调度，获得处理权。当 synchronized 代码块执行结束后，这个线程就要释放相应的锁。其他的线程才能访问相应的 synchronized 修饰的代码块，如图 10-2 所示。

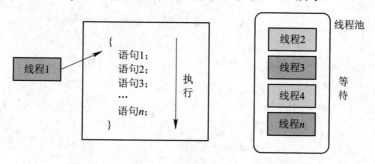

图 10-2　多线程执行 synchronized 修饰的代码块

10.4.4 线程常用方法

1. join()方法

在很多情况下，主线程生成并启动了子线程，如果子线程里要进行大量的耗时的运算，主线程往往将于子线程之前结束；但是如果主线程处理完其他的事务后，需要用到子线程的处理结果，也就是主线程需要等待子线程执行完成之后再结束，这个时候就要用到 join()方法了。join()方法主要作用是挂起(即插队)，它可以使线程之间的并行执行变成串行执行。

例 10-7 说明了 join()方法的应用。

【例 10-7】 Java 应用开发与实践\Java 源码\第 10 章\lesson10_7 \Demo10_7.java。

```java
public class Demo10_7 {
    public static void main(String[] args) {
        MyThread mt = new MyThread();
        Thread th = new Thread(mt);
        th.start();
        for (int i = 0; i < 10; i++) {
            try {
                Thread.sleep(1000);
            } catch (InterruptedException e) {
                e.printStackTrace();
            }
            if (i == 2) {
                try {
                    th.join();     //th 线程插队，main 把执行权让出来
                } catch (InterruptedException e) {
                    e.printStackTrace();
                }
            }
            System.out.println(Thread.currentThread().getName() + "-------------");
        }
    }
}

class MyThread implements Runnable {
    public void run() {
        for (int i = 0; i < 10; i++) {
            try {
                Thread.sleep(1000);
            } catch (InterruptedException e) {
```

```
                            // TODO Auto-generated catch block
                            e.printStackTrace();
                    }
            System.out.println(Thread.currentThread().getName() + "+++++++++++++");
            }
        }
    }
```

输出结果为

```
main------------
Thread-1+++++++++++++
Thread-1+++++++++++++
main------------
Thread-1+++++++++++++
Thread-1+++++++++++++
Thread-1+++++++++++++
Thread-1+++++++++++++
Thread-1+++++++++++++
Thread-1+++++++++++++
Thread-1+++++++++++++
Thread-1+++++++++++++
main------------
main------------
main------------
main------------
main------------
main------------
main------------
```

当 i 为 2 时，MyThread 线程插队，直到次线程运行完，另一个线程才能运行。

2．yield()方法

yield()方法可以对当前线程进行临时暂停(让线程将资源释放出来)，此时资源可供所有线程竞争，也包括当前线程在内。

例 10-8 说明了 field ()方法的应用。

【例 10-8】 Java 应用开发与实践\Java 源码\第 10 章\lesson10_8 \Demo10_8.java。

```
public class Demo10_8 {
    public static void main(String[] args) {
        new T1().start();
        new T2().start();
```

```
        }
    }


class T1 extends Thread{
    public void run() {
            for(int i=0; i<50; i++){
                    System.out.print("+");
                    Thread.yield();
            }
    }
}


class T2 extends Thread{
    public void run() {
            for(int i=0;i<50;i++){
                    System.out.print("-");
                    Thread.yield();
            }
    }
}
```

输出结果为

++++++++++++++++++++++++++++++++++++------++++++++++++++-----------++++--------------------
----

3．wait()方法和 notify()方法

wait()方法与 sleep()方法类似，不同的是，wait()会先释放锁住的对象，然后再执行等待的动作。注意，这个函数属于 Object 类。另外，由于 wait()所等待的对象必须先锁住，因此，它只能用在同步化程序段或者同步化方法内，否则，会抛出异常 IllegalMonitorStateException。

【例 10-9】　Java 应用开发与实践\Java 源码\第 10 章\lesson10_9 \Demo10_9.java。

```
public class Demo10_9 {

    public static void main(String[] args) {
            new Thread(new Thread1()).start();
            try {
                    Thread.sleep(5000);
            } catch (Exception e) {
                    e.printStackTrace();
            }
```

```java
                new Thread(new Thread2()).start();
        }

        private static class Thread1 implements Runnable {

            public void run() {
                synchronized (Demo10_9.class) {
                    System.out.println("进入线程 1");
                    System.out.println("线程 1 在等待    wait()...");
                    try {
                        // Thread.sleep(10000);
                        Demo10_9.class.wait(); //调用 wait()方法，线程会放弃对象锁，
                                               //进入等待此对象的等待锁定池
                    } catch (Exception e) {
                        e.printStackTrace();
                    }
                    System.out.println("线程 1 在运行...");
                    System.out.println("线程 1 运行完毕！");
                }
            }
        }

        private static class Thread2 implements Runnable {

            public void run() {
                synchronized (Demo10_9.class) {
                    System.out.println("进入线程 2");
                    System.out.println("线程 2 在休眠        sleep()...");
                    Demo10_9.class.notify();
                    try {
                        Thread.sleep(5000);
                    } catch (Exception e) {
                        e.printStackTrace();
                    }
                    System.out.println("线程 2 在运行...");
                    System.out.println("线程 2 运行完毕！");
                }
            }
        }
    }
}
```

输出结果为

进入线程 1

线程 1 在等待   wait()...

进入线程 2

线程 2 在休眠   sleep()...

线程 2 在运行...

线程 2 运行完毕!

线程 1 在运行...

线程 1 运行完毕!

从例 10-9 可以看出,只有针对此对象调用 notify()方法后本线程才进入对象锁定池准备获取对象锁进入运行状态。如果把代码 Demo10_9.class.notify();注释掉,即 Demo10_9.class 调用了 wait()方法,但是没有调用 notify()方法,则线程永远处于挂起状态。sleep()方法导致了程序暂停执行指定的时间,让出 CPU 给其他线程,但是它的监控状态依然保持,当指定的时间到了又会自动恢复运行状态。在调用 sleep()方法的过程中,线程不会释放对象锁。

10.4.5　线程的死锁

在有些时候,两个或者多个线程同时想要去获取共享资源的锁,但每个线程都要等其他线程把它们各自的锁给释放才能继续运行,这就是死锁。比如进程 A 中包含资源 a,进程 B 中包含资源 b,A 的下一步需要资源 b,B 的下一步需要资源 a,所以它们就互相等待对方占有的资源释放,所以就产生了一个循环等待获取彼此的锁,这就出现死锁了。

【例 10-10】　Java 应用开发与实践\Java 源码\第 10 章\lesson10_10 \Demo10_10.java。

```java
public class Demo10_10 {
    static StringBuffer sbuffer1 = new StringBuffer();
    static StringBuffer sbuffer2 = new StringBuffer();

    public static void main(String[] args) {
        new Thread() {
            public void run() {
                synchronized (sbuffer1) {    //获取 sbuffer1 这把锁
                    // sleep 让死锁的效果更加明显
                    try {
                        Thread.currentThread().sleep(10);
                    } catch (InterruptedException e) {
                        e.printStackTrace();
                    }
                    sbuffer1.append("A");
                    System.out.println("获取了 sbuffer1 这把锁,等待 sbuffer2 这把锁");
```

```
                    synchronized (sbuffer2) {    //获取 sbuffer2 这把锁
                        System.out.println("目前获取了 sbuffer2 这把锁");
                        sbuffer2.append("B");
                        System.out.println(sbuffer1);
                        System.out.println(sbuffer2);
                    }
                }
            }
        }.start();

        new Thread() {
            public void run() {
                synchronized (sbuffer2) {      //获取 sbuffer2 这把锁
                    try {
                        Thread.currentThread().sleep(10);
                    } catch (InterruptedException e) {
                        e.printStackTrace();
                    }
                    sbuffer2.append("C");
                    System.out.println("获取了 sbuffer2 这把锁，等待 sbuffer1 这把锁");
                    synchronized (sbuffer1) {    //获取 sbuffer1 这把锁
                        System.out.println("目前获取了 sbuffer1 这把锁");
                        sbuffer1.append("D");
                        System.out.println(sbuffer1);
                        System.out.println(sbuffer2);
                    }
                }
            }
        }.start();
    }
}
```

输出结果为

    获取了 sbuffer1 这把锁，等待 sbuffer2 这把锁
    获取了 sbuffer2 这把锁，等待 sbuffer1 这把锁

从例 10-10 可以看出，程序进入第一个 new Thread 代码块中的 run()方法之后，先获取 sbuffer1 这把锁，执行到 sleep()的时候，第一个线程休眠。此时有第二个线程开始执行代码块并且获取了 sbuffer2 锁，第二个线程执行到 sleep()的时候开始休眠。第一个线程休眠完毕又继续执行，它需要先获取 sbuffer2 这把锁，但第二个线程已经获取了 sbuffer2

锁，而且没有释放，第二个线程休眠完毕又继续执行，它需要先获取 sbuffer1 这把锁，但第一个线程已经获取了 sbuffer1 锁，并且没有释放，双方都在等待对方释放锁，双方也必须获取对方的锁才能执行下去，于是出现了死锁。

一般来说，解决死锁没有简单的方法，这是因为线程产生死锁都各有各的原因，而且往往具有很高的负载。大多数软件测试产生不了足够多的负载，所以不可能暴露所有的线程错误。

能够避免 Java 线程死锁问题的常用方式有以下几点：

(1) 让所有的线程按照同样的顺序获得一组锁。这种方法消除了 X 和 Y 的拥有者分别等待对方的资源的问题。

(2) 将多个锁组成一组并放到同一个锁下。

(3) 将那些不会阻塞的可获得资源用变量标志出来。

10.4.6　线程终止

有三种方法可以终止线程：

(1) 使用退出标志使线程正常退出，也就是当 run()方法完成后线程终止。

当 run()方法执行完后，线程就会退出。但有时 run()方法是永远不会结束的，如在服务端程序中使用线程进行监听客户端请求，或是其他的需要循环处理的任务。在这种情况下，一般是将这些任务放在一个循环中，使用的比较多的是 while 循环，如果想让循环永远运行下去，可以使用 while(true){…}来处理。但要想使 while 循环在某一特定条件下退出，最直接的方法就是设一个 boolean 类型的标志，并通过设置这个标志为 true 或 false 来控制 while 循环是否退出。上面已经有部分例子含有此方法，故不再举例。

(2) 使用 stop()方法强行终止线程。(这个方法不推荐使用，因为 stop()和 suspend()、resume()一样，也可能发生不可预料的结果。)

使用 stop()方法可以强行终止正在运行或挂起的线程。语法如下：

    thread.stop();

(3) 使用 interrupt()方法中断线程。

【例 10-11】　Java 应用开发与实践\Java 源码\第 10 章\lesson10_11 \Demo10_11.java。

```java
public class Demo10_11 extends Thread {
    public void run() {
        try {
            sleep(50000);          //延迟 50 秒
        } catch (InterruptedException e) {
            System.out.println(e.getMessage());
        }
    }

    public static void main(String[] args) throws Exception {
        Demo10_11 thread = new Demo10_11();
```

```
        thread.start();
        System.out.println("在 50 秒之内按任意键中断线程!");
        System.in.read();
        thread.interrupt();
        thread.join();
        System.out.println("线程已经退出!");
    }
}
```

输出结果为

在 50 秒之内按任意键中断线程!

sleep interrupted

线程已经退出!

在调用 interrupt()方法后，sleep()方法抛出异常，然后输出错误信息"sleep interrupted"，从而让线程在 run()方法中停止。

10.5 实训 多线程的练习和应用

任务 1 用继承和实现接口的方式创建两个线程并启动

要求：一个线程继承 Thread 类，重写 run()方法；另一个线程实现 Runnable 接口，实现 run()方法。最后运行 start()方法。程序代码如例 10-12 所示。

【例 10-12】 Java 应用开发与实践\Java 源码\第 10 章\lesson10_12 \Demo10_12.java。

```java
public class Demo10_12 {

    public static void main(String[] args) throws Exception {
        First fs = new First(); //创建 First 类的对象 fs (因为 First 类继承了 Thread，所以相当于
                                //创建一个线程)
        Second sc = new Second();   //创建 Second 类的对象 sc，相当于创建了另一个线程
        Thread thread = new Thread(sc);
        fs.start();     //启动线程
        thread.start();


    }
}


class First extends Thread    //继承 Thread 类
{
    public void run()   //run()方法自动运行，无须应用程序启动
```

```
        {
            int count = 0;
            while (true) {
                try {
                        Thread.sleep(500);   //延迟 0.5 秒，sleep()方法需要处理异常
                } catch (Exception e) {
                        e.printStackTrace();
                }
                System.out.println(Thread.currentThread().getName()+ "----1 线程!");   //输出字符串
                count++;
                if (count == 5)
                        break;
            }
        }
}

class Second implements Runnable      //实现 Runnable 接口
{
    public void run()     //run()方法自动运行
    {
        int count = 0;
        while (true) {
            try {
                    Thread.sleep(500);      //延迟 0.5 秒，sleep()方法需要处理异常
            } catch (Exception e) {
                    e.printStackTrace();
            }
            System.out.println(Thread.currentThread().getName()+ "----2 线程!");   //输出字符串
            count++;
            if (count == 5)
                    break;
        }
    }
}
```

输出结果为

    Thread-1----2 线程!

    Thread-0----1 线程!

    Thread-0----1 线程!

    Thread-1----2 线程!

Thread-0----1 线程!

Thread-1----2 线程!

Thread-1----2 线程!

Thread-0----1 线程!

Thread-0----1 线程!

Thread-1----2 线程!

任务 2　创建 GUI 线程并启动

要求：一个线程在监听按钮事件，另一个线程向屏幕输出数据。程序代码如例 10-13 所示。

【例 10-13】　Java 应用开发与实践\Java 源码\第 10 章\lesson10_13 \Demo10_13.java。

```
package lesson10_13;

//两个线程，一个线程在监听按钮事件，另一个线程向屏幕输出
import java.awt.*;
import javax.swing.*;
import java.awt.event.*;

public class Demo10_13 {
    public static void main(String[] args) {
        OneJFrame oj=new OneJFrame();
        TwoThread tt=new TwoThread();
        new Thread(oj).start();
        new Thread(tt).start();
    }
}
class OneJFrame extends JFrame implements Runnable        //OneJFrame 是第一个线程
{
    OneJpanel ot;
    JButton jb;
    public void run()
    {
        ot=new OneJpanel();
        jb=new JButton("按钮");
        jb.addActionListener(ot);
        this.add(ot);
        this.add(jb,BorderLayout.SOUTH);
        this.setTitle("线程 1 的窗口");
```

```
                this.setSize(600,500);
                this.setVisible(true);
                this.setDefaultCloseOperation(JFrame.EXIT_ON_CLOSE);
        }
}
class OneJpanel extends JPanel implements ActionListener    //监听者监听按钮事件
{
        int x,y;

        public void paint(Graphics g)
        {
                super.paint(g);
                g.setColor(Color.BLUE);
                g.fillRect(x,y,30,40);
        }

        public void actionPerformed(ActionEvent arg0) {        //事件处理器
                x+=10;
                y+=10;
                this.repaint();       //重绘
        }
}


class TwoThread implements Runnable                        //TwoThread 是第二个线程
{
        int i=0;
        public void run()
        {
                for(int i=0;i<10;i++)
                {        try{
                                Thread.sleep(1000);
                        }catch(Exception e)
                        {
                                e.printStackTrace();
                        }

                        System.out.println(i);
                }
        }
}
```

输出结果为

```
0
1
2
3
4
5
6
7
8
9
```

任务 3　同步代码块

要求：三个线程访问一个共享资源打印机(Printer)，每个线程必须打印完其他线程才能使用打印机。程序代码如例 10-14 所示。

【例 10-14】　Java 应用开发与实践\Java 源码\第 10 章\lesson10_14 \Demo10_14.java。

```java
public class Demo10_14 {
    public static void main(String[] args) {
        Printer p = new Printer();
        Student s1 = new Student(p, "张三");
        Student s2 = new Student(p, "李四");
        Student s3 = new Student(p, "王五");
        s1.start();
        s2.start();
        s3.start();
    }
}

class Printer {
    public void printDocument(String studentName) {
        System.out.println(studentName + "在打印第 1 页");
        try {
            Thread.sleep(1000);
        } catch (InterruptedException e) {
            e.printStackTrace();
        }
        System.out.println(studentName + "在打印第 2 页");
        try {
            Thread.sleep(1000);
```

```
        } catch (InterruptedException e) {
            e.printStackTrace();
        }
        System.out.println(studentName + "在打印第 3 页");
    }
}


class Student extends Thread {
    Printer p;
    String name;

    public Student(Printer p, String name) {
        super();
        this.p = p;
        this.name = name;
    }

    public void run() {
        synchronized (p) {
            p.printDocument(name);
        }
    }
}
```

输出结果为

张三在打印第 1 页

张三在打印第 2 页

张三在打印第 3 页

王五在打印第 1 页

王五在打印第 2 页

王五在打印第 3 页

李四在打印第 1 页

李四在打印第 2 页

李四在打印第 3 页

10.6 实践 酒店管理系统的多线程设计

本系统在欢迎窗口界面类设置了多线程处理，该类放在文件夹"Java 应用开发与实践 \Java 源码\第 12 章\HotelSystem\src\com\view"中。

Welcome 类：

```java
package com.hotelmanage.view;

import java.awt.*;
import javax.swing.*;

public class Welcome extends JWindow implements Runnable {
    JProgressBar jProgressBar = null;        //声明进度条对象 jProgressBar
    JLabel jLabelNorth = null;               //声明标签 jLabelNorth
    int width, height;                       //屏幕的宽度和高度

    public static void main(String[] args) {
        Welcome welcome = new Welcome();
        new Thread(welcome).start(); //启动线程
    }

    public Welcome() {
        //创建标签 jLabelNorth,用于放置背景图
        jLabelNorth = new JLabel(new ImageIcon("image/welcome.gif"));
        jProgressBar = new JProgressBar();         //创建进度条 jProgressBar
        jProgressBar.setStringPainted(true);       //显示当前进度值信息
        jProgressBar.setIndeterminate(false);      //确定进度条执行完成后不来回滚动
        jProgressBar.setBackground(Color.PINK); //设置进度条的背景色

        width = Toolkit.getDefaultToolkit().getScreenSize().width;     //屏幕宽度
        height = Toolkit.getDefaultToolkit().getScreenSize().height;     //屏幕高度
        this.add(jLabelNorth, BorderLayout.NORTH);       //边界南北布局
        this.add(jProgressBar, BorderLayout.SOUTH);
        this.setSize(800, 450);
        this.setLocation(width / 2 - 300, height / 2 - 200);   //调整窗口至中心位置
        this.setVisible(true);
    }

    public void run() {
        int[] showDatas = { 0, 1, 6, 12, 18, 24, 30, 36, 42, 48, 54, 60, 66,
                72, 78, 84, 90, 96, 98, 99, 100 };   //创建数组，存放进度条显示时需要的数据
        for (int i = 0; i < showDatas.length; i++) {
            try {
                Thread.sleep(200);
```

```
            } catch (InterruptedException e) {
                e.printStackTrace();
            }
            jProgressBar.setValue(showDatas[i]);     //取得数组中的进度值
        }
        new UserLogin();        //打开登录窗口
        this.dispose();         //关闭本窗口
    }
}
```

10.7　小　　结

多线程的优点如下：

(1) 资源利用率更好。

(2) 程序设计在某些情况下更简单。

(3) 程序响应更快。

多线程的两种实现方式为：第一种是继承 Thread 类，覆盖它的 run()方法；第二种是实现 Runnable 接口，实现它的 run()方法。

synchronized 关键字、wait、notify 等可以实现线程同步。

习　题　10

一、选择题

1. 编写线程类，要继承的父类是(　　)。

    A．Runnable   B．Serializable

    C．Thread   D．Object

2. 当线程调用 start()后，其所处状态为(　　)。

    A．新建状态   B．就绪状态

    C．运行状态   D．阻塞状态

3. 下列关于 Thread 类提供的线程控制方法的说法中，错误的是(　　)。

    A．若线程 A 调用方法 isAlive()返回值为 false，则说明 A 正在执行中，也可能是可运行状态

    B．线程 A 通过调用 interrupt()方法来中断其阻塞状态

    C．线程 A 中执行线程 B 的 join()方法，则线程 A 等待直到 B 执行完成

    D．currentThread()方法返回当前线程的引用

4. 在多个线程访问同一个资源时，可以使用()关键字来实现线程同步，以保证对资源的安全访问。

A．wait　　　　B．notify　　　　C．synchronized　　　　D．yield

5．以下选项中可以填写到横线处，让代码正确编译和运行的是(　　)。

```java
public class Demo implements Runnable {

    public static void main(String[] args) {
        _____ ;
        t.start();
    }

    public void run() {
        System.out.println("线程 1");
    }
}
```

A．Demo d = new Demo ();

B．Thread t = new Thread(new Demo ());

C．Thread t = new Demo ();

D．Demo d = new Thread ();

二、判断题

1．进程是线程 Thread 内部的一个执行单元。　　　　　　　　　　　　　　(　　)

2．A 线程的优先级是 10，B 线程的优先级是 1，那么当进行调度时一定会先调用 A。

(　　)

3．Thread.sleep()方法调用后，当休眠时间未到时，该线程所处状态为阻塞状态。当休眠时间已到时，该线程所处状态为运行状态。　　　　　　　　　　　　　　(　　)

4．wait()方法被调用时，所在线程是会释放所持有的锁资源，sleep()方法则不会释放。

(　　)

5．当一个线程进入一个对象的一个 synchronized( )方法后，其他线程不可以再进入该对象同步的其他方法执行。　　　　　　　　　　　　　　　　　　　　　　(　　)

三、编程题

1．子线程 a 执行 1 次，子线程 b 执行 1 次，主线程执行 1 次，然后子线程 a 执行 1 次，子线程 b 执行 1 次，主线程执行 1 次，这样循环 5 次。

2．A、B 两个人使用同一个账户，A 在柜台取钱，B 在 ATM 机上取钱。

3．利用多线程实现三个售票窗口同时出售 20 张票。创建一个站台类 Station，继承 Thread，重写 run ()方法，在 run ()方法里面执行售票。

4．子线程循环 2 次，主线程循环 2 次，然后子线程循环 2 次，主线程循环 2 次，这样循环 5 次。

5．写两个线程，一个线程打印 12345…，另一个线程打印 ABC…XYZ，打印顺序是 1A2B3C…24X25Y26Z。

第 11 章

I/O 操 作

无论是哪一种计算机语言，输入/输出(I/O)都是很重要的部分。与其他编程语言相比，Java 将输入/输出的功能和使用范畴做了很大的扩充，因此输入/输出在 Java 中占有极为重要的位置。

Java 采用流的机制来实现输入/输出。所谓流，就是数据的有序排列，流可以从某个源(称为流源或者 Source of Stream)出来，到达某个目的地(Sink of Stream)。根据流的方向可以将流分成输出流和输入流，程序通过输入流读取数据，向输出流写出数据。本章详细介绍 I/O、File 类、I/O 流、字节/字符流及其子类的相关应用。

11.1 I/O 流与文件

11.1.1 I/O 流的概念和分类

I/O(Input/Output)即输入/输出，指信号或数据在计算器的内部存储器和外部存储器或其他周边设备之间的传递。Java 的 I/O 是实现输入和输出的基础，可以方便地实现各种数据的输入和输出操作。在 Java 中把不同的输入/输出源，如键盘、文件、网络连接等抽象表述为"流"(stream)。通过流的形式允许 Java 程序使用相同的方式来访问不同的输入/输出源。

I/O 的形式分为下面四种：
- 文件(File)读/写，以文件为读/写对象。
- 控制台(console，如 DOS 窗口)，如打印到显示器/键盘读入。
- 网络接口(TCP/UDP 端口)读/写，如网上冲浪、网络聊天、邮件发送。
- 程序(线程)间通信，如数据传输。

本章讨论第一种，即文件的读/写。

Java 采用流的机制来实现输入/输出。简单地说，流就是一个传送有序的字节序列。我们可以把它想象成在一个数据节点和程序之间建立起来的连接通道上的字节序列。换句话说，流就是对输入数据源和输出目的地的抽象表示。图 11-1 可以很好地表示流是输入和输出设备的抽象。

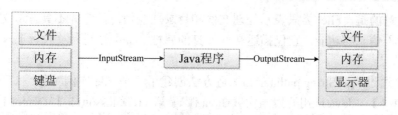

图 11-1　连接通道上的流图示

按照流的流向分，可以分为输入流和输出流。

• 输入流：程序在内存中运行，文件在磁盘上，把文件从磁盘上读入内存中来，这个方向的流称为输入流。

• 输出流：把内存中的数据写到磁盘上的文件，这个方向的流称为输出流。

按照传输数据类型划分，可以划分为字节流和字符流。

• 字节流：用于读写二进制文件及其他任何类型文件，以 byte 为单位传输。

• 字符流：用于读写文本文件，以字符为单位传输。不能操作二进制文件。

I/O 流的分类如图 11-2 所示。

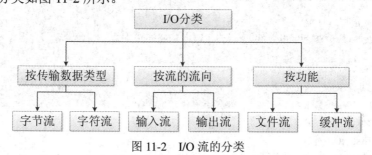

图 11-2　I/O 流的分类

11.1.2　File 类

应用程序中经常需要从外部的文件中读取信息和向外部文件写出数据进行保存，就需要创建 File 类的对象——文件。Java 中的 File 类是文件和目录路径名的抽象形式。File 类是 java.io 包中唯一代表磁盘文件本身的对象。File 类定义了一些与平台无关的方法来操作文件，File 类主要用来获取或处理与磁盘文件相关的信息，包括文件名、文件长度、文件路径、文件读写权限和修改日期等，还可以浏览子目录层次结构。也就是说，该类主要用于文件和目录的创建、文件的查找和文件的删除等。

因为 File 对象代表磁盘中实际存在的文件和目录，在操作文件之前必须先实例化一个文件对象，也可以指定一个不存在的文件从而创建它。

File 类提供了如下三种形式构造方法：

• File(File parent,String child)：根据 parent 抽象路径名和 child 路径名字符串创建一个新 File 实例。

• File(String pathname)：通过给定路径名字符串转换成抽象路径名来创建一个新 File 实例。如果给定字符串是空字符串，则结果是空的抽象路径名。

• File(String parent,String child)：根据 parent 路径名字符串和 child 路径名字符串创建一个新 File 实例。

需要注意的是，File 类只表示处理文件和目录这些信息，它并不具有从文件读取信息和向文件写入信息的功能，它仅描述文件本身的属性。如果要进行文件读取和写入，必须通过流实现。

例 11-1 通过 File(String pathname)构造方法创建了一个 File 实例对象。

【例 11-1】　Java 应用开发与实践\Java 源码\第 11 章\lesson11_1 \Demo11_1.java。

```java
import java.io.*;
import java.io.*;

public class Demo11_1 {
    public static void main(String[] args) {
        //创建文件对象 file1，参数是文件所在路径
        File file1 = new File("d:\\myDoc\\first.txt");
        if (file1.exists())     //判断是否是文件
            System.out.println("文件" + file1.getName() + "已经存在");
        else {
            System.out.println("文件" + file1.getName() + "不存在");
        }
    }
}
```

输出结果为

文件 first.txt 不存在

因为在 D 盘的 myDoc 文件夹没有叫作 first.txt 的文件，所以 file1.exists()的值是 false，执行 System.out.println("文件" + file1.getName() + "不存在"的结果是文件 first.txt 不存在。

11.1.3　文件的创建与删除

创建一个文件对象，不管这个文件是否存在于文件系统中，都必须使用 File 类先实例化这个文件对象，即使它是一个并不存在的文件。例 11-2 显示了如何在工作空间目录下创建一个文件名为 first.txt 和 second.txt 的文件。

【例 11-2】　Java 应用开发与实践\Java 源码\第 11 章\lesson11_2 \Demo11_2.java。

```java
import java.io.*;
public class Demo11_2 {
    public static void main(String[] args) {
        //创建文件对象 file1 和 file2，参数是文件所在路径
        File file1 = new File("d:\\myDoc\\first.txt");
        File file2 = new File("d:\\myDoc\\second.txt");
        if (file1.exists())        //判断是否是文件
            System.out.println("文件" + file1.getName() + "已经存在");
```

```
else {
    try {                           //这里需要处理异常
        file1.createNewFile();   //如果不是，就创建文件 first.txt
    } catch (IOException e) {
        e.printStackTrace();
    }
}
if (file2.exists())
    System.out.println("文件" + file2.getName() + "已经存在");
else {
    try {
        file2.createNewFile();   //如果不是，就创建文件 second.txt
    } catch (IOException e) {
        e.printStackTrace();
    }
}
            }
        }
```

输出结果如图 11-3 所示。

图 11-3 在文件夹 myDoc 创建的 first.txt 和 second.txt

当运行此程序的时候，在 D 盘的 myDoc 文件夹没有叫作 first.txt 和 second.txt 的文件，文件对象 file1 和 file2 调用 createNewFile()方法，在 myDoc 文件夹下创建了这两个文件，如图 11-3 所示。当再次运行此程序的时候，myDoc 文件夹下已有这两个文件，经过 if 的判断为 true，执行 System.out.println("文件" + file1.getName() + "已经存在");的语句，如图 11-4 所示。

```
🗏 Problems @ Javadoc 🔍 Declaration 🖳 Console 🔀   🕸 Servers
<terminated> Demo11_2 [Java Application] C:\Users\wfx\AppData\Lo
文件first.txt已经存在
文件second.txt已经存在
```

图 11-4 控制台输出提示

File 类不仅可以创建文件，也可以创建一个文件夹。例 11-3 显示了在工作空间目录下创建文件夹名为 youDoc 的文件夹。在创建文件夹前需要去判断是否已经存在一个同名的文件夹，如果已经存在就不会重新创建。

【例 11-3】 Java 应用开发与实践\Java 源码\第 11 章\lesson11_3 \Demo11_3.java。

```java
import java.io.*;

public class Demo11_3 {
    public static void main(String [] args)
    {
        //创建文件对象 fDir，实参为文件所在路径 d:\\youDoc
        File fDir=new File("d:\\youDoc");
        if(fDir.isDirectory())                      //判断是否是文件夹
            System.out.println("文件夹"+fDir.getName()+"已经存在");
        else
            fDir.mkdir();                           //如果不是，就创建文件夹
        //定义一个文件数组，准备用来放文件夹里的每个文件名
        File[] fDirFiles=fDir.listFiles();
        //输出文件夹的名字
        System.out.println("文件夹"+fDir.getName()+"的文件有：");
        //通过遍历数组，得到文件夹里的每个文件名
        for(int i=0;i<fDirFiles.length;i++)    {
            System.out.println(fDirFiles[i].getName());
        }
    }
}
```

输出结果如图 11-5 所示。

图 11-5　控制台输出窗口提示

由于创建的文件夹是一个空文件夹，所以里面的文件名无法被列出。

11.1.4　获取文件信息

File 类有很多的方法，可以得到文件本身的属性，如 getName()方法获得文件名、length()方法获得文件长度、getAbsolutePath()方法获得文件路径等。例 11-4 获取了文件名、文件长度以及文件路径。

【例 11-4】 Java 应用开发与实践\Java 源码\第 11 章\lesson11_4 \Demo11_4.java。

```java
import java.io.*;
package lesson11_4;

import java.io.*;

public class Demo11_4 {
    public static void main(String[] args) {
        File file1 = new File("d:\\myDoc\\first.txt");
        File file2 = new File("d:\\myDoc\\second.txt");
        if (file1.exists())     //判断是否是文件
            System.out.println("文件" + file1.getName() + "已经存在");
        else {
            try {
                file1.createNewFile();
            } catch (IOException e) {
                e.printStackTrace();
            }
        }
        if (file2.exists())
            System.out.println("文件" + file2.getName() + "已经存在");
        else {
            try {
                file2.createNewFile();
            } catch (IOException e) {
                e.printStackTrace();
            }
        }
        System.out.println("文件" + file1.getName() + "的地址是：" + file1.getAbsolutePath());
        System.out.println("文件" + file1.getName() + "的长度是：" + file1.length());
        System.out.println("文件" + file2.getName() + "的地址是：" + file2.getAbsolutePath());
        System.out.println("文件" + file2.getName() + "的长度是：" + file2.length());
    }
}
```

输出结果为

文件 first.txt 已经存在
文件 second.txt 已经存在
文件 first.txt 的地址是：d:\myDoc\first.txt
文件 first.txt 的长度是：0
文件 second.txt 的地址是：d:\myDoc\second.txt
文件 second.txt 的长度是：0

11.2 输入 / 输出流

11.2.1 输入流

把文件从磁盘上读入内存中的流称为输入流，输入流连接的数据源可以是任何串行数据源，如磁盘文件、网络另一端的信息发送程序、键盘等，如图 11-6 所示。

图 11-6 输入流

11.2.2 输出流

把内存中的数据写到磁盘上的文件，该流被称为输出流。输出流可以连接硬盘上的文件、网络上的另一端等任何可以接收字节序列的设备，如图 11-7 所示。

图 11-7 输出流

11.3 字 节 流

11.3.1 抽象字节流 InputStream 和 OutputStream

1. 抽象字节输入流 InputStream

InputStream 类(字节输入流)是所有字节输入流的抽象父类，它的所有子类继承自 InputStream，它本身并不能创建实例来执行输入，但它将成为所有输入流的模板，所以它的方法是所有输入流都可使用的方法。InputStream 流及其子类都是向程序中输入数据的，且数据单位为字节(8 bit)。

InputStream 是和 OutputStream 相对应的，它提供了如下几个方法：

• public abstract int read( )：读取一个 byte 的数据，返回值是高位补 0 的 int 类型值。若返回值= −1 说明没有读取到任何字节，读取工作结束。

• public int read(byte b[ ])：读取 b.length 个字节的数据放到 b 数组中。返回值是读取的字节数。该方法实际上是调用下一个方法实现的。

● public int read(byte b[ ], int off, int len)：从输入流中最多读取 len 个字节的数据，存放到偏移量为 off 的 b 数组中。

● public int available( )：返回输入流中可以读取的字节数。注意：若输入阻塞，当前线程将被挂起。当 InputStream 对象调用这个方法时，它只会返回 0。这个方法必须由继承 InputStream 类的子类对象调用才有用。

● public long skip(long n)：忽略输入流中的 n 个字节，返回值是忽略这些字节数后读取的数据。

● public int close( )：使用完后，必须对打开的流进行关闭，此方法用来关闭流。

InputStream 类及其子类的具体层次如图 11-8 所示。

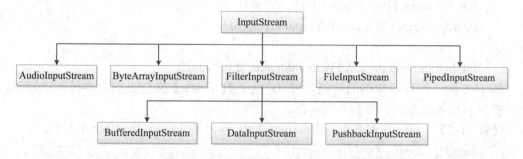

图 11-8　字节输入流 InputStream 及其子类

2．抽象字节输出流 OutputStream

OutputStream 类(字节输出流)是所有字节输出流的抽象父类，它本身并不能创建实例来执行输出，但它将成为所有输出流的模板，所以它的方法是所有输出流都可使用的方法。

OutputStream 是和 InputStream 相对应的，它提供了如下几个方法：

● void write(int c)；：将指定的字节/字符输出到输出流中，其中 c 既可代表字节，也可代表字符。

● void write(byte[]/char[] buf)；：将字节数组/字符数组中的数据输出到指定输出流中。

● void write(byte[]/char[] buf, int off,intlen)；：将字节数组/字符数组中从 off 位置开始，长度为 len 的字节/字符输出到输出流中。

OutputStream 类及其子类的具体层次如图 11-9 所示。

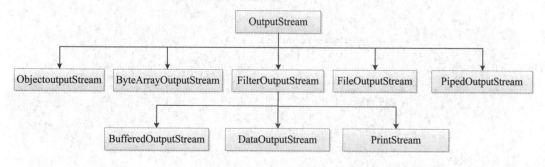

图 11-9　字节输出流 OutputStream 及其子类

11.3.2 字节文件流 FileInputStream 和 FileOutputStream

1. 字节文件输入流 FileInputStream

FileInputStream 可以使用 read()方法一次读入一个字节，并以 int 类型返回，或者是使用 read()方法读入至一个 byte 数组，byte 数组的元素有多少个，就读入多少个字节。在将整个文件读取完成或写入完毕的过程中，这么一个 byte 数组通常被当作缓冲区，起着缓存数据的作用。

FileInputStream 的作用是打开文件，从文件读数据到内存。语法格式如下：

File file =new File("d:\\abc.txt");

FileInputStream in = new FileInputStream(file);

或

FileInputStream in=new FileInputStream("d:\\abc.txt");

例 11-5 所示的程序代码的功能是将 D 盘下的 first.txt 文件里的内容显示在控制台上，打开了 first.txt 文件，读数据到内存。

【例 11-5】 Java 应用开发与实践\Java 源码\第 11 章\lesson11_5 \Demo11_5.java。

```
import java.io.*;
import java.io.*;

public class Demo11_5 {
    public static void main(String[] args) {
        File f = new File("d:\\first.txt");
        try {
            FileInputStream fis = new FileInputStream(f);    //定义字节输入流的对象 fis
            byte[] b = new byte[1024];    //定义 byte[]数组 b，准备接收从文件来的字节
            int n;    //定义变量 n，表示从文件来的字节数
                //通过对象 fis 读入文件内容到内存，返回值为读取的字节数
            while ((n = fis.read(b)) != -1)
            {    //n 为-1 时退出
                //从 0 到 n，字节变成 String 类型并存储在 s 中
                String s = new String(b, 0, n);
                System.out.println(s);
            }
        } catch (Exception e) {
            e.printStackTrace();
        }
    }
}
```

输出结果如图 11-10 所示。

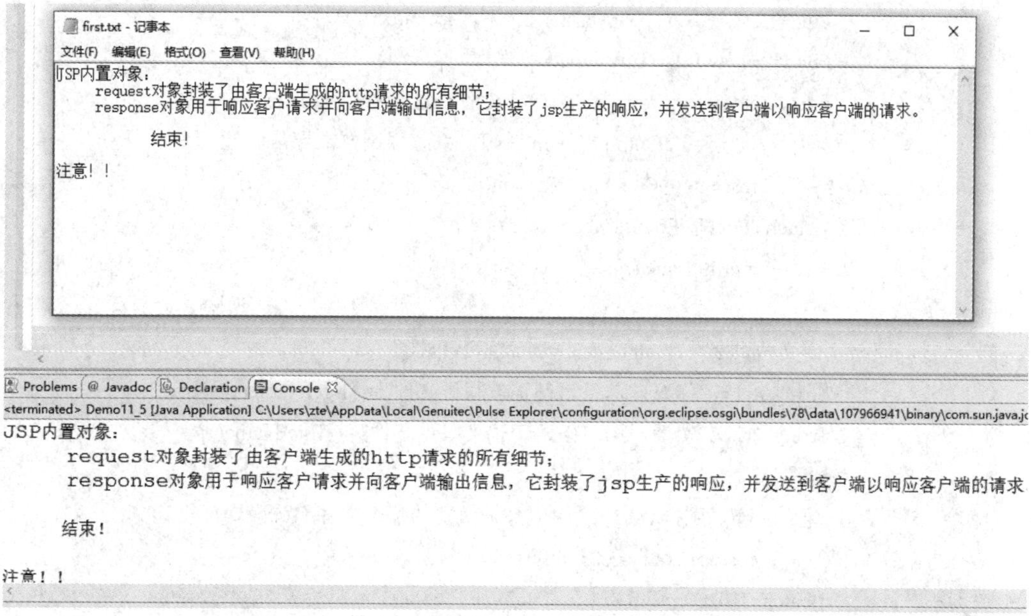

first.txt - 记事本
文件(F) 编辑(E) 格式(O) 查看(V) 帮助(H)

JSP内置对象:
　　request对象封装了由客户端生成的http请求的所有细节；
　　response对象用于响应客户请求并向客户端输出信息，它封装了jsp生产的响应，并发送到客户端以响应客户端的请求。
　　　　　　结束！

注意！！

Problems @ Javadoc Declaration Console ❌
<terminated> Demo11_5 [Java Application] C:\Users\zte\AppData\Local\Genuitec\Pulse Explorer\configuration\org.eclipse.osgi\bundles\78\data\107966941\binary\com.sun.java.jd

JSP内置对象:
　　request对象封装了由客户端生成的http请求的所有细节；
　　response对象用于响应客户请求并向客户端输出信息，它封装了jsp生产的响应，并发送到客户端以响应客户端的请求

　　结束！

注意！！

图 11-10　指定的 txt 文件里的内容显示在控制台

在这个例子中，没有对 fis 进行关闭，这是有风险的，在后面的例子中，我们会对 fis 用 close()方法进行关闭。

2．字节文件输出流 FileOutputStream

FileOutputStream 是用来处理以文件作为数据输出目的的数据流，或者说是从内存区读数据到文件。

创建一个文件输出流对象，语法格式如下：

　　File file=new File ("d:\\mydoc\\abc.txt");
　　FileOutputStream out= new FileOutputStream (file);

或

　　FileOutputStream out=new FileOutputStream("d:\\mydoc\\abc.txt");

或构造函数将 FileDescriptor()对象作为其参数，语法格式如下：

　　FileDescriptor() fd = new FileDescriptor();
　　FileOutputStream out = new FileOutputStream(fd);

或构造函数将文件名作为其第一参数，将布尔值作为第二参数，语法格式如下：

　　FileOutputStream f=new FileOutputStream("d:\\mydoc\\abc.txt",true);

需要注意的是，文件中写数据时，若文件已经存在，则覆盖存在的文件；读/写操作结束时，应调用 close()方法关闭流。

如例 11-6 所示的程序代码的功能是将内存中的一段文字保存在文件 second.txt 中。

【例 11-6】　Java 应用开发与实践\Java 源码\第 11 章\lesson11_6 \Demo11_6.java。

```
import java.io.*;
public class Demo11_6 {
    public static void main(String[] args) throws IOException {
```

```
//创建文件对象 f1，它指向了 E 盘下 second.txt 文件
File f1 = new File("E:\\second.txt");
FileOutputStream fos = null; // 定义字节输出流的对象 fos
try {    //创建 FileOutputStream 对象，系统强制要求异常处理
        fos = new FileOutputStream(f1);
} catch (FileNotFoundException e) {
        e.printStackTrace();

}
//定义两个字符串 str1, str2, \r\n 表示回车换行
String str1 = "你好，这条语句正被写进文件" + f1.getName() + "\r\n";
String str2 = "然后，第二条语句也被写进文件" + f1.getName();
try {
//把 str1 转变成 byte[]，写到由 fos 负责的那个文件 f1(输出流)
        fos.write(str1.getBytes());
} catch (IOException e) {
        e.printStackTrace();
}
try {
//把 str2 转变成 byte[]，写到由 fos 负责的那个文件 f1(输出流)
        fos.write(str2.getBytes());
} catch (IOException e) {
        e.printStackTrace();
}
fos.close();

    }
}
```

输出结果如图 11-11 所示。

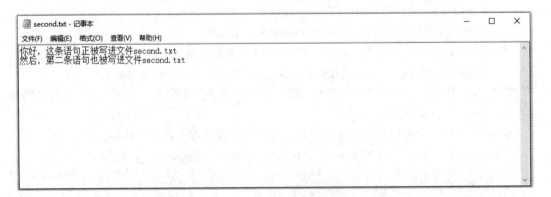

图 11-11   内存中的文字写到指定的 txt 文件中

11.3.3 字节缓冲流 BufferedInputStream 和 BufferedOutputStream

计算机访问外部设备都是非常耗时的，很多时候计算机访问外存很频繁，访问外存的频率越高，CPU 闲置率就越大。为了减少访问外存的次数，应该在一次对外设的访问中，读写更多的数据。为此，除了程序和流节点间交换数据所必需的读写机制外，还应该增加缓冲机制。缓冲流就是每一个数据流分配一个缓冲区，一个缓冲区就是一个临时存储数据的内存。这样可以减少访问硬盘的次数，提高传输效率。

字节缓冲输入流 BufferedInputStream 的作用是当向缓冲流写入数据的时候，数据先写到缓冲区，待缓冲区写满后，系统一次性将数据发送给输出设备。

字节缓冲输出流 BufferedOutputStream 的作用是当从缓冲流读取数据的时候，系统先从缓冲区读出数据，待缓冲区为空时，系统再从输入设备读取数据到缓冲区。

将文件读入内存，需要将 BufferedInputStream 与 FileInputStream 相结合，语法格式如下：

```
FileInputStream fis =new FileInputStream( "abc.txt" );
BufferedInputStream bis =new BufferedInputStream(fis);
```

将内存写入文件，需要将 BufferedOutputStream 与 FileOutputStream 相结合，语法格式如下：

```
FileOutputStream fos = new FileOutputStream("abc.txt");
BufferedOutputStream bos = new BufferedOutputStream(fos);
```

将键盘输入流读到内存，需要将 BufferedReader 与标准的数据流相结合，语法格式如下：

```
InputStreamReader isr = new InputStreamReader (System.in)；
BufferedReader br = new BufferedReader(isr);
```

如例 11-7 所示的程序代码的功能是通过 BufferedOutputStream 把内存中的文字写到指定的 second.txt 文件中。

【例 11-7】 Java 应用开发与实践\Java 源码\第 11 章\lesson11_7 \Demo11_7.java。

```java
import java.io.*;

public class Demo11_7 {
    public static void main(String[] args) throws IOException {
        FileOutputStream fos = new FileOutputStream("E:\\second.txt");
        BufferedOutputStream bos = new BufferedOutputStream(fos);
        String str = "这是新的内容，写进了 second.txt 文件里，使用了 BufferedOutputStream 类";
        byte[] buf = str.getBytes("UTF-8");
        bos.write(buf);
        //flush()强制将当前缓冲流中的缓冲区中的数据全部写出，无论缓冲区是否被装满
        bos.flush();
        bos.close();   //调用 close()时，也会自动调用一次 flush()
    }
}
```

输出结果如图 11-12 所示。

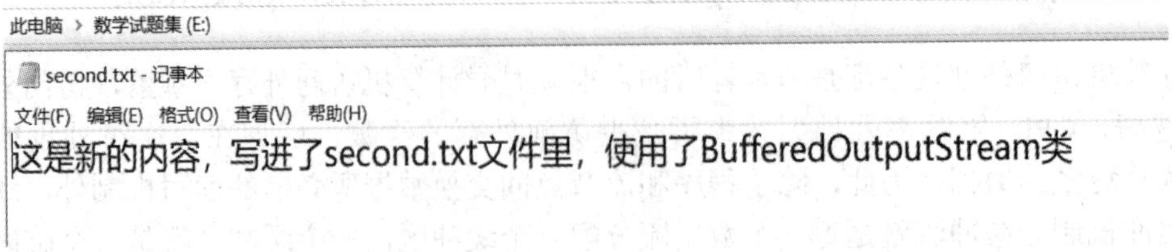

此电脑 > 数学试题集 (E:)

second.txt - 记事本
文件(F) 编辑(E) 格式(O) 查看(V) 帮助(H)
这是新的内容，写进了second.txt文件里，使用了BufferedOutputStream类

图 11-12　内存中的文字写到指定的 txt 文件中

如例 11-8 所示的程序代码利用 BufferedInputStream 和 BufferedOutputStream 字节缓冲流把 C 盘下的文件 "天上的街市.mp3" 拷贝到 E 盘下，新文件名为 "天上的街市 2.mp3"，并在控制台输出 "复制完毕"。

【例 11-8】　Java 应用开发与实践\Java 源码\第 11 章\lesson11_8 \Demo11_8.java。

```java
import java.io.*;

public class Demo11_8 {
    public static void main(String[] args) throws IOException {
        FileInputStream fis = new FileInputStream("C:\\天上的街市.mp3");
        BufferedInputStream bis = new BufferedInputStream(fis);
        FileOutputStream fos = new FileOutputStream("E:\\天上的街市 2.mp3");
        BufferedOutputStream bos = new BufferedOutputStream(fos);
        int d = -1;
        while ((d = bis.read()) != -1) {
            bos.write(d);
        }
        System.out.println("复制完毕");
        //关闭流时，只关闭最外层的高级流即可
        bis.close();
        bos.close();
    }
}
```

输出结果为

复制完毕

11.3.4　字节数据流 DataInputStream 和 DataOutputStream

1. 数据输入流 DataInputStream

数据输入流 DataInputStream 允许应用程序以与机器无关的方式从底层输入流中读取基本 Java 数据类型。应用程序可以使用数据输出流写入稍后由数据输入流读取的数据。

它的构造方法如下：

public DataInputStream(InputStream in) { super(in);}

此有参构造方法的参数是传入的基础输入流 in，读取数据实际上是从基础输入流 in 读取。

DataInputStream 常用的方法有：

• public final int read(byte b[])：从数据输入流读取数据存储到字节数组 b 中。

• public final int read(byte b[], int off, int len)：从数据输入流中读取数据存储到数组 b 里面，位置从 off 开始，长度为 len 个字节。

• public final String readUTF()：从输入流中读取 UTF-8 编码的数据，并以 String 字符串的形式返回。

DataInputStream 中比较难以理解的方法就只有 readUTF(DataInput in)。

2．数据输出流 DataOutputStream

DataOutputStream 数据输出流允许应用程序将基本 Java 数据类型写到基础输出流中。它的构造方法如下：

   public DataOutputStream(OutputStream out) { super(out); }

此有参构造方法的参数是传入的基础输出流 out，将数据实际写到基础输出流 out 中。

DataOutputStream 常用的方法有：

• public final void writeByte(int v)：将一个字节写到数据输出流中(实际是基础输出流)。

• public final void writeChar(int v)：将一个 char 类型的数据写到数据输出流中，底层将 v 转换成 2 个字节写到基础输出流中。

• public final void writeUTF(String str)：以机器无关的方式使用 UTF-8 编码方式将字符串写到基础输出流中。

如例 11-9 所示的程序代码利用 DataInputStream 和 DataOutputStream 字节数据流把 G 盘下的文件 first.txt 复制成 G 盘下的 second.txt。

【例 11-9】　Java 应用开发与实践\Java 源码\第 11 章\lesson11_9 \Demo11_9.java。

```java
import java.io.*;

public class Demo11_9 {
    public static void main(String[] args) throws IOException {
        DataInputStream dis = new DataInputStream(new FileInputStream("G:\\first.txt"));
        File file = new File("G:\\first.txt");
        byte[] bytes = new byte[(int) file.length()];

        dis.read(bytes);
        DataOutputStream dos = new DataOutputStream(new FileOutputStream("G:\\second.txt"));
        dos.write(bytes);
        dos.flush();
        dos.close();
        dis.close();
    }
}
```

输出结果如图 11-13 所示。

图 11-13　内存中的文字写到指定的 txt 文件中

11.4 字 符 流

11.4.1 抽象字符流 Reader 和 Writer

Java 中字符采用 Unicode 标准，一个字符是 16 位，即一个字符使用两个字节来表示。为此，Java 中设计了处理字符的流 Reader 和 Writer，它们用于读取字符流的两种字符流类的抽象父类。

1. Reader 抽象类

Reader 是用于读取字符流的抽象类，它能够将输入流中采用其他编码类型的字符转换为 Unicode 字符，然后在内存中为其分配空间。其子类必须实现的方法只有 read(char[]、int、int) 和 close()。但是，多数子类将重写此处定义的一些方法，以提供更高的效率和实现其他功能。Reader 及其子类继承关系如图 11-14 所示。

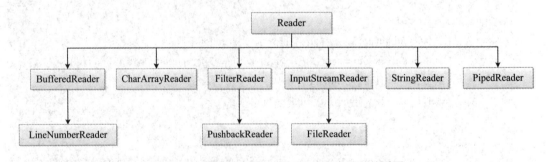

图 11-14　字符输入流 Reader 及其子类继承关系图

2. Writer 抽象类

Writer 是写入字符流的抽象类，它能够将内存中的 Unicode 字符转换为其他编码类型的字符，再写到输出流中。其子类必须实现的方法仅有 write(char[]、int, int)、flush() 和 close()。但是，多数子类将重写此处定义的一些方法，以提供更高的效率和实现其他功能。Writer 及其子类继系关系如图 11-15 所示。

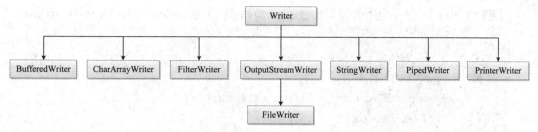

图 11-15　字符输出流 Writer 及其子类继承关系图

这里需要注意的是 InputStream 与 Reader 的差别以及 OutputStream 与 Writer 的差别，它们都是输入流与输出流，InputStream 和 OutputStream 类处理的是字节流，数据流中的最小单位是字节(8 个 bit)，而 Reader 与 Writer 处理的是字符流，单位是字符(16 个 bit)。在处理字符流时涉及了字符编码的转换问题。输入流与输出流、字节流与字符流的关系如表 11-1 所示。

表 11-1　输入流与输出流、字节流与字符流的关系

	字节流	字符流
输入流	InputStream	Reader
输出流	OutputStream	Writer

11.4.2　字符文件流 FileReader 和 FileWriter

FileReader 与 FileInputStream 都是读取文件的输入流，FileReader 主要用来读取字符文件，使用缺省的字符编码。FileReader 的常用构造函数有三种。

(1) 将文件名作为字符串：

　　FileReader f = new FileReader("c:\\temp.txt");

(2) 构造函数将 File 对象作为其参数：

　　File f = new file("c:/temp.txt");

　　FileReader f1 = new FileReader(f);

(3) 构造函数将 FileDescriptor 对象作为参数：

　　FileDescriptor() fd = new FileDescriptor()

　　FileReader f2 = new FileReader(fd);

FileWriter 与 FileOutputStream 都是写入文件的输出流，FileWriter 能够把数据以字符流的形式写入文件。同样是处理文件，FileWriter 处理字符，FileOutputStream 处理字节。根据不同的编码方案，一个字符可能会相当于一个或者多个字节。FileWriter 的常用构造函数有如下两种。

(1) 根据给定的 File 对象构造一个 FileWriter 对象：

　　FileWriter fw = new FileWriter("c:\\b.txt");

(2) 构造函数将 File 对象作为其参数：

　　File f = new file("c:\\b.txt ");

　　FileWriter fw = new FileWriter(f);

【例 11-10】　Java 应用开发与实践\Java 源码\第 11 章\lesson11_10 \Demo11_10.java。

```java
import java.io.*;

public class Demo11_10 {
    public static void main(String[] args) throws IOException {
        FileReader fr=null;
        BufferedReader br=null;
        FileWriter fw=null;
        BufferedWriter bw=null;
        try {
            fr=new FileReader("d:\\a.txt");          //D 盘下应该有 a.txt 文件
            br=new BufferedReader(fr);
            String s,sTotal="";                       //定义 s 接收每次读的一行
            while((s=br.readLine())!=null)
            {
                sTotal=sTotal+s+"\r\n";               //每次读的行全部存储在 sTotal 中
            }

            fw=new FileWriter("c:\\b.txt");           //指定目标文件
            bw=new BufferedWriter(fw);
            bw.write(sTotal);                         //sTotal 中的内容写入此文件中

        } catch (Exception e) {
            e.printStackTrace();
        }finally{
            try {
                if(br!=null)
                {
                    br.close();
                }
                if(fr!=null)
                {
                    fr.close();
                }
                if(bw!=null)
                {
                    bw.close();
                }
                if(fw!=null)
```

```
                                {
                                    fw.close();
                                }
                    } catch (IOException e) {
                            e.printStackTrace();
                    }
                }
            }
        }
```

输出结果如图 11-16 所示。

图 11-16　字符输入流 FileReader 的字符读取以及字符输出流 FileWriter 的字符写入

11.4.3　字符缓冲流 BufferedReader 和 BufferedWriter

为了提高字符流读写的效率，Java 引入了缓冲机制，进行字符批量的读写，提高了单个字符读写的效率。BufferedReader 用于加快读取字符的速度，BufferedWriter 用于加快写入的速度。

BufferedReader 是为了提供读取的效率而设计的一个包装类，它可以包装字符流，可以从字符输入流中读取文本，缓冲各个字符，从而实现字符、数组和行的高效读取。通常，Reader 所做的每个读取请求都会导致对底层字符或字节流进行相应的读取请求。因此，建议用 BufferedReader 包装所有其 read() 操作可能开销很高的 Reader。

BufferedReader 的 int read(char[] cbuf) 方法将字符读入数组，底层流的 read 方法返回 −1 时，指示文件末尾。

BufferedReader 的 StringreadLine() 方法一次可以读取一个文本行，返回的直接就是这一行的字符串，如果读到行尾了就返回 null。

【例 11-11】　Java 应用开发与实践\Java 源码\第 11 章\lesson11_11 \Demo11_11.java。

```
import java.io.*;

public class Demo11_11 {
    public static void main(String[] args) throws IOException {
    BufferedReader br = new BufferedReader(new FileReader("E:\\bufferedReader.txt")); // 读数据
        //一次读取一个字符数组
```

```
//        char[] chars = new char[1024];
//        int len = 0;
//        while ((len = br.read(chars)) != -1) {
//            System.out.println(new String(chars, 0, len));
//        }

        String str = null;
        while ((str = br.readLine()) != null) {
            System.out.println(str);
        }
        //释放资源
        br.close();
    }
}
```

输出结果如图 11-17 所示。

图 11-17　读取 bufferedReader.txt 中的字符

BufferedWriter 将文本写入字符输出流，缓冲各个字符，从而提供单个字符、数组和字符串的高效写入。

构造方法：

bufferedWriter bf = new bufferedWriter(Writer out);

主要方法：

void write(String s,intoff,intlen)：写入字符串的某一部分。

void newLine()：写入一个行分隔符。

void flush()：刷新该流中的缓冲。将缓冲数据写到目的文件中。

void close()：关闭此流，再关闭前会先刷新。

【例 11-12】　Java 应用开发与实践\Java 源码\第 11 章\lesson11_12 \Demo11_12.java。

```
import java.io.*;


public class Demo11_12 {
    public static void main(String[] args) throws IOException {
        FileWriter fw = new FileWriter("E:\\bufferedWriter.txt");
        //为了提高写入的效率，使用了字符流的缓冲区
        //创建了一个字符写入流的缓冲区对象，并和指定要被缓冲的流对象相关联
        BufferedWriter bufferedfw = new BufferedWriter(fw);
```

```
            //使用缓冲区中的方法将数据写入到缓冲区中
            bufferedfw.write("hello java !");
            bufferedfw.newLine();      //写入一个行分隔符
            bufferedfw.newLine();
            bufferedfw.write("!hello java !");
            bufferedfw.write("!hello java !");
            //使用缓冲区中的方法，将数据刷新到目的地文件中
            bufferedfw.flush();
            bufferedfw.close();      //关闭缓冲区,同时关闭了 fw 流对象    }
    }
```

输出结果如图 11-18 所示。

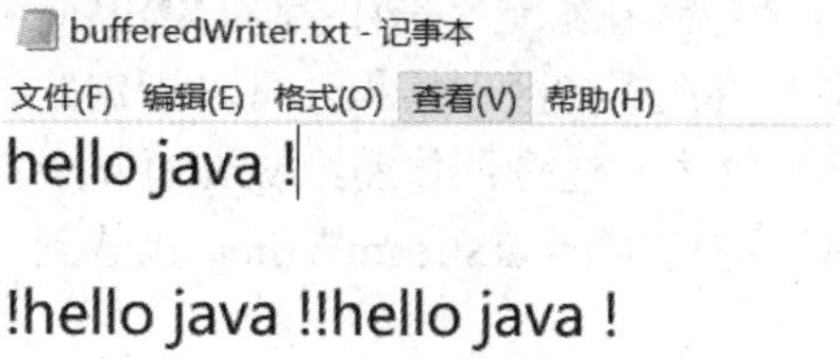

📄 bufferedWriter.txt - 记事本

文件(F) 编辑(E) 格式(O) 查看(V) 帮助(H)

hello java !

!hello java !!hello java !

图 11-18   将文本 hello java !等写入 bufferedWriter.txt 中

11.4.4 转换流 InputStreamReader 和 OutputStreamWriter

InputStreamReader 是字节流通向字符流的桥梁，它使用指定的 charset 读取字节并将其解码为字符。它使用的字符集可以由名称指定或显式给定，或者可以接受平台默认的字符集。每次调用 InputStreamReader 中的一个 read()方法都会导致从底层输入流读取一个或多个字节。要启用从字节到字符的有效转换，可以提前从底层流读取更多的字节，使其超过满足当前读取操作所需的字节。

为了达到最高效率，可以考虑在 BufferedReader 类里包装 InputStreamReader 对象。语法如下：

BufferedReader in = new BufferedReader(new InputStreamReader(System.in));

InputStreamReader 的构造方法有 InputStreamReader(Inputstream in)，用来创建一个使用默认字符集的 InputStreamReader。

【例 11-13】   Java 应用开发与实践\Java 源码\第 11 章\lesson11_13 \Demo11_13.java。

```java
import java.io.*;

public class Demo11_13 {
    public static void main(String[] args) throws IOException {
        //BufferedReader 类里包装了 InputStreamReader 对象
        BufferedReader br = new BufferedReader(
            new InputStreamReader(System.in));
```

```
                System.out.print("请从键盘输入字符串，按 Enter 结束：");
                String str = br.readLine();    //读入一行
                System.out.println("你输出的字符串是：" + str);
        }
    }
```

输出结果为

请从键盘输入字符串，按 Enter 结束：Hello，你好！

你输出的字符串是：Hello，你好！

像例 11-13 那样，在 BufferedReader 类里包装 InputStreamReader 对象是一种从键盘输入字符或字符串的常用方法。

每次调用 write()方法都会导致在给定字符(或字符集)上调用编码转换器。在写入底层输出流之前，得到的这些字节将在缓冲区中累积。可以指定此缓冲区的大小，不过，默认的缓冲区对多数用途来说已足够大。注意：传递给 write()方法的字符没有缓冲。

为了获得最高效率，可考虑将 OutputStreamWriter 包装到 BufferedWriter 中，以避免频繁调用转换器。语法如下：

Writer out = new BufferedWriter(new OutputStreamWriter(System.out));

OutputStreamWriter 的构造方法有 OutputStreamWriter(OutputStream out)，用来创建使用默认字符编码的 OutputStreamWriter。

【例 11-14】　Java 应用开发与实践\Java 源码\第 11 章\lesson11_14 \Demo11_14.java。

```
        import java.io.*;

        public class Demo11_14 {
            public static void main(String[] args) throws IOException {
                String str = "";
                BufferedReader br = new BufferedReader(
                        new InputStreamReader(System.in));
                BufferedWriter bw = new BufferedWriter(
                        new OutputStreamWriter(System.out));
                System.out.print("请从键盘输入字符串，按 Enter 结束：");
                while (!"bye".equals(str = br.readLine())) {
                        bw.write("你输入的字符串是：" + str);
                        bw.newLine();
                        bw.flush();
                }
            }
        }
```

输出结果为

请从键盘输入字符串，按 Enter 结束：你好，world!

你输入的字符串是：你好，world!

你好，Java?

你输入的字符串是：你好，Java?

例 11-14 要实现按行读取用户的输入，并且要将读取的一行字符串直接显示到控制台，就需要用到 BufferedWriter 的 write(String str)方法，所以需要使用 OutputStreamWriter 将字符流转化为字节流。System.out 是字节流对象，代表输出到的标准输出设备就是显示器。

11.5　ZIP 压缩输入/输出流

11.5.1　压缩文件

ZIP 是一种较为常见的文件压缩形式，在 Java 中要想实现 ZIP 的压缩需要导入 java.util.zip 包，可以使用此包中的 ZipFile、ZipOutputStream、ZipInputStream、ZipEntry 几个类完成文件的压缩。

如例 11-15 所示的程序代码将 G 盘下的 G:\\resource 文件夹压缩，生成了 G:\\resourceZip.zip 文件。G:\\resource 文件夹里有 a.txt、b.txt、c.txt 三个文件，都被压缩到 resourceZip.zip 中。

【例 11-15】　Java 应用开发与实践\Java 源码\第 11 章\lesson11_15 \Demo11_15.java。

```java
import java.io.*;
import java.util.zip.*;

public class Demo11_15 {
//newZipFile 是压缩后文件，resourceFile 要被压缩的文件
    private void zip(File newZipFile, String resourceFile) throws Exception {
            //通过 FileOutputStream 对象来创建 ZipOutputStream 类对象
            ZipOutputStream zos = new ZipOutputStream(
                            new FileOutputStream(resourceFile));

            zip(zos, newZipFile, "");
            System.out.println("正在压缩...");
            zos.close();        //将流关闭
    }
    //zos 接收 ZipOutputStream 对象，file 是压缩后文件
    private void zip(ZipOutputStream zos, File file, String str) throws Exception {
            //判断此抽象路径名是否是一个目录
            if (file.isDirectory()) {              //如果是目录
                    File[] files = file.listFiles(); //获取目录里的多个文件名
```

```
                        //开始写入新的 ZIP 文件条目，并将流定位到条目数据的开始处
                        zos.putNextEntry(new ZipEntry(str + "/"));
                        str = str.length() == 0 ? "" : str + "/";    //判断参数是否为空
                        for (int i = 0; i < files.length; i++) {       //循环遍历数组中文件
                                zip(zos, files[i], str + files[i]);
                        }
                } else {        //如果不是目录
                        zos.putNextEntry(new ZipEntry(str));
                        //创建 FileInputStream 对象
                        FileInputStream fis = new FileInputStream(file);
                        int i;       //定义 int 型变量
                        System.out.println(str);
                        while ((i = fis.read()) != -1) {    //如果没有到达流的尾部
                                zos.write(i);                //将字节写入当前 ZIP 条目
                        }
                        fis.close();        //关闭流
                }
        }

        public static void main(String[] args)    {
                Demo11_15 demo = new Demo11_15();
                try {
                        demo.zip(new File("G:\\resource"), "G:\\resourceZip.zip");
                        System.out.println("压缩成功！");
                } catch (Exception ex) {
                        ex.printStackTrace();
                }
        }
}
```

输出结果为

```
G:\resource\a.txt
G:\resource\b.txt
G:\resource\c.txt
正在压缩...
压缩成功！
```

11.5.2 解压缩 ZIP 文件

ZipInputStream 和 ZipFile 是用来解压缩文件的，在压缩和解压缩的过程中，ZipEntry 都会被用到。在 java 的 Zip 压缩文件中，每一个子文件都是一个 ZipEntry 对象。

【例 11-16】 Java 应用开发与实践\Java 源码\第 11 章\lesson11_16 \Demo11_16.java。

```java
import java.io.*;
import java.util.Enumeration;
import java.util.zip.*;


public class Demo11_16 {
//zipResourceFile 是源压缩文件，dstPath 是压缩后路径
    public void unZip(String zipResourceFile , String dstPath)throws IOException{
        File pathFile = new File(dstPath);
        if(!pathFile.exists()){
            pathFile.mkdirs();
        }
        //ZipFile 类用于从源压缩文件 zipResourceFile 读取条目
        ZipFile zip = new ZipFile(zipResourceFile);
        for(Enumeration entries = zip.entries();entries.hasMoreElements();){
            ZipEntry entry = (ZipEntry)entries.nextElement();
            String zipEntryName = entry.getName();
            InputStream in = null;
            OutputStream out = null;
            try{
                in =    zip.getInputStream(entry);
                String outPath = (dstPath+"/"+zipEntryName).replaceAll("\\*", "/");;
                //判断路径是否存在，不存在则创建文件路径
                File file = new File(outPath.substring(0, outPath.lastIndexOf('/')));
                if(!file.exists()){
                    file.mkdirs();
                }
                //判断文件全路径是否为文件夹，如果是上面已经上传，则不需要解压
                if(new File(outPath).isDirectory()){
                    continue;
                }
                System.out.println("正在解压缩...");
                out = new FileOutputStream(outPath);
                byte[] buf1 = new byte[1024];   //创建一个字节数组
                int len;
                while((len=in.read(buf1))>0){
                    out.write(buf1,0,len);
                }
            }
```

```
            finally {
                if(null != in){
                    in.close();
                }
                if(null != out){
                    out.close();
                }
            }
        }
        zip.close();
    }

    public static void main(String[] args) throws IOException    {
        Demo11_16 demo = new Demo11_16();
        demo.unZip("G:\\resource.zip","G:\\");
        System.out.println("解压缩成功！ ");
    }
}
```

输出结果为

正在解压缩...

正在解压缩...

正在解压缩...

解压缩成功！

解压缩之后，在 G 盘下有一个 resource 文件夹，里面有 a.txt、b.txt、c.txt 三个文件，如图 11-19 所示。

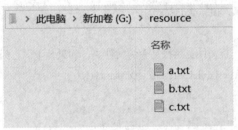

图 11-19   解压缩出来的 resource 文件夹

11.6   实训   输入输出流的应用

任务 1   将一个文件的内容读取到内存并输出到控制台

要求：判断有没有这个文件，如果有，则直接使用 FileInputStream 类的 read 方法读取到内存并输出，如果没有，则使用 createNewFile()方法创建新的文件，利用 FileOutputStream 的 write()方法把内容写进新文件，读取到内存并输出。程序代码如例 11-17 所示。

【例 11-17】 Java 应用开发与实践\Java 源码\第 11 章\lesson11_17 \Demo11_17.java。

```java
import java.io.*;

public class Demo10_17 {
    public static void main(String[] args) throws IOException {
        File fDir = new File("D:\\myDoc");                    //定义文件对象
        File file1 = new File("D:\\myDoc\\testIO.txt");       //定义文件夹对象
        //创建文件夹及文件
        if (fDir.isDirectory()) {
            System.out.println("此文件夹已存在！ ");
        } else {
            fDir.mkdir();
            System.out.println("文件夹" + fDir.getName() + "创建成功");
        }
        try {
            if (file1.createNewFile() == true)
                    System.out.println("文件" + file1.getName() + "创建成功");
            else
                    System.out.println("此文件已存在！ ");
        } catch (IOException e) {
            e.printStackTrace();
        }

        //通过字节输出流 FileOutputStream 将指定字符串写到文件 file1 中
        FileOutputStream fos = null;
        try {
            fos = new FileOutputStream(file1);
        } catch (FileNotFoundException e) {
            e.printStackTrace();
        }
        String[] strArray = { "我现在正在上课\r\n", "不好，我有点走神了\r\n",
                        "你在做什么？ \r\n", "我在看书，我觉得这本书很好。
                        \r\n", "嗯嗯，看起来不错。 \r\n" };
        for (int i = 0; i < strArray.length; i++) {
            try {
                    fos.write(strArray[i].getBytes());
            } catch (IOException e) {
```

```
                    e.printStackTrace();
        }
    }

    //通过字节输入流 FileInputStream 读取文件 file1 中的内容
    FileInputStream fis = null;
    try {
        fis = new FileInputStream(file1);
    } catch (FileNotFoundException e) {
        e.printStackTrace();
    }
    byte[] byteArray = new byte[2048];
    int n = 0;
    try {
        while ((n = fis.read(byteArray)) != -1) {
            String str = new String(byteArray, 0, n);
            System.out.println(str);
        }
    } catch (IOException e) {
        e.printStackTrace();
    } finally {
        try {
            fis.close();
        } catch (IOException e) {
            e.printStackTrace();
        }
    }
}
}
```

输出结果如图 11-20 所示。

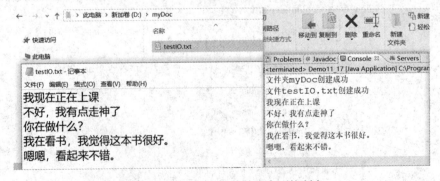

图 11-20　读取指定文件的内容到控制台

任务 2　DataInputStream 和 DataOutputStream 的使用

要求：从 G 盘下的文本文件 test1.txt 中读取所有字符，并转换成大写字母，最后保存在另一个文件 test2.txt 中，如果没有 test2.txt 文件，则创建之。程序代码如例 11-18 所示。

【例 11-18】　Java 应用开发与实践\Java 源码\第 11 章\lesson11_18 \Demo11_18.java。

```java
import java.io.*;

public class Demo11_18 {
    public static void main(String[] args) throws IOException {
        DataInputStream in = new DataInputStream(
                new FileInputStream("G:\\test1.txt"));
        DataOutputStream out = new DataOutputStream(
                new FileOutputStream("G:\\test2.txt"));
        BufferedReader br = new BufferedReader(new InputStreamReader(in));

        String str;
        while ((str = br.readLine()) != null) {
            String strUpperCase = str.toUpperCase();
            System.out.println(strUpperCase);
            out.writeBytes(strUpperCase + "\n");
        }
        br.close();
        out.close();
    }
}
```

输出结果如图 11-21 所示。

图 11-21　test2.txt 的内容转换成了大写字母

11.7　实践　酒店管理系统中的 I/O 操作

本系统在 POIUtils 类中设置了 I/O 操作，该类放在文件夹"Java 应用开发与实践\Java

源码\第 12 章\HotelSystem\src\com\utils"中，功能是导出 Excel 文件并放在指定的逻辑盘中。

POIUtils 类：

```java
package com.hotelmanage.utils;

import java.io.FileOutputStream;

import java.io.OutputStream;

import java.sql.ResultSet;

import java.sql.SQLException;

import java.util.ArrayList;

import java.util.List;

import javax.swing.JOptionPane;

public class POIUtils {

    /**
     * 导出 Excel
     *
     * @param sheetName sheet 名称
     * @param title       标题
     * @param values      内容
     * @param wb          HSSFWorkbook 对象
     * @return
     */
    public static HSSFWorkbook getHSSFWorkbook(String sheetName, String[] title, String[][]
                                                    values, HSSFWorkbook wb) {

        //第一步，创建一个 HSSFWorkbook，对应一个 Excel 文件
        if (wb == null)
            wb = new HSSFWorkbook();

        //第二步，在 workbook 中添加一个 sheet，对应 Excel 文件中的 sheet
        HSSFSheet sheet = wb.createSheet(sheetName);

        //第三步，在 sheet 中添加表头第 0 行，注意老版本 poi 对 Excel 的行数列数有限制
        HSSFRow row = sheet.createRow(0);
        //第四步，创建单元格，并设置表头(居中)
        HSSFCellStyle style = wb.createCellStyle();
```

```
        style.setAlignment(HSSFCellStyle.ALIGN_CENTER);  //创建一个居中格式

        //声明列对象
        HSSFCell cell = null;

        //创建标题
        for (int i = 0; i < title.length; i++) {
            cell = row.createCell(i);
            cell.setCellValue(title[i]);
            cell.setCellStyle(style);
        }

        //创建内容
        for (int i = 0; i < values.length; i++) {
            row = sheet.createRow(i + 1);
            for (int j = 0; j < values[i].length; j++) {
                //将内容按顺序赋给对应的列对象
                row.createCell(j).setCellValue(values[i][j]);
            }
        }
        return wb;
}

public static void outPut() {
    int rownumber;
    List<GuestBillsEntity> list = new ArrayList<GuestBillsEntity>();

    ResultSet result = new DbDemo().qureyAllBills();
    try {
        result.last();      //将光标移动到此 ResultSet 对象的最后一行
        rownumber = result.getRow();        //获取当前行编号。第一行为 1 号，
                                            第二行为 2 号，以此类推
        result.beforeFirst(); //将光标移动到此 ResultSet 对象的开头，正好位于第一行之前
        GuestBillsEntity[] bills = new GuestBillsEntity[rownumber];
        int row = 0;
        while (result.next()) {
            bills[row] = new GuestBillsEntity();
            bills[row].setBillsId(result.getString(1));
            bills[row].setGuestId(result.getString(2));
```

```
            bills[row].setGuestName(result.getString(3));

            bills[row].setGuestPhone(result.getString(4));

            bills[row].setPurchaseType(result.getString(5));

            bills[row].setPurchaseDate(result.getString(6));

            bills[row].setPurchaseAmount(result.getInt(7));

            bills[row].setUserId(result.getString(8));

            list.add(bills[row]);

            row++;

        }

    } catch (SQLException e1) {

        e1.printStackTrace();

    }


String[] title = {"账单编号", "客人编号", "客人姓名", "客人电话", "消费类型", "消费时间",
            "消费金额","经办人"};

String filename = "D:/账单输出汇总表.xls";

String sheetName = "sheet1";

String[][] content = new String[list.size()+2][8];

int totalPurchaseAmount = 0;

int i;

try {

    for ( i= 0; i < list.size(); i++) {

        content[i][0] = list.get(i).getBillsId();

        content[i][1] = list.get(i).getGuestId();

        content[i][2] = list.get(i).getGuestName();

        content[i][3] = list.get(i).getGuestPhone();

        content[i][4] = list.get(i).getPurchaseType();

        content[i][5] = list.get(i).getPurchaseDate();

        content[i][6] = String.valueOf(list.get(i).getPurchaseAmount());

        content[i][7] = list.get(i).getUserId();

        totalPurchaseAmount+=list.get(i).getPurchaseAmount();

    }

    for(int j=0;j<8;j++){

        content[i][j]="———————————";

    }

    content[i+1][5]="总账单金额";

    content[i+1][6]=String.valueOf(totalPurchaseAmount);

} catch (Exception e) {

    e.printStackTrace();
```

```
        }
        HSSFWorkbook wb = POIUtils.getHSSFWorkbook(sheetName, title, content, null);
        try {
            OutputStream os = new FileOutputStream(filename);
            wb.write(os);
            os.flush();
            os.close();
            JOptionPane.showMessageDialog(null,"生成报表,文件名是 D:/账单输出汇总表.xls");
        } catch (Exception e) {
            e.printStackTrace();
        }
    }
}
```

11.8 小　结

对于文件内容的操作主要分为两大类：字符流和字节流。

字符流有两个抽象类，即 Writer 和 Reader；字节流也有两个抽象类，即 InputStream 和 OutputStream。

输入流主要是通过 read()读取文件，输出流主要是通过 write()写出到文件。

习　题　11

一、选择题

1. 使用 Java 的 I/O 流实现对文本文件的读/写过程中，需要处理(　　)异常。

    A．ClassNotFoundException   B．IOException

    C．SQLException   D．RemoteException

2. 在 Java 的 I/O 操作中，(　　)方法可以用来刷新流的缓冲。

    A．void release()   B．void close()

    C．void remove()   D．void flush()

3. File 类中获取文件的字节数，可以通过(　　)方法实现。

    A．getLength()   B．length

    C．size()   D．length ()

4. 在 Java 中，下列关于读/写文件的描述错误的是(　　)。

    A．Reader 类的 read()方法用来从源中读取一个字符的数据

    B．Reader 类的 read(int n)方法用来从源中读取一个字符的数据

    C．Writer 类的 write(int n)方法用来向输出流写入单个字符

D．Writer 类的 write(String str)方法用来向输出流写入一个字符串

5．使用 BufferedReader 中的 readLine()方法读取一行时，读取到的内容是否包含该行的结束标志？（　　）

    A．包含　　　　　　　　　　　　B．不包含

    C．不确定　　　　　　　　　　　D．以上答案都不对

二、判断题

1．使用 I/O 流进行文件的拷贝时可能会出现 I/O 异常，因此必须对异常进行处理。
（　　）

2．流分输入流和输出流，输入流从文件中读取数据存储到内存中，输出流从内存中读取数据然后写入到目标文件。　　　　　　　　　　　　　　　　　　　　（　　）

3．面向字符的操作以字符为单位对数据进行操作，对数据不需要进行转换。（　　）

4．InputStreamReader 类是字节流通向字符流的桥梁，它封装了 InputStream 在里头，它以较高级的方式，一次读取一个字符，以文本格式输入/输出。　　　　　　（　　）

5．一般说来，为了方便读/写，流是不需要关闭的。　　　　　　　　　　　（　　）

三、编程题

1．在电脑 D 盘下创建一个名为 HelloJava.txt 的文件，判断它是文件还是目录，如果是文件，输出其文件名及路径；如果是目录，输出其文件名夹及路径。

2．通过 Java 程序将字符串"Java 程序学习，学习 Java 程序！"输出到 D 盘的文件 HelloJava.txt 中。

3．从 D 盘读取文件 HelloJava.txt 到内存中，再打印到控制台。

4．复制 D 盘的文件 HelloJava.txt 到 E 盘。

5．复制文件夹 D:/abc 下面所有文件和子文件夹内容到 D:/abc2。

第三部分

(The Realization of Hotel Management System)

酒店管理系统的实现

第 12 章

课程设计：酒店管理系统的开发实现

本章根据课程设计的目的和要求，分别介绍酒店管理系统开发的各个环节，详细描述软件开发的整个流程。首先介绍系统的分析阶段，包括可行性分析和需求分析；然后介绍设计阶段，包括概要设计和详细设计；接着介绍实现阶段，包括编码和测试；最后介绍维护阶段，包括发布与实施以及运行与维护。本课程设计既可以为读者提供一个 Java 应用系统开发的完整流程，又对 Java 应用程序中课程设计的方案设计和实现具有一定的指导意义。

12.1 分析阶段

12.1.1 可行性分析

可行性分析是软件系统开发的生命周期中一个极为重要的软件生命周期阶段，其阶段目标是对项目课题的全面通盘考虑，是项目分析员进一步工作的前提，是软件开发人员正确成功地开发项目的基础。此阶段主要涉及软件开发中可行性研究的意义，以及从哪些方面研究目标系统的可行性。此阶段结束后，应该形成"软件系统可行性分析报告"。

1．酒店管理系统的技术可行性分析

酒店管理系统是采用 Java 编写的，具有 Java 的"一次编写，到处运行"的优点，所以在不同的操作系统上都可以运行，具有很强的移植性、健全性和安全性。酒店管理系统应具备功能完备、易于使用、易于维护等特点，要达到这些要求，就要建立数据一致性和完整性强、数据安全性好的数据库。综上，决定采用 MyEclipse8.5 作为开发工具；数据库采用 Mysql5.7，以方便对数据库进行设计和管理。此系统在技术上是可行的。

这个系统的基本设计思想就是把整个系统按照实现模块进行分解，每个模块实现一个子功能。最终开发出的系统将具有酒店管理功能：能高效管理宾客住宿信息，统计每年、每月、每天的客房住宿情况；能对财务信息进行统计、分析；能够有效分析出酒店的收入与支出；能对工作人员进行管理；等等。

2．酒店管理系统的法律可行性分析

酒店管理系统的法律可行性分析主要是指专利权、版权问题，要求使用的所有软件都选用正版；所有技术资料都由提出方保管。

3．酒店管理系统的用户操作可行性分析

酒店管理系统操作简单，易于被用户接受，所以使用本系统的酒店人员不需经过本公司培训，管理人员也不用经过培训。在运营阶段，使用该系统的工作人员除了需要具备在Microsoft Windows 平台上使用个人电脑的知识，并不需要特别的技术能力。因此从操作方面看，此系统的开发是可行的。

12.1.2　需求分析

所谓需求分析，是指对要解决的问题进行详细的分析，弄清楚问题的要求，包括需要输入什么数据，要得到什么结果，最后应输出什么。也就是说，需求分析就是确定要计算机"做什么"，要达到什么样的效果。因此，需求分析是开发系统之前必须完成的一项重要的工作。

1．功能需求

1) 特征需求列表

酒店管理系统包括用户登录、客人管理、餐饮管理、入住管理、账单管理、退房系统、生成报表、员工管理和帮助九大功能模块，各个模块的优先级及需要实现的功能描述如表 12-1 所示。

表 12-1　系统各功能模块优先级及功能

编号	特征名称	功能需求标识	优先级	简要描述
F1	用户登录	用户登录模块	高	不同权限用户登录
F2	客人管理	客人管理模块	中	客人基本信息管理
F3	餐饮管理	餐饮管理模块	高	客人餐饮情况的管理
F4	入住管理	入住管理模块	高	客人入住开单管理
F5	账单管理	账单管理模块	中	客户离宿后结账
F6	退房系统	退房系统模块	中	使用手册、系统退出
F7	生成报表	生成报表模块	中	生成账单汇总
F8	员工管理	员工管理模块	高	员工基本信息管理
F9	帮助	帮助模块	低	为用户提供帮助

表 12-1 中的功能模块优先级定义可采用以下方法：

• 高：必须实现的功能，用户有明确的功能定义和要求。

• 中：应该实现的功能，用户的功能定义和要求可能是模糊的、不具体的或低约束的，但是这类功能的缺少会导致用户不满意，因此这类功能的具体需求应当由需求分析人员诱导用户产生并明确。

• 低：尽量实现的功能，并可根据开发进度进行取舍，但这类功能的实现将会增加用户的满意度。

2) 系统整体模块说明

按照功能的从属关系形成一个系统整体模块图，如图 12-1 所示。图中的每一个框都称为一个功能模块，包含了用户登录界面、客人管理、营业管理、账单管理、员工管理和帮助等模块。

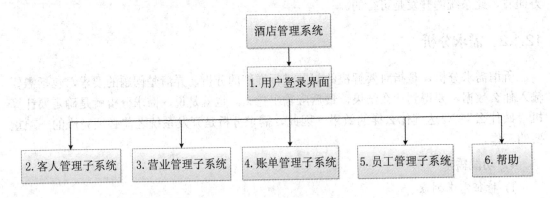

图 12-1　系统整体模块图

(1) 营业管理能够完成客人的预订、入住及退房。

(2) 客人管理能够完成登记客人信息。

(3) 退房管理可以结算消费金额。

(4) 查询操作能够完成查询房间、预订、入住、退房、账单等情况。

其中，客人信息仅对管理员公开，一般用户不可查询。一般用户仅可对客房预订情况进行查询，而不可做修改或更新，仅酒店管理员有权限对其进行更新。

3) 角色、权限需求

酒店管理系统包括了不同的角色(用户)，其中会计、收银员、服务员是权限比较低的用户，经理、主管、管理员是权限比较高的用户，不同用色的权限和各个功能之间的权限要求如表 12-2 所示。

表 12-2　系统的用色权限

用　户　类	用　户　特　征
会计、收银员、服务员	登录；负责结账、查询结账页面等
经理、主管、管理员	登录；管理职员、增加员工，拥有本系统的所有权限；生成报表等

2．非功能需求

1) 性能需求

• 本系统对安全性有一定要求，能有效控制和管理不同的用户(服务员及收银员、经理及主管)的权限。

• 本系统在内存 4 GB 以上的台式电脑或笔记本电脑上运行。

2) 安全保密需求

本软件应具有如下安全及保密功能:

- 防止非授权用户登录。
- 防止非法数据侵入。

3) 界面要求

用户界面友好,输入方式可以有两种:第一种是客户端以触摸屏幕输入为主,但同时也必须对鼠标键盘提供支持,鼠标键盘输入作为后备和辅助输入方式;第二种是管理端设备以 PC 和鼠标键盘输入为主。用户界面设计应遵循以下几点:

- 界面简洁、美观、友好,结构清晰,操作方便,易于使用。
- 界面中要使用能反映用户本身的语言,在视觉效果上便于理解和使用。
- 系统主界面包括系统功能菜单。
- 系统应该让用户觉得是由用户在做决定,可以通过提示字符和提示消息的方式使用户产生这种感觉。
- 用户所有选择都是可逆的。在用户进行不恰当的选择时有信息介入系统的提示,系统有必要的错误处理机制。
- 系统有良好的联机帮助。

4) 报表格式

将账单信息生成指定的盘符下的 Excel 文件,网格区域中显示数据内容,网格区的上面是客人账单的基本信息。

5) 硬件接口

支持一般的微机、笔记本电脑等 PC 设备。

3. 数据需求分析

1) 数据流程图(DFD)

数据流程分析主要包括对信息的流动、传递、处理、存储等的分析,数据流程分析的目的就是发现和解决数据流通中的问题。现有的数据流程分析多是通过分层的数据流程图(Data Flow Diagram, DFD)来实现的。其具体的做法是:按业务流程图理出的业务流程顺序,将相应调查过程中所掌握的数据处理过程绘制成一套完整的数据流程图。

(1) 本系统的顶层数据流程图如图 12-2 所示。

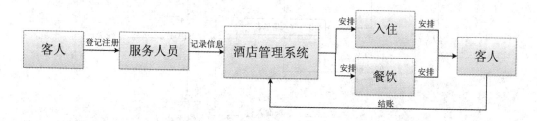

图 12-2 顶层数据流程图

(2) 一层数据流程图如图 12-3 所示。

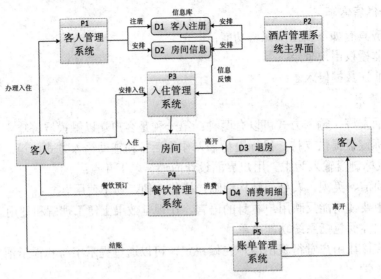

图 12-3　一层数据流程图

(3) 二层数据流程图包括了客人注册查询和更新数据流程图、客房预订和入住数据流程图、餐饮预订和消费数据流程图，如图 12-4、图 12-5、图 12-6 所示。

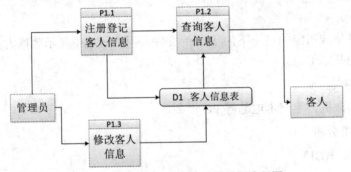

图 12-4　客人注册查询和更新数据流程图

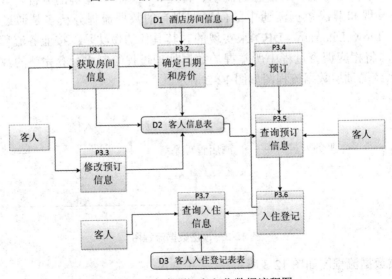

图 12-5　客房预订和入住数据流程图

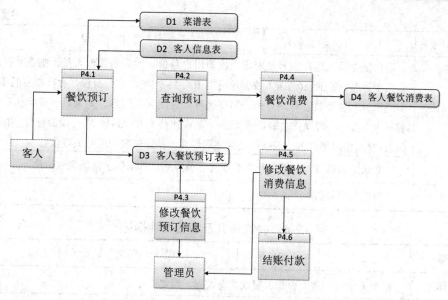

图 12-6　餐饮预订和消费数据流程图

2) 数据字典

数据字典是关于数据的信息的集合，也就是对数据流程图中包含的所有元素的定义的集合。数据流程图和数据字典共同构成系统的逻辑模型。

根据数据流程图和系统要求列出主要数据字典。

(1) 数据结构名(客户注册表、入住表、餐饮消费表、房间信息表、账单表、用户信息表)的说明及组成。

• 客户注册表记录了客户的相关信息，包括客人编号、客人姓名、身份证号、性别、年龄和电话。

• 入住表记录了入住的相关信息，包括客人编号、房间号、入住日期和应付金额。

• 餐饮消费表记录了客人消费的相关信息，包括客人编号、餐饮类型、餐饮时间和消费金额。

• 房间信息表记录了房间的相关信息，包括房间号、房间描述和房间类型。

• 账单表记录了账单相关信息，包括账单编号、客人编号、房间号、客人姓名、电话、消费类型、消费时间、消费金额和经办人。

• 用户信息表记录了员工相关信息，包括用户编号、用户姓名、用户性别、用户年龄、电话和职位。

(2) 数据字典。具体见表 12-3～表 12-8。

表 12-3　用户登录功能描述

功能编号	1	功能名称	用户登录
功能描述	用户登录模块分为两个部分：管理人员及一般操作员登录。管理人员包括经理、主管、管理员；一般操作员包括会计、收银员、服务员。系统设置了这两类人员的登录用户名密码及相关权限，若登录信息与数据库不符则提示"用户编号或密码错误"，需重新输入		
输入项	键盘输入		

功能编号	1	功能名称	用 户 登 录
处理描述			用户键盘输入用户编号及密码，检验用户身份。如果是管理人员，则在数据库中搜索系统管理员验证表(酒店系统管理员工 ID 号+密码)，检验身份，存在相应的 ID 号和密码则进入管理员管理端界面，验证失败则返回失败信息。如果是一般操作员，则在数据库中搜索一般操作员验证表(酒店一般操作员工 ID 号+密码)，检验身份，存在相应的 ID 号和密码则进入一般操作员管理端界面，验证失败则返回失败信息
输出项			若登录成功则进入一般用户界面或管理员界面，否则显示验证失败信息
界面要求			图形化用户界面

表 12-4　餐饮预订及消费功能描述

功能编号	2	功能名称	餐饮预订及消费
功能描述			根据需求进行客人设置、餐饮类型设置、消费结账
输入项			1. 客人设置：输入客人编号 2. 餐饮类型设置：输入餐饮类型 3. 订餐包间类型设置：输入包间类型 4. 消费结账：选择结账的方式、输入消费金额
处理描述			根据输入提供相关资料记录
输出项			1. 客人设置：输出客人编号、姓名、电话 2. 餐饮类型设置：输出餐饮类型 3. 消费结账：输出消费时间和消费金额
界面要求			图形界面

表 12-5　入住管理功能描述

功能编号	3	功能名称	入 住 管 理
功能描述			根据需求进行客人设置、入住房间和时间设置、入住金额支付
输入项			1. 客人设置：输入客人编号 2. 入住时间：输入入住时间 3. 入住房号：输入入住房号 4. 入住金额支付：选择付款的方式、输入消费金额
处理描述			根据输入提供相关资料记录
输出项			1. 客人设置：输出客人编号、姓名、身份证号 2. 入住时间设置：输出入住时间 3. 入住房号设置：输出入住房号 4. 入住金额支付：输出应付金额
界面要求			图形界面

表 12-6　退房系统管理功能描述

功能编号	4	功能名称	退房系统管理
功能描述	对已经入住的客人的金额进行结算，显示入住、退房时间和应付金额		
输入项	1. 客人设置：输入客人编号 2. 入住时间：输入入住时间 3. 退房时间：输入退房时间 4. 金额支付：输入消费金额		
处理描述	根据输入提供相关资料记录		
输入出	1. 客人设置：输出客人编号、姓名、身份证号 2. 退房房号设置：输出房号 3. 退房时间设置：输出退房时间 4. 金额支付：输出消费金额		
界面要求	图形界面		

表 12-7　账单管理功能描述

功能编号	5	功能名称	账 单 管 理
功能描述	对已经退房或餐饮消费的客人的金额进行结算，显示退房或餐饮时间和应付金额，显示操作人员的编号		
输入项	1. 客人设置：输入客人编号 2. 消费时间：输入入住时间 3. 消费类型：输入退房时间 4. 金额支付：输入消费金额 5. 经办人：输入经办人编号		
处理描述	根据输入提供相关资料记录		
输出项	1. 客人设置：输出客人编号、姓名、身份证号 2. 消费时间：输出消费时间 3. 消费类型：输出消费类型是退房或餐饮 4. 金额支付：输出消费金额 5. 经办人：输出经办人编号		
界面要求	图形界面		

表 12-8　帮助功能描述

功能编号	6	功能名称	帮　　助
功能描述	1. 帮助说明：运行系统需要了解的相关信息 2. 切换登录：退出本管理窗口，重新回到登录窗口 3. 版权信息：查看本系统版权		
输入项	点击"帮助说明"和"切换登录"		
处理描述	根据点击的选项进入不同窗口		
输出项	还原系统最初界面或回到登录窗口		
界面要求	图形界面		

12.2 设计阶段

12.2.1 概要设计

一般来说可以将设计阶段划分为概要设计和详细设计两个阶段。概要设计可以结合项目管理、作业配分、开发团队的能力以及质量要求等因素来决定是否作为单独的阶段进行管理。概要设计主要用来指导本系统的详细设计工作，为详细设计提供统一的参照标准，其中包括系统的内外部接口、系统架构、编程模型以及其他各种主要问题的解决方案。

1．任务概述

酒店管理系统是实现客人入住预订、退房、餐饮预订、餐饮消费、付款、查看消费信息、生成账单，管理员实现客人信息维护、房间信息维护、管理账单的应用程序系统。

2．总体结构和模块外部设计

酒店管理系统的总体结构图如图 12-7 所示。

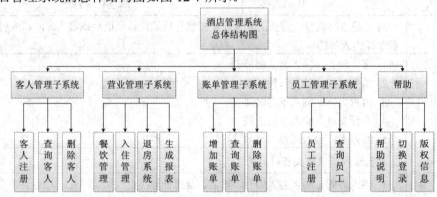

图 12-7　系统总体结构图

3．接口设计

(1) 硬件接口：在输入方面，对于键盘、鼠标的输入都可应用标准输入对输入进行处理。输出也可以运用标准输出对输出进行处理。

(2) 内部接口：各模块之间采用参数传递、返回值的方式进行信息传递。接口传递的信息是将数据结构封装了的数据，以参数传递或返回值的方式在各模块间传输。

4．数据结构设计

(1) 用户信息表 userInfo 如图 12-8 所示。

Column Name	Datatype	PK	NN	UQ	B	UN	ZF	AI	G	Default/Expression
userId	VARCHAR(30)	☑	☑	☐	☐	☐	☐	☐	☐	
userName	VARCHAR(50)	☐	☑	☐	☐	☐	☐	☐	☐	
userSex	VARCHAR(2)	☐	☐	☐	☐	☐	☐	☐	☐	NULL
userAge	INT(11)	☐	☐	☐	☐	☐	☐	☐	☐	NULL
userPhone	VARCHAR(30)	☐	☑	☐	☐	☐	☐	☐	☐	
userPosition	VARCHAR(30)	☐	☑	☐	☐	☐	☐	☐	☐	

图 12-8　MySQL 中的用户信息表结构

(2) 房间信息表 hotel_room_info 如图 12-9 所示。

Column Name	Datatype	PK	NN	UQ	B	UN	ZF	AI	G	Default/Expression
roomNumber	VARCHAR(50)	☑	☑	☐	☐	☐	☐	☐	☐	
roomDescription	VARCHAR(150)	☐	☐	☐	☐	☐	☐	☐	☐	NULL
roomType	VARCHAR(50)	☐	☐	☐	☐	☐	☐	☐	☐	NULL
		☐	☐	☐	☐	☐	☐	☐	☐	

图 12-9　MySQL 中的房间信息表结构

(3) 入住预订表 check_in_reserve_registration_table 如图 12-10 所示。

Column Name	Datatype	PK	NN	UQ	B	UN	ZF	AI	G	Default/Expression
guestId	VARCHAR(30)	☑	☑	☐	☐	☐	☐	☐	☐	
roomNumber	VARCHAR(50)	☐	☑	☐	☐	☐	☐	☐	☐	
checkInreserveDate	DATE	☑	☑	☐	☐	☐	☐	☐	☐	
checkOutreserveDate	DATE	☐	☐	☐	☐	☐	☐	☐	☐	NULL
		☐	☐	☐	☐	☐	☐	☐	☐	

图 12-10　MySQL 中的入住预订表结构

(4) 入住登记表 check_in_registration_table 如图 12-11 所示。

Column Name	Datatype	PK	NN	UQ	B	UN	ZF	AI	G	Default/Expression
guestId	VARCHAR(30)	☑	☑	☐	☐	☐	☐	☐	☐	
roomNumber	VARCHAR(50)	☐	☑	☐	☐	☐	☐	☐	☐	
checkInDate	DATE	☑	☑	☐	☐	☐	☐	☐	☐	
purchaseAmount	INT(11)	☐	☐	☐	☐	☐	☐	☐	☐	NULL
		☐	☐	☐	☐	☐	☐	☐	☐	

图 12-11　MySQL 中的入住登记表结构

(5) 客人退房表 check_out_registration 如图 12-12 所示。

Column Name	Datatype	PK	NN	UQ	B	UN	ZF	AI	G	Default/Expression
guestId	VARCHAR(30)	☑	☑	☐	☐	☐	☐	☐	☐	
roomNumber	VARCHAR(50)	☐	☑	☐	☐	☐	☐	☐	☐	
checkInDate	DATE	☐	☐	☐	☐	☐	☐	☐	☐	NULL
checkOutDate	DATE	☑	☑	☐	☐	☐	☐	☐	☐	
purchaseAmount	INT(11)	☐	☐	☐	☐	☐	☐	☐	☐	NULL
		☐	☐	☐	☐	☐	☐	☐	☐	

图 12-12　MySQL 中的客人退房表结构

(6) 客人餐饮预订表 catering_reserve_registration_table 如图 12-13 所示。

Column Name	Datatype	PK	NN	UQ	B	UN	ZF	AI	G	Default/Expression
guestId	VARCHAR(30)	☑	☑	☐	☐	☐	☐	☐	☐	
guestRoom	VARCHAR(50)	☐	☐	☐	☐	☐	☐	☐	☐	NULL
foodType	VARCHAR(50)	☐	☐	☐	☐	☐	☐	☐	☐	NULL
cateringReserveDate	DATE	☑	☑	☐	☐	☐	☐	☐	☐	
		☐	☐	☐	☐	☐	☐	☐	☐	

图 12-13　MySQL 中的客人餐饮预订表结构

(7) 客人账单表 GuestOrders 如图 12-14 所示。

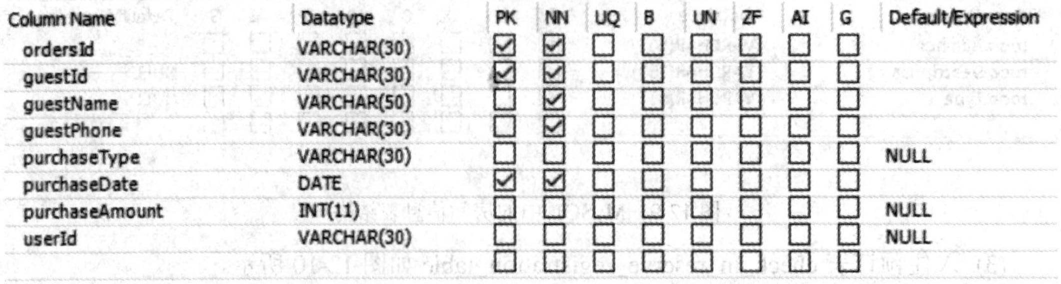

Column Name	Datatype	PK	NN	UQ	B	UN	ZF	AI	G	Default/Expression
ordersId	VARCHAR(30)	☑	☑	☐	☐	☐	☐	☐	☐	
guestId	VARCHAR(30)	☑	☑	☐	☐	☐	☐	☐	☐	
guestName	VARCHAR(50)	☐	☑	☐	☐	☐	☐	☐	☐	
guestPhone	VARCHAR(30)	☐	☑	☐	☐	☐	☐	☐	☐	
purchaseType	VARCHAR(30)	☐	☐	☐	☐	☐	☐	☐	☐	NULL
purchaseDate	DATE	☑	☑	☐	☐	☐	☐	☐	☐	
purchaseAmount	INT(11)	☐	☐	☐	☐	☐	☐	☐	☐	NULL
userId	VARCHAR(30)	☐	☐	☐	☐	☐	☐	☐	☐	NULL

图 12-14　MySQL 中的客人账单表结构

5．运行设计

用户进行程序输入时，系统通过各模块的调用，读入并对输出进行格式化，服务器得到数据后返回信息，对信息进行处理后，产生相应的输出。

6．维护设计

维护方面主要是对数据库进行维护。使用 MySQL 的数据库维护功能机制，定期为数据库进行备份，维护管理工作数据库死锁问题和维护数据库内数据的一致性。

12.2.2　详细设计

详细设计部分包含了程序系统的基本处理流程、程序系统的组织结构、功能分配、模块划分、接口设计、运行设计、数据结构设计和出错设计等，比概要设计更为详细。详细设计为编码的实现打下基础。

1．背景说明

- 待开发的软件系统的名称：酒店管理系统。
- 本项目的任务提出者：酒店管理人员。
- 本项目的任务开发者：重庆人文科技学院计算机学院项目组。
- 用户及实现该软件的硬件：酒店计算机。

2．术语定义

- 客人管理：存放客人的姓名、身份证号、性别、年龄、电话等各项基本信息。
- 入住管理：对入住客人进行管理，并存储顾客住宿记录。
- 房间管理：房间编号、房间价格、房间类型等信息。
- 餐饮管理：对就餐的客人进行管理，并存储顾客消费记录。
- 账单管理：对生成的消费记录进行管理。

3．程序系统的结构

用一系列图表列出本程序系统内的每个程序 (包括每个模块和子程序) 的名称、标识符和它们之间的层次结构关系，如表 12-9 所示。

表 12-9 程序系统的结构

层数及编号	模块名称	子程序	实现功能
第一层	主模块		实现整个系统结构
第二层	用户输入模块		输入用户名及口令
第三层	客人管理模块		客人注册、查询、删除信息
第三层	入住管理模块		入住预订、入住登记
第三层	房间管理模块		输入、查询、删除房间信息
第三层	餐饮管理模块		餐饮预订、餐饮消费
第三层	账单管理模块		输入、查询账单信息
第三层	生成报表模块		生成报表
第四层	入住预订模块		输入、查询、删除入住预订信息
第四层	入住登记模块		输入、查询、删除入住登记信息
第四层	餐饮预订模块		输入、查询、删除餐饮预订信息
第四层	餐饮消费模块		输入、查询、删除餐饮信息
第四层	客人注册模块		客人注册
第四层	查询客人模块		查询客人信息

4．用户输入模块设计说明

1) 模块描述

该模块是用户登录时所必须要用到的，登录之前需要验证用户身份的合法性，故需要用户输入程序，输入用户名及密码来进行身份验证。本程序为非常驻内存，是子程序、可重用、顺序处理，在输入之后方能进行验证。

2) 功能

用户输入模块的功能如图 12-15 所示。

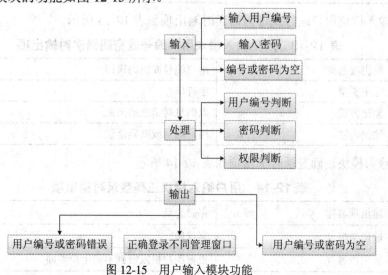

图 12-15 用户输入模块功能

3) 性能

精度要求精确到整型的个位、字符型完全正确，不支持部分匹配。

4) 输入项

用户输入模块用户编号输入项如表 12-10 所示。

表 12-10　用户输入模块用户编号输入项

输入项名称	用户编号
输入类型	字符串
输入方式	键盘输入
输入数据来源	本系统数据库中的数据

用户输入模块密码输入项如表 12-11 所示。

表 12-11　用户输入模块密码输入项

输入项名称	密码
输入类型	字符串
输入方式	键盘输入
输入数据来源	本系统数据库中的数据
安全保密条件	在输入密码时输入框显示为···号

5) 输出项

用户输入模块用户编号或密码为空时输出项如表 12-12 所示。

表 12-12　用户输入模块用户编号或密码为空时输出项

输出项名称	用户编号或密码为空
输出类型	字符串
输出方式	以信息对话框的形式
输出内容	用户号或密码不能为空

用户输入模块用户编号或密码错误时输出项如表 12-13 所示。

表 12-13　用户输入模块用户编号或密码错误时输出项

输出项名称	用户编号或密码错误
输出类型	字符串
输出方式	以信息对话框的形式
输出内容	用户编号或密码错误

用户输入模块正确登录时输出项如表 12-14 所示。

表 12-14　用户输入模块正确登录时输出项

输出项名称	正确登录
输出类型	字符串
输出内容	根据用户权限得到不同用户界面

6) 模块流程图

用户输入模块流程如图 12-16 所示。

图 12-16　用户输入模块流程图

7) 接口

本模块隶属于主程序模块，它连接系统入口和子功能模块，如图 12-17 所示。

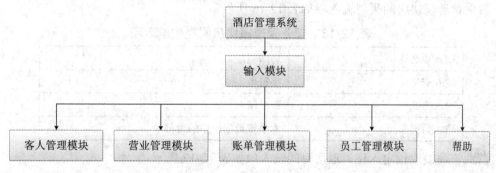

图 12-17　用户输入模块接口

8) 限制条件

本程序中输入的用户编号和密码只支持英文字符串型或数字，不支持汉字与汉语符号。

5. 营业管理模块设计说明

1) 模块描述

该模块是具有此权限的用户登录后可以使用的一个子功能，它负责对用户入住以及餐饮进行管理，包括入住预订、入住登记、餐饮预订、餐饮消费等。

2) 功能

营业管理模块的功能如图 12-18 所示。

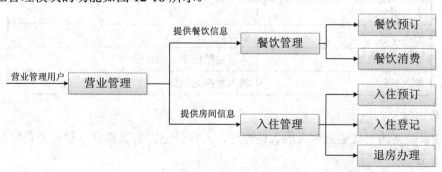

图 12-18　营业管理模块功能

3) 性能

时间特性要求：要求等待时间少于 1 s。

4) 输入项

营业管理模块用户编号输入项如表 12-15 所示。

表 12-15　营业管理模块用户编号输入项

输入项名称	客人编号
输入类型	字符串
输入方式	键盘输入
输入数据来源	本系统数据库中的数据

营业管理模块房间类型输入项如表 12-16 所示。

表 12-16　营业管理模块房间类型输入项

输入项名称	房间类型
输入类型	字符串
输入方式	键盘输入
输入数据来源	本系统数据库中的数据

营业管理模块预定入住、退房时间输入项如表 12-17 所示。

表 12-17　营业管理模块预定入住、退房时间输入项

输入项名称	预定入住时间、预定退房时间
输入类型	字符串
输入方式	键盘输入
输入数据来源	本系统数据库中的数据
输入条件	格式为 "XXXX-XX-XX"

营业管理模块应付金额输入项如表 12-18 所示。

表 12-18　营业管理模块应付金额输入项

输入项名称	应付金额
输入类型	字符串
输入方式	键盘输入
输入数据来源	本系统数据库中的数据
输入条件	输入数据是整数

5) 输出项

分别以表格的形式输出客人的入住预订、入住登记、餐饮预订、餐饮消费情况。

6) 接口

本模块隶属于子功能模块。

6．其他子模块

其他子模块可以参见营业管理模块，这里不再一一陈述。

12.3 实 现 阶 段

12.3.1 编码

编码是详细设计后的一个步骤，也是系统实现的一个重要步骤。在本系统中，使用 Java 作为编码的语言，程序的编译和运行工具是 MyEclipse，采用 MySQL 数据库。

本系统的源文件都是后缀名为.java 的文件，它们分别放在 db、entity、model、utils 和 view 这 5 个包下面。根据 MVC 的思想进行分类，形成了现在的系统目录结构。下面以 UserLogin.java(判断登录的文件)、QueryAllGuestOrders.java(查看所有客人信息的文件) 以及 DbDemo.java(数据库访问的文件)为例，说明本系统的实际 Java 代码应用。

【例 12-1】 Java 应用开发与实践\Java 源码\第 12 章\HotelSystem\src\com\hotelmanage \view\UserLogin.java。

```java
package com.hotelmanage.view;

import javax.imageio.*;
import javax.swing.*;
import com.hotelmanage.db.DbDemo;
import com.hotelmanage.entity.LoginUserCheck;
import java.awt.*;
import java.awt.event.*;
import java.io.*;

/**
 * UserLogin 类
 * 用户登录时使用的窗口，判断是否合法用户，登录不同窗口
 */
pulic class UserLogin extends JFrame implements ActionListener {
    Font font;                              //声明字体
    JLabeljLableId, jjLablePswd;            //声明用户编号标签和密码标签
    JTextFieldjTextFieldId;                 //声明用户编号文本输入框
    JPasswordFieldjPasswordFieldPswd;       //声明密码输入密码框
    JButtonjButtonLogin, jButtonCancel;     //声明登录和取消按钮
    JPaneljPanelImage;                      //声明 JPanel 对象用于放置背景图片

    public UserLogin() {
```

```java
font = new Font("宋体", Font.PLAIN, 25);          //设置字体为 宋体，普通样式，字号 25
jLableId = new JLabel("用户编号：");               //创建用户编号标签对象
jLableId.setFont(font);                          //用户编号标签使用设置好的字体
jLableId.setBounds(60, 170, 150, 40);            //设置用户编号标签的位置和长宽

jjLablePswd = new JLabel("密      码：");          //创建密码标签对象
jjLablePswd.setFont(font);                        //密码使用设置好的字体
jjLablePswd.setBounds(60, 230, 150, 40);          //设置密码标签的位置和长宽

jTextFieldId = new JTextField();                  //创建用户编号文本输入框
jTextFieldId.setFont(font);
jTextFieldId.setFocusable(true);
jTextFieldId.setBounds(180, 170, 250, 40);
// 设置输入文本框的边界下凹
jTextFieldId.setBorder(BorderFactory.createLoweredBevelBorder());

jPasswordFieldPswd = new JPasswordField();        //创建密码输入框
jPasswordFieldPswd.setFont(font);
jPasswordFieldPswd.setBounds(180, 230, 250, 40);
jPasswordFieldPswd.setFocusable(true);
// 设置密码输入框的边界下凹
jPasswordFieldPswd.setBorder(BorderFactory.createLoweredBevelBorder());

jButtonLogin = new JButton("登      录");          //创建登录按钮
jButtonLogin.setFont(font);
jButtonLogin.setBounds(125, 300, 140, 40);
jButtonLogin.addActionListener(this);             //注册监听
jButtonLogin.setForeground(Color.RED);            //设置按钮前景色为红色

jButtonCancel = new JButton("取      消");         //创建取消按钮
jButtonCancel.setFont(font);
jButtonCancel.setBounds(315, 300, 140, 40);
jButtonCancel.addActionListener(this);            //注册监听
jButtonCancel.setForeground(Color.RED);           //设置按钮前景色为红色

jPanelImage = new ImagePanel();                   //创建 JPanel 对象(多态)

this.add(jLableId);                               //添加组件 jLableId
this.add(jTextFieldId);
```

```java
        this.add(jjLablePswd);
        this.add(jPasswordFieldPswd);
        this.add(jButtonLogin);
        this.add(jButtonCancel);
        this.add(jPanelImage);                       //添加组件 jPanelImage

        this.setUndecorated(true);                   //不显示窗口的上下边框

        this.setSize(555, 400);                      //设置窗口长宽
        int width = Toolkit.getDefaultToolkit().getScreenSize().width;
        int height = Toolkit.getDefaultToolkit().getScreenSize().height;
        this.setLocation(width / 2 - 200, height / 2 - 100); //设置窗口居中
        this.setVisible(true);                       //设置窗口可见
    }


    // actionPerformed()方法是响应用户登录的请求
    public void actionPerformed(ActionEvent arg0) {

        // 判断是否点击确定按钮
        if (arg0.getSource() == jButtonLogin) {
            if (jTextFieldId.getText().equals(""))    //判断用户号或密码是否为空
                    || new String(jPasswordFieldPswd.getPassword()).equals("")) {
            JOptionPane.showMessageDialog(null, "用户号或密码不能为空!! ","警告",
                    JOptionPane.WARNING_MESSAGE);
            } else {                                  //用户号或密码都不为空
                //获取用户号及密码
                String userId = jTextFieldId.getText().trim();
                String password = new String(jPasswordFieldPswd.getPassword());
                //封装登录用户信息
                LoginUserCheckloginUser = new LoginUserCheck();
                loginUser.setUserId(userId);
                loginUser.setUserPassword(password);
                //如果是经理、主管、管理员
                if (new DbDemo().qureyMainPositionLoginUser(loginUser) > 0) {
                    new ManagerWindows();   //切换到主管理窗口 ManagerWindows
                    this.dispose();                 //关闭当前登录界面
                } else {
                    //如果是合法的用户并且是会计、收银员、服务员
                    if ((new DbDemo().qureyLoginUser(loginUser)) > 0
```

```
                        && (new DbDemo().qureyLoginUserPosition(loginUser))) {
                    new GeneralOperatorWindows();    //切换到一般操作窗口
                    this.dispose();                  //关闭当前登录界面
                } else {         //如果不是合法的用户，弹出警告提示框
                JOptionPane.showMessageDialog(null, "用户编号或密码错误！！ ",
                    "警告", JOptionPane.WARNING_MESSAGE);

                }
            }
        }
    }


        //判断是否点击取消按钮
        if (arg0.getSource() == jButtonCancel) {
            int n = JOptionPane.showConfirmDialog(null, "退出登录？", "选择一个选项",
            JOptionPane.YES_NO_OPTION);

            if (n == 0) {
                this.dispose();      //点击取消按钮，关闭登录界面
                System.exit(0);     //退出系统
            }
        }
    }
}


/**
 * ImagePanel 类
 * 用于放置背景图片
 */
class ImagePanel extends JPanel {
    Image icon;                //声明图片类对象 icon

    public ImagePanel() {
        try {
            //读取系统目录 image 下的图片 userLogin.gif
            //读取时需要异常控制
            icon = ImageIO.read(new File("image/userLogin.gif"));
        } catch (IOException e) {
            e.printStackTrace();

        }
    }
```

```
    public void paintComponent(Graphics g) {
        g.drawImage(icon, 0, 0, 555, 200, this);     //在 ImagePanel 对象中放置读取的图片
    }
}
```

运行结果如图 12-19 所示。

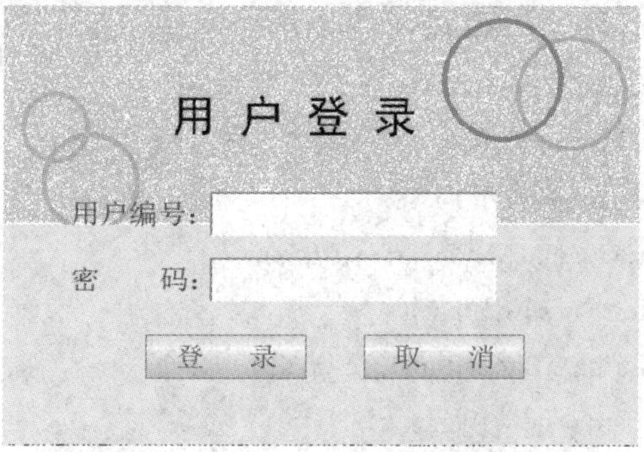

图 12-19　运行登录窗口的界面

【例 12-2】　　Java 应用开发与实践\Java 源码\第 12 章\HotelSystem\src\com\hotelmanage\model\QueryAllGuestBills.java。

```java
package com.hotelmanage.model;

import java.awt.*;
import java.awt.event.*;
import java.sql.ResultSet;
import java.sql.SQLException;
import javax.swing.*;
import javax.swing.border.Border;
import javax.swing.table.*;
import javax.swing.text.*;
import com.hotelmanage.db.DbDemo;
import com.hotelmanage.entity.GuestInfo;
import com.hotelmanage.entity.UserInfo;

//查询所有订单信息
public class QueryAllGuestBills extends JFrame implements ActionListener{
    Font font;
    int width, height;
    JLabel jLabel;
    JButton jButtonClose;
    JPanel jPanelNorth,jPanelSouth;
```

```
public QueryAllGuestBills() {
        font = new Font("宋体", Font.PLAIN, 20);
        width = Toolkit.getDefaultToolkit().getScreenSize().width;        //屏幕宽度
        height = Toolkit.getDefaultToolkit().getScreenSize().height;        //屏幕高度

        jLabel = new JLabel("查询所有账单信息");
        jLabel.setFont(font);
        jButtonClose=new JButton("关闭查询窗口");
        jButtonClose.setFont(font);
        jButtonClose.addActionListener(this);
        jPanelNorth = new JPanel();
        jPanelNorth.setBackground(Color.YELLOW);
        jPanelSouth = new JPanel();
        jPanelSouth.setBackground(Color.GREEN);
        jPanelNorth.add(jLabel);
        jPanelSouth.add(jButtonClose);

        this.add(jPanelNorth,BorderLayout.NORTH);
        this.add(jPanelSouth,BorderLayout.SOUTH);
        this.setTitle("查询所有账单信息 ");
        this.setSize(1500, 500);
        this.setLocation(width / 2 - 700, height / 2 - 200);
        this.setVisible(true);

}

public void query() {
    ResultSet result = new DbDemo().qureyAllBills();
    int rownumber;
    try {
        result.last();    //将光标移动到此 ResultSet 对象的最后一行
        rownumber = result.getRow();            //获取当前行编号。第一行为 1 号，
                                                //第二行为 2 号，以此类推
        result.beforeFirst();    //将光标移动到此 ResultSet
        //对象的开头，正好位于第一行之前。如果结果集中不包含任何行，则此方法无效
        String[] columnName = { "账单编号", "客人编号", "客人姓名", "客人电话", "消费类型",
                        "消费时间", "消费金额", "经办人" };
        Object[][] data = new Object[rownumber][8];
```

```
        int row = 0;
        while (result.next()) {
            data[row][0] = result.getString(1);
            data[row][1] = result.getString(2);
            data[row][2] = result.getString(3);
            data[row][3] = result.getString(4);
            data[row][4] = result.getString(5);
            data[row][5] = result.getString(6);
            data[row][6] = result.getInt(7);
            data[row][7] = result.getString(8);
            row++;
        }
        final JTable table = new JTable(data, columnName);
        table.setFont(font);
        table.setRowHeight(30);
        DefaultTableCellRenderertcr = new DefaultTableCellRenderer();
        tcr.setHorizontalAlignment(SwingConstants.CENTER);    //设置 table 内容居中
        table.setDefaultRenderer(Object.class, tcr);
        //设置此表窗口的首选大小
        table.setPreferredScrollableViewportSize(new Dimension(1500, 500));
        JScrollPanescrollPane = new JScrollPane(table);

        table.setEnabled(false);        //禁止响应用户输入
        table.setAutoCreateColumnsFromModel(true);    //JTable 应该自动创建列

        this.add(scrollPane);
        this.pack();

        table.print();                //允许快速简单地向应用程序添加打印支持

    } catch (Exception es) {
        es.printStackTrace();
    } finally {
        try {
            if ( result != null) {
                result.close();
            }
            new DbDemo().close();
        } catch (SQLException e) {
```

```
                    e.printStackTrace();
                }
            }
        }

        public void actionPerformed(ActionEvent e) {
            // TODO Auto-generated method stub
            if(e.getSource().equals(jButtonClose)){
                this.dispose();
            }
        }
    }
```

运行结果如图 12-20 所示。

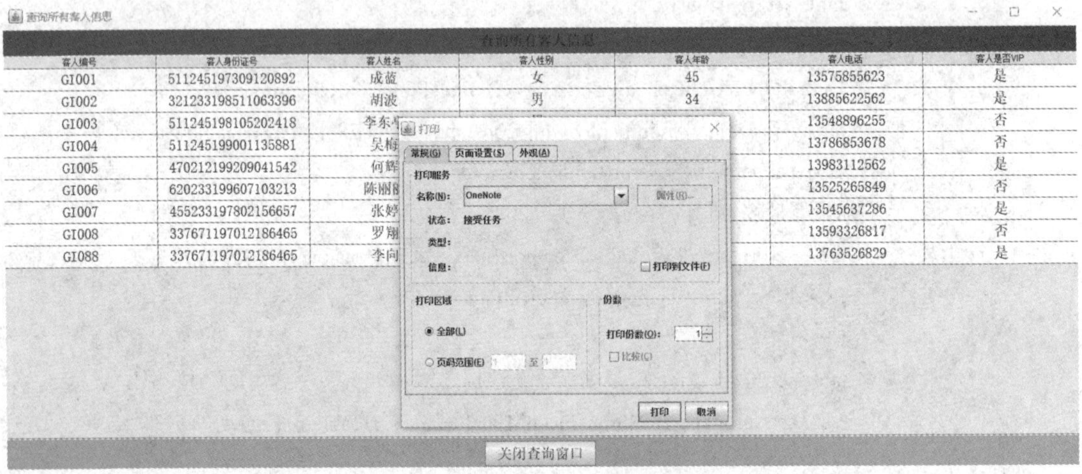

图 12-20　订单信息界面

【例 12-3】　Java 应用开发与实践\Java 源码\第 12 章\HotelSystem\src\com\hotelmanage\db\DbDemo.java。

```
package com.hotelmanage.db;

import java.sql.*;

import com.hotelmanage.entity.CateringConsumeEntity;
import com.hotelmanage.entity.CateringReserveEntity;
import com.hotelmanage.entity.CheckIn;
import com.hotelmanage.entity.CheckInReserveEntity;
import com.hotelmanage.entity.CheckOut;
import com.hotelmanage.entity.GuestInfo;
import com.hotelmanage.entity.GuestBillsEntity;
```

```java
import com.hotelmanage.entity.LoginUserCheck;
import com.hotelmanage.entity.UserInfo;
import com.hotelmanage.model.CateringReserve;

public class DbDemo {
    String URL = "jdbc:mysql://localhost:3306/hotelManageSystemDB";
    String name = "root";
    String passwd = "1234";
    Connection connection = null;
    PreparedStatement statement = null;
    ResultSet result = null;

    //加载驱动，使用 mysql 的用户名和密码建立连接 connection
    public void connect() {
        try {
            Class.forName("com.mysql.jdbc.Driver");
            connection = DriverManager.getConnection(URL, name, passwd);

        } catch (ClassNotFoundException e) {
            e.printStackTrace();
        } catch (SQLException e) {
            e.printStackTrace();
        }
    }

    //查询是否是合法的用户，如果是合法的用户就返回 1，否则返回 0
    public int qureyLoginUser(LoginUserCheckloginUser) {
        connect();
        String sql = "select count(*) from userLogin where userId='"
                + loginUser.getUserId() + "' and userPasswd='"
                + loginUser.getUserPassword() + "'";
        int i = 0;
        try {
            statement = connection.prepareStatement(sql);
            result = statement.executeQuery();
            if (result.next()) {
                i = result.getInt(1);
            }
        } catch (Exception e) {
            e.printStackTrace();
```

```
        } finally {
            try {
                if (result != null) {
                    result.close();
                }
                close();
            } catch (SQLException e) {
                e.printStackTrace();
            }
        }
    }
    return i;
}

/**
 * @function 查询登录用户是否是经理、主管、管理员
 * @param loginUser 登录用户
 * @return int 类型，是经理、主管、管理员则返回 1，否则返回 0
 */
public int qureyMainPositionLoginUser(LoginUserCheckloginUser) {
    connect();
    String sql = "select count(*) from userLoginMainPosition where userId='"
                + loginUser.getUserId()
                + "' and userPasswd='"
                + loginUser.getUserPassword() + "'";
    int i = 0;
    try {
        statement = connection.prepareStatement(sql);
        result = statement.executeQuery();
        if (result.next()) {
            i = result.getInt(1);
        }
    } catch (Exception e) {
        e.printStackTrace();
    } finally {
        try {
            if (result != null) {
                result.close();
            }
            close();
        } catch (SQLException e) {
```

```
                    e.printStackTrace();
                }
        }
        return i;
}


//查询登录用户职位是否是会计、收银员、服务员，如果是就返回 true，否则返回 false
public booleanqureyLoginUserPosition(LoginUserCheckloginUser) {
        connect();
        String sql = "select userPosition from userInfo where userId='"
                        + loginUser.getUserId() + "'";
        booleanisMainUser = false;
        String position = "";
        try {
                statement = connection.prepareStatement(sql);
                result = statement.executeQuery();
                if (result.next()) {
                        position = result.getString(1);
                }
                if (position.equals("会计") || position.equals("收银员")
                                || position.equals("服务员")) {
                        isMainUser = true;
                }


        } catch (Exception e) {
                e.printStackTrace();
        } finally {
                try {
                        if (result != null) {
                                result.close();
                        }
                        close();
                } catch (SQLException e) {
                        e.printStackTrace();
                }
        }
        return isMainUser;
}

//增加员工信息
```

```java
public int insertUser(UserInfo user) {
        int count = 0;
        String sql = "insert into userInfo values(?,?,?,?,?,?)";
        connect();
        try {
                statement = connection.prepareStatement(sql);
                statement.setString(1, user.getUserId());
                statement.setString(2, user.getUserName());
                statement.setString(3, user.getUserSex());
                statement.setInt(4, user.getUserAge());
                statement.setString(5, user.getUserPhone());
                statement.setString(6, user.getUserPosition());
                count = statement.executeUpdate();
                close();
        } catch (Exception e) {
                e.printStackTrace();
        }
        return count;
}

//根据员工姓名删除员工信息
public int deleteUser(String name) {
        int count = 0;
        String sql = "delete from userinfo where userName='" + name + "'";
        connect();
        try {
                statement = connection.prepareStatement(sql);
                count = statement.executeUpdate();
                close();
        } catch (Exception e) {
                e.printStackTrace();
        }
        return count;
}

//查询所有员工信息
public ResultSetqureyAllUser() {

        String sql = "select * from userInfo";
        connect();
```

```
        try {
                statement = connection.prepareStatement(sql);
                result = statement.executeQuery();
        } catch (Exception e) {
                e.printStackTrace();
        }
        return result;

}

//根据员工姓名查询员工信息
public UserInfoqureyUser(String name) {
        String sql = "select * from userInfo where userName='" + name + "'";
        connect();
        UserInfo user = new UserInfo();
        try {
                // result =
                // statement.executeQuery("select count(*) from userinfo where uname=
                //         '"+name+"' and upass='"+pswd+"'");
                statement = connection.prepareStatement(sql);
                result = statement.executeQuery();
                if (result.next()) {
                        user.setUserId(result.getString(1));
                        user.setUserName(result.getString(2));
                        user.setUserSex(result.getString(3));
                        user.setUserAge(result.getInt(4));
                        user.setUserPhone(result.getString(5));
                        user.setUserPosition(result.getString(6));
                }
                // result =
                // statement.executeQuery("select count(*) from stu where sname=
                //         'zs' and sage='20'");

        } catch (Exception e) {
                e.printStackTrace();
        } finally {
                try {
                        if (result != null) {
                                result.close();
                        }
                        close();
```

```
                } catch (SQLException e) {
                        e.printStackTrace();
                }
        }
        return user;
}


//增加客人信息，即客人注册
public int insertGuest(GuestInfo guest) {
        int count = 0;
        String sql = "insert into guestInfo values(?,?,?,?,?,?,?)";
        connect();
        try {
                statement = connection.prepareStatement(sql);
                statement.setString(1, guest.getGuestId());
                statement.setString(2, guest.getGuestIdentityCardId());
                statement.setString(3, guest.getGuestName());
                statement.setString(4, guest.getGuestSex());
                statement.setInt(5, guest.getGuestAge());
                statement.setString(6, guest.getGuestPhone());
                statement.setString(7, guest.getGuestVIP());
                count = statement.executeUpdate();
                close();
        } catch (Exception e) {
                e.printStackTrace();
        }
        return count;
}


//删除指定姓名的客人信息
public int deleteGuest(String name) {
        int count = 0;
        String sql = "delete from guestInfo where guestName='" + name + "'";
        connect();
        try {
                statement = connection.prepareStatement(sql);
                count = statement.executeUpdate();
                close();
        } catch (Exception e) {
                e.printStackTrace();
```

```
            }
        return count;
    }


//查询是否有某个客人注册了
public int qureyRegistrationGuest(String id) {
        connect();
        String sql = "select count(*) from guestInfo where guestId='" + id + "'";
        int i = 0;
        try {
                statement = connection.prepareStatement(sql);
                result = statement.executeQuery();
                if (result.next()) {
                        i = result.getInt(1);
                }
        } catch (Exception e) {
                e.printStackTrace();
        } finally {
                try {
                        if (result != null) {
                                result.close();
                        }
                        close();
                } catch (SQLException e) {
                        e.printStackTrace();
                }
        }
        return i;
}

//查询所有客人信息
public ResultSetqureyAllGuest() {

        String sql = "select * from guestInfo";
        connect();
        try {
                statement = connection.prepareStatement(sql);
                result = statement.executeQuery();
        } catch (Exception e) {
                e.printStackTrace();
```

```
        } finally {

        }
        return result;
    }


//根据客人姓名查询客人信息
public GuestInfoqureyGuest(String name) {

        String sql = "select * from guestInfo where guestName='" + name + "'";
        connect();
        GuestInfo guest = new GuestInfo();
        try {
            // result =
            // statement.executeQuery ("select count(*) from userinfo where uname=
                                    '"+name+"' and upass='"+pswd+"'");
            statement = connection.prepareStatement(sql);
            result = statement.executeQuery();
            if (result.next()) {
                guest.setGuestId(result.getString(1));
                guest.setGuestIdentityCardId((result.getString(2)));
                guest.setGuestName(result.getString(3));
                guest.setGuestSex(result.getString(4));
                guest.setGuestAge(result.getInt(5));
                guest.setGuestPhone(result.getString(6));
                guest.setGuestVIP(result.getString(7));
            }
        } catch (Exception e) {
            e.printStackTrace();
        } finally {
            try {
                if (result != null) {
                    result.close();
                }
                close();
            } catch (SQLException e) {
                e.printStackTrace();
            }
        }
        return guest;
```

```java
}

//查看所有账单
public ResultSetqureyAllBills() {

        String sql = "select * from GuestBills";
        connect();
        try {
                statement = connection.prepareStatement(sql);
                result = statement.executeQuery();
        } catch (Exception e) {
                e.printStackTrace();
        } finally {

        }
        return result;
}

//根据姓名查看客人账单
public GuestBillsEntityqureyBill(String name) {

        String sql = "select * from GuestBills where guestName='" + name + "'";
        connect();
        GuestBillsEntityguestBill = new GuestBillsEntity();
        try {
                statement = connection.prepareStatement(sql);
                result = statement.executeQuery();
                if (result.next()) {
                        guestBill.setBillsId(result.getString(1));
                        guestBill.setGuestId(result.getString(2));
                        guestBill.setGuestName((result.getString(3)));
                        guestBill.setGuestPhone(result.getString(4));
                        guestBill.setPurchaseType(result.getString(5));
                        guestBill.setPurchaseDate(result.getString(6));
                        guestBill.setPurchaseAmount(result.getInt(7));
                        guestBill.setUserId(result.getString(8));
                }
        } catch (Exception e) {
                e.printStackTrace();
        } finally {
```

```
                    try {
                            if (result != null) {
                                    result.close();
                            }
                            close();
                    } catch (SQLException e) {
                            e.printStackTrace();
                    }
            }
            return guestBill;
    }


// 增加账单
public int insertBill(GuestBillsEntityGuestBills) {
        int count = 0;
        String sql = "insert into GuestBills values(?,?,?,?,?,?,?,?)";
        connect();
        try {
                statement = connection.prepareStatement(sql);
                statement.setString(1, GuestBills.getBillsId());
                statement.setString(2, GuestBills.getGuestId());
                statement.setString(3, GuestBills.getGuestName());
                statement.setString(5, GuestBills.getPurchaseType());
                statement.setString(4, GuestBills.getGuestPhone());
                statement.setString(6, GuestBills.getPurchaseDate());
                statement.setInt(7, GuestBills.getPurchaseAmount());
                statement.setString(8, GuestBills.getUserId());
                count = statement.executeUpdate();
                close();
        } catch (Exception e) {
                e.printStackTrace();
        }
        return count;
}


//删除账单
public int deleteBill(String name) {
        int count = 0;
        String sql = "delete from GuestBills where guestName='" + name + "'";
        connect();
```

```
        try {
                statement = connection.prepareStatement(sql);
                count = statement.executeUpdate();
                close();
        } catch (Exception e) {
                e.printStackTrace();
        }
        return count;
}


//增加餐饮消费信息
public int insertCateringConsume(CateringConsumeEntitycateringConsume) {
        int count = 0;
        String sql = "insert into catering_consume_registration values(?,?,?,?)";
        connect();
        try {
                statement = connection.prepareStatement(sql);
                statement.setString(1, cateringConsume.getGuestId());
                statement.setString(2, cateringConsume.getFoodType());
                statement.setString(3, cateringConsume.getCaterDate());
                statement.setInt(4, cateringConsume.getPurchaseAmount());
                count = statement.executeUpdate();
                close();
        } catch (Exception e) {
                // TODO Auto-generated catch block
                e.printStackTrace();
        }
        return count;
}


//根据客人姓名查询餐饮消费信息
public ResultSetqureyCateringConsume(String name) {

        String sql = "select * from catering_consume_registration_view where guestName='"
                        + name + "'";
        connect();

        try {
                statement = connection.prepareStatement(sql);
                result = statement.executeQuery();
```

```
            } catch (Exception e) {
                    e.printStackTrace();
            }
            return result;
    }


//查询所有客人餐饮消费信息
public ResultSetqureyAllCateringConsume() {

        String sql = "select * from catering_consume_registration_view";
        connect();

        try {
                statement = connection.prepareStatement(sql);
                result = statement.executeQuery();

        } catch (Exception e) {
                e.printStackTrace();
        }
        return result;
    }


//增加餐饮预订信息
public int insertCateringReserve(CateringReserveEntitycateringReserve) {
        int count = 0;
        String sql = "insert into catering_reserve_registration_table values(?,?,?,?)";
        connect();
        try {
                statement = connection.prepareStatement(sql);
                statement.setString(1, cateringReserve.getGuestId());
                statement.setString(2, cateringReserve.getGuestRoom());
                statement.setString(3, cateringReserve.getFoodType());
                statement.setString(4, cateringReserve.getCaterReserveDate());
                count = statement.executeUpdate();
                close();
        } catch (Exception e) {
                e.printStackTrace();
        }
        return count;
```

```
            }

        //根据客人姓名查询餐饮预订信息
        public CateringReserveEntityqureyCateringReserve(String name) {

                String sql = "select * from catering_reserve_registration_view where guestName='"
                            + name + "'";
                connect();
                CateringReserveEntitycateringReserve = new CateringReserveEntity();
                try {
                        statement = connection.prepareStatement(sql);
                        result = statement.executeQuery();
                        if (result.next()) {
                                cateringReserve.setGuestId(result.getString(1));
                                cateringReserve.setGuestName(result.getString(2));
                                cateringReserve.setGuestPhone(result.getString(3));
                                cateringReserve.setGuestRoom(result.getString(4));
                                cateringReserve.setFoodType(result.getString(5));
                                cateringReserve.setCaterReserveDate(result.getString(6));
                        }
                } catch (Exception e) {
                        e.printStackTrace();
                } finally {
                        try {
                                if (result != null) {
                                        result.close();
                                }
                                close();
                        } catch (SQLException e) {
                                e.printStackTrace();
                        }
                }
                return cateringReserve;
        }

//增加入住预订信息
public int insertCheckInReserve(CheckInReserveEntitycheckInReserve) {
        int count = 0;
        String sql = "insert into check_in_reserve_registration_table values(?,?,?,?)";
        connect();
```

```java
        try {
                statement = connection.prepareStatement(sql);
                statement.setString(1, checkInReserve.getGuestId());
                statement.setString(2, checkInReserve.getRoomType());
                statement.setString(3, checkInReserve.getCheckInDate());
                statement.setString(4, checkInReserve.getCheckOutDate());
                count = statement.executeUpdate();
                close();
        } catch (Exception e) {
                e.printStackTrace();
        }
        return count;
}

//通过客人姓名查看入住预订信息
public ResultSetQueryCheckInReserve(String name) {
        String sql = "select * from check_in_reserve_registration_view where guestName='"
                        + name + "'";
        connect();
        try {
                statement = connection.prepareStatement(sql);
                result = statement.executeQuery();

        } catch (Exception e) {
                e.printStackTrace();
        }
        return result;
}

//查看所有入住预订信息
public ResultSetQueryAllCheckInReserve() {
        String sql = "select * from check_in_reserve_registration_view";
        connect();
        try {
                statement = connection.prepareStatement(sql);
                result = statement.executeQuery();

        } catch (Exception e) {
                e.printStackTrace();
        }
```

```
            return result;
        }


        //增加入住登记信息
        public int insertCheckInRegistration(CheckIncheckIn) {
                int count = 0;
                String sql = "insert into check_in_registration_table values(?,?,?,?)";
                connect();
                try {
                        statement = connection.prepareStatement(sql);
                        statement.setString(1, checkIn.getGuestId());
                        statement.setString(2, checkIn.getRoomNumber());
                        statement.setString(3, checkIn.getCheckInDate());
                        statement.setInt(4, checkIn.getPurchaseAmount());
                        count = statement.executeUpdate();
                        close();
                } catch (Exception e) {
                        e.printStackTrace();
                }
                return count;
        }


        //删除入住登记信息
        public int deleteCheckInRegistration(String id) {
                int count = 0;
                System.out.println(id+"dbDemo111");
                String sql = "delete from check_in_registration_table where guestId=?";
                System.out.println(id+"dbDemo222");
                connect();
                try {
                        statement = connection.prepareStatement(sql);
                        statement.setString(1, id);
                        count = statement.executeUpdate();
                        System.out.println(id+"dbDemo333");
                        close();
                } catch (Exception e) {
                        e.printStackTrace();
                }
                return count;
        }
```

```
//通过客人姓名查看入住登记信息
public ResultSetQueryCheckInRegistration(String name) {
        String sql = "select * from check_in_registration_view where guestName='"+ name + "'";
        connect();
        try {
                statement = connection.prepareStatement(sql);
                result = statement.executeQuery();

        } catch (Exception e) {
                e.printStackTrace();
        }
        return result;
}


//查看所有入住登记信息
public ResultSetQueryAllCheckInRegistration() {
        String sql = "select * from check_in_registration_view";
        connect();
        try {
                statement = connection.prepareStatement(sql);
                result = statement.executeQuery();

        } catch (Exception e) {
                e.printStackTrace();
        }
        return result;
}


//增加退房登记信息
public int insertCheckOutRegistration(CheckOutcheckOut) {
        int count = 0;
        String sql = "insert into check_out_registration values(?,?,?,?,?)";
        connect();
        try {
                statement = connection.prepareStatement(sql);
                statement.setString(1, checkOut.getGuestId());
                statement.setString(2, checkOut.getRoomNumber());
                statement.setString(3, checkOut.getCheckInDate());
                statement.setString(4, checkOut.getCheckOutDate());
```

```
                statement.setInt(5, checkOut.getPurchaseAmount());
                count = statement.executeUpdate();
                close();
        } catch (Exception e) {
                e.printStackTrace();
        }
        return count;
    }


//通过客人姓名查看退房登记信息
public ResultSetQueryCheckOutRegistration(String name) {
        String sql = "select * from check_out_registration_view where guestName='"+ name + "'";
        connect();
        try {
                statement = connection.prepareStatement(sql);
                result = statement.executeQuery();

        } catch (Exception e) {
                e.printStackTrace();
        }
        return result;
    }


//查看所有退房登记信息
public ResultSetQueryAllCheckOutRegistration() {
        String sql = "select * from check_out_registration_view";
        connect();
        try {
                statement = connection.prepareStatement(sql);
                result = statement.executeQuery();

        } catch (Exception e) {
                e.printStackTrace();
        }
        return result;
    }


public void close() {

        try {
```

```
                              if (statement != null) {
                                   statement.close();
                              }
                              if (connection != null) {
                                   connection.close();
                              }
                         } catch (Exception e) {
                              e.printStackTrace();
                         }
                    }
               }
```

12.3.2 测试

软件测试按照测试方案和流程对系统进行功能和性能测试，以确保开发的产品适合需求。执行测试用例后，需要跟踪故障。测试是帮助识别开发完成(中间或最终的版本)的计算机软件(整体或部分)的正确度(correctness)、完全度(completeness)和质量(quality)的软件过程。测试的步骤包括：需求、测试计划、用例设计、执行测试、执行结果记录和 bug 记录、追踪 bug、写出测试报告，分析是否被测软件达到需求。

本课程设计的测试部分主要对测试用例进行说明。

下面以酒店管理系统中的登录功能为例，给出测试用例(见表 12-19～表 12-22)。

表 12-19　测试用例表 1

编 制 人		审定人		测试日期	
用例名称	验证是否符合登录身份验证要求		用例编号		
项目名称	酒店管理系统测试		编号/版本		
测试目的	验证当用户点击"确定"按钮时是否能够登录系统，并是否显示警告信息"用户名或密码不能为空！"				
环境要求	Window 10 操作系统、 MySQL 数据库、是酒店管理系统的合法用户，选择登录"确定"功能，并有用户名为空和密码为空				
步　骤	操作描述		输　入		预期输出
1	点击"确定"按钮		用户名为空和密码为空		显示警告信息"用户名或密码不能为空！"
开发人员	张三				
测试人员	李四				
项目组长	王五				
实际输出	显示警告信息"用户名或密码不能为空！"				
测试结论	功能无误，正确				
备　注	无				

表 12-20　测试用例表 2

编 制 人		审定人		测试日期	
用例名称	验证是否符合登录身份验证要求		用例编号		
项目名称	酒店管理系统测试		编号/版本		
测试目的	验证当用户只输入用户名时是否能够登录系统，并是否显示警告信息"用户名或密码不能为空！"				
环境要求	Window 10 操作系统、MySQL 数据库、是酒店管理系统的合法用户，选择登录"确定"功能，并有用户名为 UI001，密码为空				
步　骤	操作描述		输　入		预期输出
1	点击"确定"按钮		用户名为 UI001		显示警告信息"用户名或密码不能为空！"
开发人员	张三				
测试人员	李四				
项目组长	王五				
实际输出	显示警告信息"用户名或密码不能为空！"				
测试结论	功能无误，正确				
备　注	无				

表 12-21　测试用例表 3

编 制 人		审定人		测试日期	
用例名称	验证是否符合登录身份验证要求		用例编号		
项目名称	酒店管理系统测试		编号/版本		
测试目的	验证当用户输入正确用户名和无效密码时是否能够登录系统，并是否显示警告信息"用户名或密码错误！"				
环境要求	Window 10 操作系统、MySQL 数据库、是酒店管理系统的合法用户，选择登录"确定"功能，并有用户名为 UI001，密码为 123456789				
步　骤	操作描述		输　入		预期输出
1	点击"确定"按钮		用户名为 UI001，密码为 123456789		显示警告信息"用户名或密码错误！"
开发人员	张三				
测试人员	李四				
项目组长	王五				
实际输出	显示警告信息"用户名或密码错误！"				
测试结论	功能无误，正确				
备　注	无				

表 12-22　测试用例表 4

编 制 人		审定人		测试日期	
用例名称	验证是否符合登录身份验证要求		用例编号		
项目名称	酒店管理系统测试		编号/版本		
测试目的	验证当用户输入正确用户名和正确密码时是否能够登录系统，并跳转到相应的管理窗口				
环境要求	Window 10 操作系统、MySQL 数据库、是酒店管理系统的合法用户，选择登录"确定"功能，并有用户名为 UI001，密码为 123				
步　　骤	操作描述		输　　入		预期输出
1	点击"确定"按钮		用户名为 UI001，密码为 123		无显示警告信息并跳转到相应的管理窗口
开发人员	张三				
测试人员	李四				
项目组长	王五				
实际输出	无显示警告信息并跳转到相应的管理窗口				
测试结论	功能无误，正确				
备　注	无				

12.4　维护阶段

12.4.1　发布与实施

软件发布和实施都是在软件生命周期中很重要的一部分，是交付给客户使用的一种实现方法。软件发布主要是用于指导项目到产品，从产品到市场的发布过程，主要有以下目的：

(1) 指导发布活动，有效控制产品发布过程。

(2) 有效控制和追踪产品版枯。

12.4.2　运行与维护

在完成系统实施、投入正常运行之后，就进入了系统运行与维护阶段。一般信息系统的使用寿命短则 4~5 年，长则 10 年以上，在信息系统的整个使用寿命中，都将伴随着系统维护工作的进行。软件维护是指在软件产品发布后，因修正错误、提升性能或其他属性而进行的软件修改。

软件维护主要是指根据需求变化或硬件环境的变化对应用程序进行部分或全部的修改，修改时应充分利用源程序。修改后要填写《程序修改登记表》，并在《程序变更通知书》上写明新旧程序的不同之处。

维护包括改正性维护、适应性维护和完善性维护，所有的维护工作也要像系统开发一样，有计划、有步骤地进行。

1. 维护内容(每天)

- 检查每天的数据库是否正确备份；
- 检查数据库的数据空间大小；
- 检查数据库的日志空间大小；
- 检查数据库的数据是否正确；
- 检查报表金额是否正确；
- 备份数据库。

2. 异常处理(每天)

- 异常名称；
- 发生时间；
- 处理完成时间；
- 处理人。

3. 本系统运行过程中的数据库维护操作

每天必须做好数据库的日常备份工作，同时必须将数据库备份在计算机的两个不同地方，或者备份到其他存储设备。

12.5 小 结

酒店管理系统开发的各个环节如下：

- ➢ 软件开发的系统分析阶段：可行性分析和需求分析。
- ➢ 设计阶段：包括概要设计和详细设计。
- ➢ 实现阶段：包括编码和测试。
- ➢ 维护阶段：包括发布与实施以及运行与维护。

习 题 12

完成酒店管理系统开发的流程，撰写课程设计报告。

参 考 文 献

[1] 张永强. 计算机软件 Java 编程特点及其技术分析[J]. 计算机产品与流通，2019(01): 23.

[2] 王越. JAVA 编程语言在计算机软件开发中的应用[J]. 电子技术与软件工程，2019(01): 35.

[3] 曹文渊. JAVA 语言在计算机软件开发中的应用[J]. 电子技术与软件工程，2019(02): 53-54.

[4] 杨优优，郑向阳. 基于 Java 的中小型宾馆管理系统的研发[J]. 智能计算机与应用，2018, 8(04): 189-191+194.

[5] 乐勇. 计算机软件开发的 JAVA 编程语言与实际应用分析[J]. 电子质量，2018(08): 3-5.

[6] 邹洁，冒绮. 基于 Java 语言的学生成绩查询系统的设计[J]. 智能计算机与应用，2018, 8(06): 184-185+190.

[7] 季晓枫，宋昶衡，李弋. 处理 Java 程序不确定性问题的技术研究和综述[J]. 计算机应用与软件，2018, 35(08): 9-16+30.

[8] 童胜响. 基于 Java Web 在线点餐系统分析与设计[J]. 信息与电脑(理论版)，2018(18): 78-79.

[9] 程小红. 基于 Java 的数据库应用框架的设计分析[J]. 电子设计工程，2018, 26(21): 90-94.

[10] 冯俊池，赵颖，连尧，等. Java 自动化基本路径测试技术研究[J]. 计算机测量与控制，2018, 26(04): 70-73.

[11] 龚少麟. Java 软件保护方案的设计和实现[J]. 计算机时代，2018(05): 36-40.

[12] 王红伟，李会凯. 计算机软件开发的 Java 编程语言探究[J]. 无线互联科技，2018, 15(10): 56-57.

[13] 马定争，薛益鸽. 基于 SQL Server 与 JAVA 平台的机票预定系统[J]. 智能计算机与应用，2018, 8(03): 214-219.

[14] 李金凤. 基于 JAVA 技术的实验室管理系统的设计与实现探究[J]. 信息与电脑(理论版)，2018(16): 59-60.

[15] 霍斯特曼科内尔. Java 核心技术[M]. 北京：机械工业出版社，2014.

[16] ECKEL B. Java 编程思想[M]. 陈昊鹏，译. 北京：机械工业出版社，2007.

[17] 张孝祥. Java 就业培训教程[M]. 北京：清华大学出版社，2003.